工业和信息化普通高等教育“十二五”规划教材立项项目

21世纪高等学校计算机规划教材

21st Century University Planned Textbooks of Computer Science

Visual FoxPro 程序设计教程

Visual Foxpro Programming

袁柱 游明英 主编

许莎 徐显秋 副主编

人民邮电出版社

北京

图书在版编目（CIP）数据

Visual FoxPro程序设计教程 / 袁柱，游明英主编
. -- 北京 ： 人民邮电出版社，2011.2（2017.1 重印）
21世纪高等学校计算机规划教材. 高校系列
ISBN 978-7-115-24743-8

Ⅰ. ①V… Ⅱ. ①袁… ②游… Ⅲ. ①关系数据库－数据库管理系统，Visual FoxPro－程序设计－高等学校－教材 Ⅳ. ①TP311.138

中国版本图书馆CIP数据核字(2011)第010205号

内 容 提 要

本书是在《全国计算机等级考试（二级 Visual FoxPro 数据库程序设计）考试大纲》的基础上、结合多年的教学经验和教改成果编写的。全书共 13 章，内容包括数据库系统概述、Visual FoxPro 项目管理器、Visual FoxPro 的数据及其运算、表的操作、索引与统计、数据库的建立与使用、SQL 的应用、结构化程序设计、面向对象程序设计基础、表单设计与应用、菜单设计、报表与标签设计、数据库应用系统开发等。

本书适合作为高等院校"Visual FoxPro 程序设计"课程的教材使用，也可以作为相关专业学生的参考书。

◆ 主　　编　袁　柱　游明英
副 主 编　许　莎　徐显秋
责任编辑　蒋　亮

◆ 人民邮电出版社出版发行　　北京市丰台区成寿寺路 11 号
邮编　100164　　电子邮件　315@ptpress.com.cn
网址　http://www.ptpress.com.cn
固安县铭成印刷有限公司印刷

◆ 开本：787×1092　1/16
印张：18　　　　　　2011 年 2 月第 1 版
字数：472 千字　　　　2017 年 1 月河北第 7 次印刷

ISBN 978-7-115-24743-8

定价：32.00 元

读者服务热线：(010)81055256　印装质量热线：(010)81055316
反盗版热线：(010)81055315

前 言

“程序设计语言”类课程是大学各专业学生的必修的公共基础课程之一。Visual FoxPro 数据库是一种典型的关系型数据库管理系统，不仅支持传统的面向过程的程序设计，还支持面向对象的可视化程序设计，最大的优点在于将可视化设计界面和关系数据库合二为一，用户可以在此平台上开发出功能强大的数据库管理应用系统。学习本书的目的是让非计算机专业的学生了解 Visual FoxPro 数据库程序设计的概念、基本原理及掌握其应用。

本书是在《全国计算机等级考试（二级 Visual FoxPro 数据库程序设计）考试大纲》的基础上、结合多年的教学经验和教改成果编写的。在详细介绍数据库管理系统设计基础知识、实际操作、数据库管理系统应用的基础上，强调理论与实践相结合，并注重实用性。全书共分为 13 章，每章都有知识点概述、小结、相关练习等配套内容，使读者能够在充分掌握 Visual FoxPro 数据库程序设计基础知识的同时，掌握数据库程序设计技术，从而实现教与学的结合统一。本书采用的例题大部分都是我们平时在教学过程中感觉针对性比较强，比较典型的题目，最后还特别增加了一个综合应用实例，把所学的主要内容综合起来，让读者基本掌握开发一个数据库应用系统的步骤和方法。全书通过大量应用实例介绍程序设计基础、面向对象程序设计的概念与方法，使读者轻松学会在 Windows 环境中的可视化编程。

Visual FoxPro 数据库程序设计主要有以下几部分的内容：Visual FoxPro 系统的基础知识（包括数据类型和内部函数等）、二维表的基本操作，数据库的基本操作，传统的结构化的程序设计，可视化的面向对象的程序设计以及比较独立的自成一体的结构化查询语言（SQL），这几大部分的内容既相对独立又相互渗透，读者在学习的过程一定要注意它们之间的联系和区别，并且对数据库、数据表、查询、程序、表单、菜单、报表、标签等一系列的内容均可以用一个像管理机构一样的项目管理器来进行有效的统一管理，使我们编写的应用系统的诸多“零件”不会杂乱无章，而是做到有序存放，这样可以提高整个应用系统的管理效率，也使我们的编程思路更加清晰。

本书由重庆科技学院计算机系长期从事计算机专业课和计算机基础课教学的教师编写的。其中第 1 章、第 8 章、第 9 章由游明英编写，第 2 章、第 4 章、第 5 章、第 6 章、第 7 章由许莎编写，第 3 章、第 10 章、第 11 章、第 12 章由袁柱编写，第 13 章由袁柱、徐显秋编写。袁柱完成了全书的统稿。

本书在组织编写的过程中，得到了我院许多教师和同仁的大力支持和帮助，在此表示衷心的感谢！

由于编者水平有限，书中难免会有错误和不足，敬请广大读者批评指正。

编者

2011 年 1 月

目 录

第1章 数据库系统概述

本章主要内容有：信息、数据与数据处理的基本概念；数据模型相关知识；数据库管理系统与数据库应用系统；关系数据库相关知识；Visual FoxPro 简介和基本操作；Visual FoxPro 可视化设计工具的使用等。这些是学习和掌握 Visul FoxPro 技术的基础和前提。

通过本章的学习，读者应了解数据库管理系统相关的一些基础理论知识，掌握 Visual FoxPro 的基本操作和 Visual FoxPro 可视化设计工具的使用。

1.1 数据与数据处理

1.1.1 数据和信息

数据（Data）是人们用于记录事物情况的物理符号。为了描述客观事物而用到的数字、文字、图像、声音以及所有能输入到计算机中能被计算机处理的符号都可以看作数据。例如，一个人的年龄是 32 岁，一个教师的职称是“教授”，一个人的出生日期是“1972 年 10 月 1 日”，这里的 32、“‘教授”和“1972 年 10 月 1 日”等就是数据。

信息（Information）是客观事物属性的反映，它是某一客观事物中，某一事物的某一方面属性或某一时刻的表现形式。通俗地讲，信息是经过加工处理并对人类社会实践和生产活动产生决策影响的数据。不经过加工处理的数据只是一种原始材料，对人类活动产生不了决策影响，它只能起到记录客观世界的作用，数据经过加工处理后具有知识性才可以对人类活动产生有意义的决策作用。

数据与信息既有区别，又有联系。数据是表示信息的，但并非任何数据都能表示信息，信息只是加工处理后的数据，是数据所表达的内容。另一方面信息不随表示它的数据形式而改变，它是反映客观事物属性的，而数据则具有任意性，因不同的数据形式可以表示不同的信息。

例如，要描述教师人事档案时，人们感兴趣的可能是教师姓名、性别、出生日期、籍贯、政治面貌、职称等信息，对这些信息可以这样来描述：（李平，男，1971，四川，党员，教授），这就是关于李平教师的人事档案信息，它是通过一组数据反映出来的。

对于上面这组数据，了解的人会知道其具体含义，但是，不知道的人无法理解。因此，数据应该由数据值本身及其含义（型）两部分组成。当数据脱离其具体语义，则失去了意义。因此，数据和关于数据的解释是不可分的。换句话说，数据是有结构的，由型和值两部分组成。型表示值的含义，或者表示值的语义。比如，数值“1971”，可以表示人的出生年份，也可以表示工资是1971 等等，这个数值脱离了其语义，就变得没有意义了。

1.1.2 数据处理

所谓数据处理，实际上就是利用计算机将各种类型的数据转换成信息的过程。数据处理也叫信息处理。它包括对数据的收集、整理、存储、分类、排序、检索、维护、加工、统计、传输等一系列操作。数据处理的目的是从大量的、原始的数据中获得所需要的资料并提取有用的数据成份、作为行为或决策的依据。

1.1.3 数据管理技术

随着电子计算机软件和硬件技术的发展，数据处理过程发生了划时代的变革，而数据库管理技术的发展，又使数据处理跨入了一个崭新的阶段。数据的管理技术的发展经历了人工管理、文件管理和数据库管理 3 个阶段。

（1）人工管理阶段（20 世纪 50 年代中期以前）

人工管理出现在计算机应用于数据管理的初期，大约 20 世纪 50 年代中期以前。由于没有必要的软件和相应的硬件环境支持，用户只能直接在裸机上操作。在这个阶段数据是面向程序的，一个程序对应一组数据，由程序设计人员自己决定数据的组织、存储、输入、输出等，计算机基本上被当作一种计算工具。在这一管理方式下，用户的应用程序与数据不可分割，当数据有所变动时，程序则随之改变，独立性差，另外，各程序之间的数据不能相互传递，缺少共享性，因而这种管理方式既不灵活，也不安全，编程效率低下。

（2）文件系统阶段（20 世纪 50 年代后期至 60 年代中期）

20 世纪 50 年代后期至 60 年代后期，计算机开始大量用于数据管理。计算机硬件出现了直接存取的大容量外存储器，软件方面，出现了操作系统，包括文件系统。于是数据管理技术也进入到了文件管理阶段。所谓文件管理是利用文件系统管理软件，把相关的数据组织成一个数据文件，并长期地保存在外存储器上，这种数据文件可以脱离程序而独立存在，由一个专门的文件管理系统实现统一管理。在这一管理方式下，应用程序通过文件管理系统对数据文件中的数据进行加工处理。应用程序与数据之间具有一定的独立性。但数据文件仍高度依赖于与其对应的特定程序，不能被多个程序通用，由于数据文件之间不能建立联系，因而数据的通用性仍然较差，冗余量大。

（3）数据库系统阶段（20 世纪 60 年代以来）

20 世纪 60 年代以后，数据管理在文件系统的基础上发展到了数据库系统。所谓数据库管理就是通过数据库管理系统软件对所用的数据实行统一规划管理的，形成一个数据中心，构成一个数据“仓库”，在这个数据库中的数据能够满足不同用户的要求，供不同用户共享。在这种管理方式下，应用程序不再只与一个孤立的数据文件相对应，可以取整个数据集的某个子集作为逻辑文件与其对应，通过数据库管理系统实现逻辑文件与物理数据之间的协调与互动，从而实现数据处理。在数据库管理系统的系统环境下，应用程序对数据的管理和访问灵活方便，且数据与应用程序之间完全独立，程序的编制质量和效率都有所提高。由于数据库文件中的各数据子集间可以建立关联关系，所以数据的冗余大大减少，数据共享性显著增强。数据库技术的发展先后经历了层次数据库、网状数据库和关系数据库等几个阶段。层次数据库和网状数据库可以看作是第一代数据库系统，关系数据库可以看作是第二代数据库系统。自 20 世纪 70 年代提出关系数据模型和关系数据库后，数据库技术得到了蓬勃发展，应用也越来越广泛。

1.2　数据库系统

数据库系统实际上就是一个应用系统，也称数据库应用系统。是把有关计算机硬件、软件、数据和相关人员组合起来为用户提供信息服务的系统。因此，数据库应用系统由计算机系统、数据库、数据库管理系统、相关人员和数据库应用程序组成。

1．数据库

数据库（Database）是在数据库管理系统的集中控制之下，按一定的组织方式存储在计算机外存储器上的一组相关数据的集合。这些数据能够被多个用户共享，且具有冗余度小、独立性、保密性能好和安全性高等特点。

通俗地讲，数据库就是有条理、有组织、合理地存放数据的“数据仓库”。

数据库的性质由数据模型决定的，在数据库中，如果依照层次模型进行数据存储，则该数据库为层次数据库；如果依照网络模型进行数据存储，则该数据库为网络数据库；如果依照关系数据模型进行数据存储，则该数据库为关系数据库。

2．数据库管理系统

数据库管理系统（Database Management System，DBMS）是数据库系统的核心软件之一，它提供数据定义，数据操作、数据库管理和控制功能。数据库管理系统通过对数据库进行统一的管理和控制，来保证数据库的安全性和完整性。用户通过数据库管理系统访问数据库中的数据，数据库管理员也通过数据库管理系统进行数据库的维护工作。数据库管理系统提供了多种功能，可使多个应用程序和用户用不同的方法在同时或不同时刻去建立，修改和询问数据库。数据库管理系统功能的强弱随系统而异，大系统功能较强、较全，小系统功能较弱。目前比较流行的数据库管理系统有 Oracle、SQL Server、Visual FoxPro、Access 等。

一般来说，数据库管理系统应该具有下列功能：

（1）数据定义功能

DBMS 能向用户提供“数据定义语言”（Data Definition Language，简称 DDL），用于描述数据库的结构。

（2）数据操作功能

对数据进行检索和查询，是数据库的主要应用。为此，DBMS 向用户提供“数据操作语言”（Data Manipulation Language，简称 DML），支持用户对数据库中的数据进行查询、更新）包括增加、删除、修改）等操作。

（3）控制和管理功能

除了 DDL 和 DML 两类语句外，DBMS 还具有必要的控制和管理功能，其中包括：在多用户使用时对数据进行的“并发控制”；对用户权限实施监督的“安全性检查”；数据的备份、恢复和转储功能等。

3．应用程序

应用程序是由用户编写的用来对数据库中的数据进行处理的程序。程序可用各种高级语言编写，数据库管理系统都提供了编写应用程序的语言，具有与各种高级语言相近的命令集，用户可以用这些命令编写应用程序。

4. 相关人员

数据库应用系统的有关人员主要有 3 类：最终用户、数据库应用系统开发人员和数据库管理员。最终用户指通过应用系统的用户界面使用数据库的人员。数据库应用系统开发人员包括系统分析员、系统设计员和程序员。数据库管理员是数据管理机构负责对整个数据库系统进行总体控制和维护，以保证数据库系统正常运行的一组人员。

存储于数据库中的大量数据是面向数据库结构的，数据库系统为数据的完整性、唯一性和安全性提供了一套统一且有效的管理手段，同时还提供了管理和控制数据的各种简单明了的操作命令，使用户程序编写简单、修改容易。

数据库系统具有以下主要特征：

（1）数据的独立性

在数据库系统中，数据库管理系统把数据与应用程序隔离开来，使数据独立于应用程序，当数据的存储方式和逻辑结构发生改变时，并不需要改变用户的应用程序。

（2）数据的共享性

存储在数据库中的数据能进行多种组合，以最优方式满足不同用户的需求。不同的用户可以使用数据库中的不同数据，也可以调用相同的数据。数据共享可以提高数据的利用率，减少数据的冗余度，有利于保持数据的一致性。

（3）可修改与可扩充性

数据库系统在结构和组织技术上是易于修改和扩充的。由于用户需求的不断变化，数据也需要不断扩充，数据库是逐步建立和完善起来的。

（4）统一的管理与控制

数据库系统能对数据进行必要的完整性管理与控制，以确保数据的正确、有效。

（5）安全与保密性

数据库系统应提供安全性与保密性措施，以使数据不会遭到破坏与盗用。

1.3 数据模型

1.3.1 数据模型概述

在数据处理中，将涉及不同的数据描述领域。数据从反映事物的特征到计算机的具体表示，经历了 3 个领域——现实世界、信息世界和机器世界。

存在人们大脑之外的客观世界，称为现实世界。我们从现实世界中抽取数据库技术所研究的数据，进行分门别类，综合出系统所要的数据。

信息世界是现实世界在人们头脑中的反映，人们把它用文字和符号记载下来。信息世界的信息在机器世界中以数据形式存储。

为了把现实世界中的具体事物抽象、组织为某一 DBMS 支持的数据模型，人们常常首先将现实世界抽象为信息世界，然后将信息世界转换为机器世界。

为了进一步管理和控制数据，我们对现实世界数据特征进行抽象，并用一种模型表示出来，这种模型就是数据模型（Data Model）。

数据模型是反映客观事物及其联系的数据组织结构和形式。为了更准确反映现实世界，建立数据模型时应满足三个方面的要求：一是比较能够真实地模拟现实世界；二是容易为人所理解；三是便于在计算机上实现。在数据库系统中，应针对不同的对象和应用，采用不同的数据模型。根据所处阶段不同，数据模型可以分为两类：一类是面向应用的概念模型，也称信息模型，它是按照用户的观点来对数据和信息建模，主要用于数据库设计阶段；另一类是面向数据库系统的数据模型，或称为基本数据模型，或称为逻辑数据模型，它主要用于数据库的实现，主要包括层次模型、网状模型、关系模型等。

1.3.2　实体及其联系

现实世界中的客观事物千姿百态，各种不同类型的事物很容易区别开来。同一类事物，如两个人，可以通过一些特征如姓名、性别、年龄、身高等来加以区别。同时，信息世界中的事物总是息息相关的，如学生与教师之间、学生与课程之间的联系等。要将这些事物以数据的形式存储在计算机中，人们必须经历对现实世界中事物特征的认识、然后抽象概念化，最后组织成计算机数据库等过程，即把现实世界转化为信息世界。

（1）实体（Entity）

客观存在并可相互区别的事物在信息世界中称为实体。这些事物既可以是具体的人、事、物（如一个学生、一本书等），也可以是抽象的概念或关系（如一门课程、一场考试等），这些都是实体。

（2）属性（Attribute）

实体所具有的特性在信息世界中称为属性。一个实体可由若干属性来表示。如某个学生实体可由学号、姓名、性别、年龄、专业等属性组成，这些属性的具体值就是对某个学生的描述。换句话，即属性值所组成的集合表征一个实体，相应的这些属性的集合表征了一种实体的类型，称为实体型。

（3）实体集（Entity Set）

实体集是具有相同特性的实体的集合。如在一个学校，所有的老师组成一个教师实体集，所有的学生组成了一个学生实体集，所有的课程组成了一个课程实体集。

（4）码（Key）

能唯一标识实体集中每个实体的属性或属性集，称为实体的码（或键）。例如，学号是学生实体的码。

（5）联系（Relationship）

实体之间相互的关联关系，称为联系，如教师与学生之间的联系就是教师教学生。实体之间的联系是各种各样的。两个不同实体集的实体间联系有以下 3 种情况。

① 一对一的联系（1:1）：如果对于实体集 A 中的每一个实体，实体 B 中有且只有一个实体与之联系，反之亦然，则实体 A 与实体 B 具有一对一联系。例如：一个学校只有一位校长，反之，一个校长只能在一所学校任职。所以学校与校长的联系就是一对一的联系。如图 1-1（a）所示。

② 一对多的联系（1:m）：如果对于实体集 A 中的每一个实体，实体 B 中有多个实体与之联系，反之，对于实体集 B 中的每一个实体，实体 A 中有且只有一个实体与之联系，则实体 A 与实体 B 具有一对多的联系。如一个班级有许多学生，但一个学生只能在一个班上就读，所以班级和学生之间的联系就是一对多的联系。如图 1-1（b）所示。

③ 多对多的联系（m:n）：如果对于实体集 A 中的每一个实体，实体 B 中有多个实体与之联系，反之，对于实体集 B 中的每一个实体，实体 A 中也有多个实体与之联系，则实体 A 与实体 B 具有多对多的联系。如一名学生可以选修若干课程，而一门课程可以被多名学生选修，所以学生

和课程之间的联系就是多对多的联系。如图 1-1（c）所示。

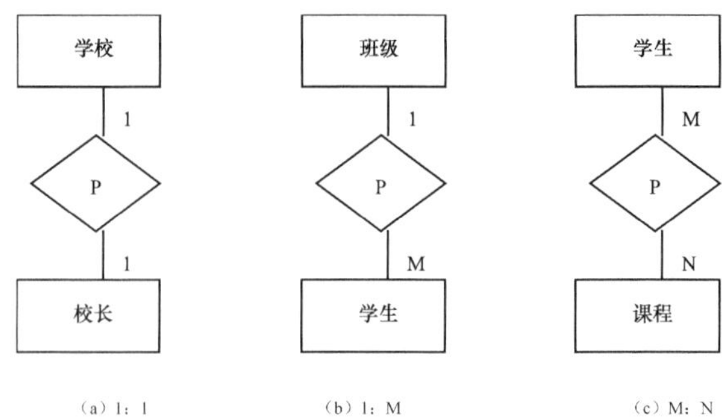

图 1-1　两个实体型间联系

（6）值域（range）

值域是实体属性取值的范围。如成绩一般在 0～100 之间，性别的取值只能是“男”或“女”。这种属性的取值范围称为值域。

1.3.3　数据模型

概念模型的表示方法很多，其中最为著名的是 1979 年 P.P.S.Chen 提出的实体－联系模型（Entity-Relationship Model，简称 E-R 型），这个模型是直接从现实世界中抽象出来实体类型及实体间联系，然后用 R－R 图表示的模型。在 E－R 图中，用方框表示实体型，用菱形表示实体型间的联系，用椭圆表示实体或联系的属性，实体间联系用箭头标出并注上联系的种类。

面向数据库系统常用的数据模型包括层次模型、网状模型和关系模型等 3 种。

（1）层次模型

层次模型用树形结构来表示实体以及它们之间的联系。如图 1-2 所示，每个结点是一个实体，每一条线表示两个实体类型之间的关系。这种关系又称作亲子关系。例如，在图 1-2 中一个院系有多个专业，“学校”称为双亲，“院系”称为子女。

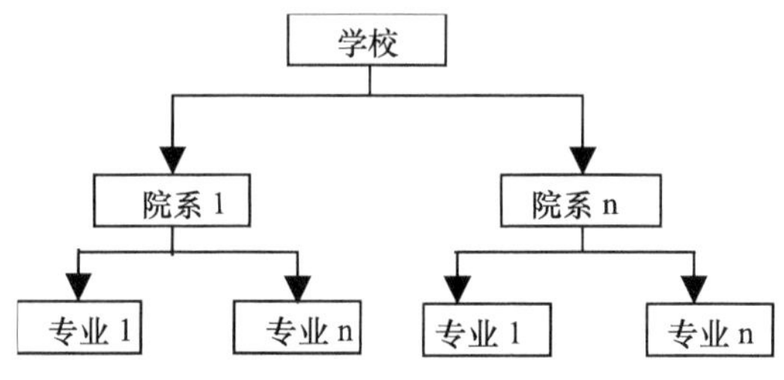

图 1-2　数据的层次模型

层次模型的特点如下：

① 有且只有一个结点没有父结点，这个结点称为根结点。

② 除根结点外，其余结点有且仅有一个父结点。

（2）网状模型

网状模型是层次模型的扩展，其总体结构呈现一种交叉的网状结构，在两个数据之间允许存在两种或多于两种的联系。网状模型的示例如图 1-3 所示。其主要特征如下。

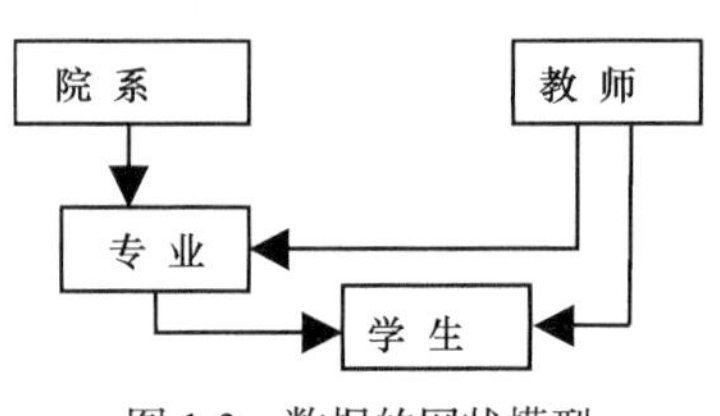

图 1-3　数据的网状模型

① 有一个以上结点无双亲；

② 允许结点有一个以上双亲。

（3）关系模型

关系模型是用人们熟悉的二维表来组织和存储数据，也是目前应用比较广泛的一种数据模型。关系模型的示例如表 1.1 所示。关系模型的详细介绍见 1.4 小节。

表 1.1　数据的关系模型

编号	姓　名	性别	出生日期	党员否	专　业	职　称	英语水平
100101	张东伟	男	1968．08	T	计算机应用	教授	精通
201002	黄中华	男	1972.10	T	计算机网络	副教授	精通
100102	李小菊	女	1976．03	F	计算机应用	讲师	精通

1.4　关系数据库

1.4.1　关系模型

1. 关系模型中的基本概念

（1）字段

关系模型是用人们熟悉的二维表来组织和存储数据。信息世界中的“属性”，就是数据世界中的“数据项”，从数据库的角度讲，数据项就是字段；从表格的角度，数据项称为列。由此可见，字段、属性、数据项、列这些术语，所描述的对象是相同的。如表 1.2 教师信息表每条记录就由“编号”、“姓名”、“性别”、“出生日期”、“ 党员否”、“专业”、“职称”、“英语水平” 等字段构成。

（2）记录

字段的有序集合称为记录。在关系模型中，记录称为元组；在表中，记录称为行；在信息世界中称为实体。换句话说，实体、记录、元组和行分别是从不同角度上描述同一对象的术语。在表 1.2 信息表中，每一行就是一个字段或一个元组。

（3）关系

一个关系就是一张二维表，通常将一个没有重复行、重复列的二维表看成一个关系，每个关系都有一个关系名。在 Visual FoxPro 中，一个关系对应于一个表文件，它是记录的集合，其扩展名为.dbf。例如表 1.2 教师信息表就是一个关系。

（4）关键字

关键字是可以将表中的各记录区分开的记录的属性。表中一定存在这样的属性或属性组合，它的值能够识别表中的每一条记录，该属性或属性的组合就称为该记录的关键字。如教师的编号属性就可以设为教师记录的关键字，因为不可能有两个教师编号是相同的。

① 候选关键字：关系中能够成为关键字的属性或属性组合可能不是唯一的。凡在关系中能够唯一区分、确定不同元素的属性或属性组合，称为候选关键字。

② 主关键字与外部关键字：从所有候选键中选取一个作为用户使用的键称主键，也叫主关键字。表 A 中的某属性是某表 B 的键，则称该属性集为 A 的外键、外码或外部关键字。

2. 关系的基本性质

在关系模型中，关系具有如下性质：

① 关系必须规范化，是一张每个属性值都不可分割的二维表。

规范化是指关系模型中每个关系模式都必须满足一定条件的要求，最基本的要求是关系必须是一张每个属性值都不可分割的二维表。即表中不能再包含表。例如，表 1.2 就不能直接作为一个关系。因为该表“自然情况”、“专业”、等都可以分成若干子列。这与每个属性不可再分割的要求不符。只要去掉“自然情况”、“专业”等项，而将编号、姓名、专业、职称等直接作为基本的数据项就可以了。

表 1.2　　教师基本信息情况一览表

自 然 情 况					专　　业		
编　号	姓　名	性别	出生日期	党员否	专　　业	职　称	英语水平
100101	张东伟	男	1968. 08	T	计算机应用	教授	精通
201002	黄中华	男	1972.10	T	计算机网络	副教授	精通
100102	李小菊	女	1976. 03	F	计算机应用	讲师	精通
…	…….	…	……	..	..	….	…

② 在同一关系中不允许有重复的属性名。

③ 同一关系中不允许有完全相同的记录，且记录的顺序可以是任意的。

④ 在同一关系中同一列的数据类型必须相同，且各列顺序可以是任意。

以上是关系的基本性质，也是衡量一个二维表格是否构成关系的基本要素。在这些基本要点中，有一点是关键，即属性不可分割，即表中不能嵌套。

1.4.2　关系数据库

关系数据库是若干个依照关系模型设计的相关关系的集合。也就是说，关系数据库通常由若干个有一定关系的二维表组成的，其中至少有一个表。

一个“关系”就是一张二维表格，称为一个数据表文件（简称数据表）。数据表是由数据及表结构构成。表结构对应关系模型，表格每一列对应关系模型的属性，该列的数据类型和取值范围就是属性的域。因此，定义了表结构就定义了对应的关系。

在 Visual FoxPro 中，与关系数据库对应的是数据库文件（.dbc 文件），一个关系数据库由若干个数据表组成，一个数据表又由若干数据记录组成，而每一个记录则由若干个以字段属性加以分类的数据项组成。

在关系数据库中，每一个数据表都具有相对的独立性，这一独立性的唯一标志是数据表的名字，称为表文件（.dbf）。一个数据库中不允许有重复的数据表，因为对数据表中数据的访问是通过表文件名来导引的。

在关系数据库中，有些数据表之间具有相关性，数据表之间的这种相关性是依靠每一个独立的数据表内部具有相同属性的字段建立的。

下面看一个在学生管理系统中的学生管理数据库的实际例子，该数据库中有“学生信息表”、“选课表”、“课程表”等，如图 1-4 所示。由于每个学生可以选若干课程，一门课程也可以被多个学生选修，所以学生和课程之间的联系是多对多的联系，通过选课表可以把多对多的关系分解为两个一对多的关系，所以建立的“学生信息”-“选课”-“课程”之间的关系如

图 1-5 所示。“学生信息表”和“选课表”之间的相关性依靠的是“学号”字段建立，“选课”表与“课程”之间依靠的是“课程号”字段建立的相关性。

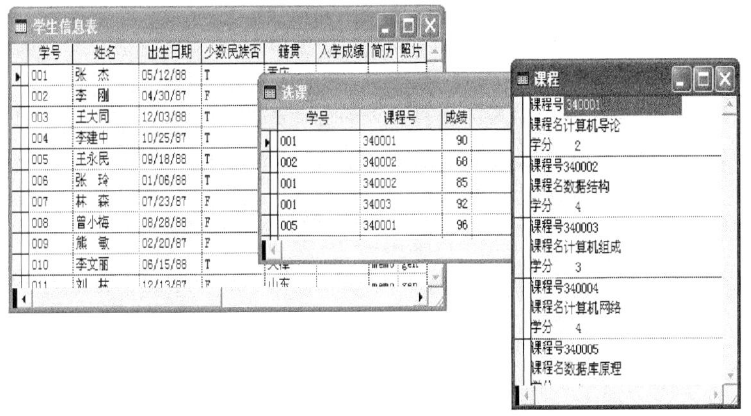

图 1-4 学生管理数据库中的表

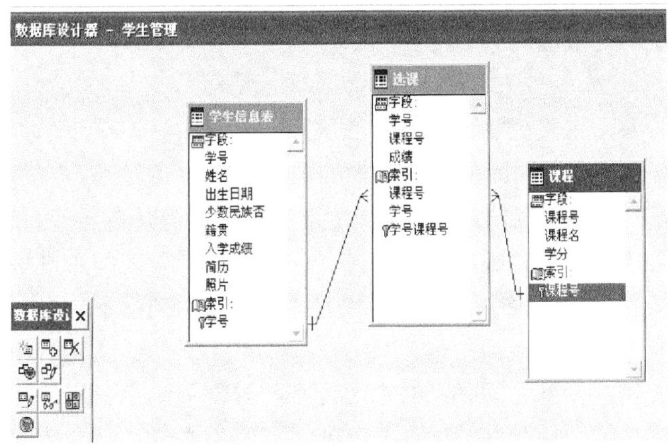

图 1-5 学生管理数据库中表之间的关系

1.4.3 关系运算

在关系数据库中查询用户所需要的数据时，需要对关系进行一定的关系运算。关系运算主要包括选择、投影和联接 3 种。

1. 选择

选择运算是从关系中查找符合指定条件元组的操作。在选择运算中，以逻辑表达式指定查询条件，选择运算将选取使逻辑表达式为真的所有元组。选择运算的结果构成关系的一个子集，是关系中的部分元组，其关系模式不变。

选择运算是从二维表格中选取符合条件的若干行的操作，在表中则是选取若干记录。在 Visual FoxPro 中，可以通过子句 FOR<逻辑表达式>、WHILE<逻辑表达式>和设置记录过滤器实现选择运算。

2. 投影

投影运算是从关系中选取若干属性的操作。投影运算从关系中选取若干属性形成一个新的关系，新关系的关系模型中属性个数比原关系少，或者排列顺序不同，同时也可能减少元组个数。

因为排除了一些属性后，所选属性可能有相同值，即出现了相同的元组，而关系中必须排除相同的元组，从而减少了某些元组。

投影是从二维表格中选取若干列的操作，在表中则选取若干字段。在 Visual FoxPro 中，通过 FIELDS<字段表>和设置字段过滤器实现投影运算。

3. 联接

联接运算是将两个关系模型的若干属性拼接成一个新的关系模型的操作,在新的关系模型中，包含满足联接条件的所有元组。联接过程是通过联接条件来控制的，联接条件中将出现两个关系中的公共属性名或具有相同语义的属性。

联接是将两个二维表格中的若干列按同名等值的条件拼接成一个新的二维表格的操作。在表中则是将两个表的若干字段按指定条件拼接生成一个新的表。在 Visual FoxPro 中，联接是通过 JOIN 命令和 SQL 的 SELECT 命令来实现的

1.4.4 关系的完整性

关系完整性是为了保证数据库中数据的正确性和相容性，对关系模型提出的某种约束条件或规则。完整性通常包含实体完整性、参照完整性和用户定义完整性，其中实体完整性和参照完整性是关键模型必须满足的完整性约束条件。

1. 实体完整性

实体完整性是指关系的主关键字不能取“空值”。

如图 1-4 所示的学生管理数据库中的各表中的主关键字不能为空，“学生信息信息”表中，学号是主关键字，那么该列不得有空值，否则，无法对应是某个具体的学生，这样的表格也不完整，对应的关系也不符合实体完整性原则的约束条件，同样“选课”表的关键字是由“学号”和“课程号”两个字段组成，所以在该表中“学号”和“课程号”两列都不能有空值。

2. 参照完整性

参照完整性是定义建立关系之间联系的主关键字与外部关键字引用的约束条件。

现实世界中的实体之间往往存在某种联系，在关系模型中实体及实体间的联系都是用关系来描述的。这样就自然存在关系与关系之间的引用，所谓关系之间的引用都是通过公共属性来实现。

例如，在学生管理数据库中，各表（实体）事件的联系可以如下表示，其中主关键字用下画线标识。

学生信息（学号，姓名，出生日期，少数民族，籍贯，入学成绩，简历）

课程（课程号，课程名，学分）

选课（学号，课程号，成绩）

在这 3 个关系之间存在属性的引用，即“选课”关系引用了“学生信息”关系的主关键字“学号”和“课程”关系的主关键字“课程号”，如果把“学号”看成“学生信息”的主关键字，那么它就是“选课”关系的外部关键字，“选课”关系通过外部关键字“学号”参照“学生信息”关系，这样，“选课”关系中的“学号”值必须是确实存在的学生的学号。同样，“选课”关系的“课程号”值也必须是确实存在的课程的课程号。换句话说，选课关系中某些属性的取值需要参照其他关系的属性取值。

3. 用户定义完整性

实体完整性和参照完整性适合于任何关系型数据库系统，它主要针对关系的主关键字和外部关键字取值必须有效而做出的约束。用户定义完整性则是根据应用环境的要求和需要，对某一具

体应用所涉及的数据提出约束条件。这一约束机制不应由应用程序提供，而由关系模型提供定义并校验。用户定义完整性只包括字段有效性约束和记录有效性约束。

1.5　Visual FoxPro 简介

1.5.1　Visual FoxPro 的特点

Visual FoxPro 是美国 Microsoft 公司开发的新一代的面向对象（OOP，Object Orientend Programming）的数据库管理系统。它在流行的 XBASE 系统软件的基础上提供了诸多功能，技术有所超越，改善了计算机用户环境，对数据的组织、数据库的建立及应用系统的开发更为方便，受到众多用户的青睐。

Visual FoxPro 系统提供了一个由菜单驱动、辅以命令对话窗口的简洁友好、功能全面的用户界面。用户可以通过输入命令或使用菜单，实现对 Visual FoxPro 的各种功能的操作，完成数据管理的任务。

Visual FoxPro 系统的输入/输出接口界面允许采用窗口方式，用户可以通过系统提供的不同类型的系统窗口完成操作，而且有些窗口之间可以互相切换，大大方便了用户。除系统提供的操作窗口外，用户还可根据自己的需要设计工作窗口。

Visual FoxPro 系统提供了丰富多样的可视化工具，使得剪切、删除、复制、粘贴、字符串查找和替换、取消、恢复等编辑操作方便快捷，为程序或文本的编辑提供了方便灵活的操作手段。

Visual FoxPro 系统提供了完整的颜色支持，除使用命令设置颜色外，还可以利用调色板以人机对话方式对菜单、窗口、对话框、错误信息和其他接口界面的色彩实施控制。

Visual FoxPro 系统命令和语言功能强大、有数百条命令和标准函数，不仅支持传统的过程式编程技术，还支持面向对象的可视化编程技术。

Visual FoxPro 新增加了一些加快应用程序开发速度的工具和例程，众多的例程可以完成大部分的编程任务。系统提供了项目管理器、向导、生成器、工具栏和设计器等软件开发和管理的有效编程工具，从而提高了程序设计的自动化程度，减少了程序的设计、编辑和运行时间，方便了用户对程序的操作。

Visual FoxPro 事件处理、优化系统和 Rushmore 技术更加成熟、速度更快。系统提供了结构化查询语言 SQL（Structured Query Language），可以非常有效地访问索引文件中的数据，迅速而精确地从庞大的、有数百万条记录的数据表中检索数据，从而使对大量信息的查询简单而迅速。

Visual FoxPro 系统提供的位图、图标及各种光标可以美化用户开发的应用程序。通过 OLE（Object Linking and Embedding）技术实现应用集成。

Visual FoxPro 系统可以方便地存储、检索和处理服务器平台上的关键信息，可以通过特定技术直接访问服务器，系统还提供了灵活、可靠、安全的客户/服务器解决方案。

Visual FoxPro 新版本对 Visual FoxPro 旧版本生成的应用程序向下兼容。在新版本 Visual FoxPro 环境下，用户可直接运行旧版本 Visual FoxPro 程序，可编辑已有的旧版本 Visual FoxPro 程序，也可以更新旧版本 Visual FoxPro 程序，从而提高旧版本 Visual FoxPro 程序的性能。

1.5.2 Visual FoxPro 文件的类型

Visual FoxPro 系统支持近 40 种文件类型，下面简单介绍几种比较常用的文件。

1. 数据文件

在 Visual FoxPro 中有两种形式的数据文件，一种是扩展名为.DBF 的文件，用来存储用户的除备注型、通用型以外的信息数据。在逻辑上以记录（行）和字段（列）的二维表格形式存储数据，简称为表文件。

另一种是扩展名为.FPT 的文件，称为备注文件，如果创建有备注字段或通用型字段的数据表文件，则系统自动建立辅助文件，其文件名与表文件名相同，用来存储用户的备注型和通用型字段的数据。

2. 程序文件

扩展名为.PRG 的文件，又称命令文件，用于存储用 Visual FoxPro 语言编写的用户应用程序，它是 ASCII 码文件，是使用数据库进行数据处理、实现各种管理任务的文件。

扩展名为.FXP 的文件是用于存储编译好的目标程序的文件。

3. 索引文件

索引文件（.IDX 和 .CDX）是对表文件记录按索引关键字的值排序后建立的辅助文件，文件中仅包含排了序的字段值以及对应的记录号，用于快速查询库文件信息。

4. 内存变量文件

用来保存已定义的内存变量。使用内存变量文件（.MEM）可提高内存空间利用率，需要使用变量时将其读入内存，不用时存入内存变量文件。

5. 查询文件

用于保存通过 RQBE 窗口设置的查询条件和对查询输出的要求。

6. 报表格式文件

扩展名为.FRX 的文件包括了用来生成报表所需要的报表格式信息。这些信息是用 REPORT 命令采用人机对话方式提示用户输入信息而建立的。而扩展名为.FRT 的文件则用来保存报表定义的备注文件。

7. 表单文件

表单文件（.SCX 和.SCT）是由用户自行设计的表单的一组文件，用于数据的输入和输出。其中.SCX 是表单的定义文件，.SCT 为定义备注文件。系统则根据表单的定义文件自动生成程序文件，其中.SPR 为源文件，.SPX 为目标程序文件。

8. 菜单文件

菜单文件（.MNX 和.MNT）是由用户自行设计的定义菜单的一组文件。.MNX 和.MNT 分别为保存菜单的定义文件和定义备注文件，菜单格式定义后，系统根据菜单格式的定义自动生成相应的程序，其中.MPR 为源程序，.MPX 为目标程序。

9. 视图文件（.VUE）

视图文件（.VUE）用于保存程序运行环境的设置，以备需要时恢复所设置的环境参数。

1.5.3 Visual FoxPro 命令格式

Visual FoxPro 的命令又称为语句，是充分吸收了多种高级语言的优点逐步发展形成的，但它比高级语言的语句更精炼、功能更强。

1. 命令的一般格式

命令通常由命令动词和若干短语两部分组成。前者表示应该执行的操作，后者为操作提供某些限制性的说明。下面列出 Visual FoxPro 命令的一般格式：

命令动词 [<范围>] [FIELDS<字段名表>] [FOR<条件>] [WHILE<条件>]

① 命令动词：是一个英文动词，表示这个命令所要完成的操作。为了便于使用，当命令动词超过 4 个字母时，可以只写前面 4 个字母。例：

DISPLAY　可简写为 DISP

MODIFY COMMAND　可简写为 MODI COMM

② 范围：表示对数据库文件进行操作的记录范围，共有 4 种选择。

ALL　对表的全部记录进行操作

NEXT<n>　只对包括当前记录在内的以下 n 条记录进行操作

RECORD<n>　只对第 n 条记录进行操作

REST　自当前记录开始到表尾的所有记录

③ FIELDS<字段名表>：可以是一个或多个由逗号分隔开的字段名，用来表示命令所处理的字段。

④ FOR<条件>和 WHILE<条件>：在 FOR 短语和 WHILE 短语中，<条件>是一个逻辑表达式，它的值是真（.T.）或假（.F.）。这个条件短语表示筛选出满足条件表达式为真的记录，以进行命令操作。当省略此选项时，表示命令对所有记录进行操作。当 FOR<条件>和 WHILE<条件>在同一个命令语句中使用时，系统约定 WHILE<条件>优先。这两种短语的差别是 FOR 短语能在整个数据表文件中筛选出符合条件的记录；而使用 WHILE 短语时，先顺序找出第 1 条满足条件的记录，再继续找出紧随其后也满足条件的记录，一旦发现有一条记录不满足条件，就不再往下寻找。

⑤ [ ]表示可选；<>表示必选；/ 表示两个当中选择其中一个项目；… 表示可以有任意个类似参数，各参数间用逗号隔开。

2. 命令的书写规则

① 任何一条命令必须以命令动词开始，后面的多个短语通常与顺序无关，但必须符合命令格式的规定；

② 各部分之间要用空格隔开；

③ 命令、子句、函数名都可简写为前 4 个字符，大、小写等效；

④ 一行只能写一条命令，总长度不超过 8192 个字符，超过屏幕宽度时用续行符“;”；

⑤ 变量名、字段名和文件名应避免与命令动词、关键字或函数名同名，以免运行时发生混乱。

1.6　Visual FoxPro 基本操作

1.6.1　Visual FoxPro 启动、退出及用户界面

1. Visual FoxPro 的启动

Visual FoxPro 的启动方式很简单，在 Windows 桌面上，依次选择“开始”→“程序”→Microsoft Visual FoxPro，然后单击即可启动 Visual FoxPro 系统。

另外，用户也可按照 Windows 中应用程序的其他启动方法来启动，如桌面快捷方式。

2. Visual FoxPro 的退出

在退出 Visual FoxPro 前，应将打开的其他窗口全部关闭，然后采用下述方法中的任意一种退出 Visual FoxPro。

① 在 Visual FoxPro 的“文件”菜单中，选择“退出”选项；

② 在命令窗口中输入 QUIT 命令，并按回车键；

③ 单击 Visual FoxPro 标题栏右端的“关闭”按钮；

④ 按 Alt+F4 组合键；

⑤ 单击打开 Visual FoxPro 标题栏左端的“控制”菜单，选择“关闭”选项。

3. Visual FoxPro 用户界面

Visual FoxPro 启动，屏幕上显示出如图 1-6 所示用户界面，主要包括标题栏、Visual FoxPro 系统菜单、常用工具栏、命令窗口、主窗口（窗口工作区）、状态栏等。

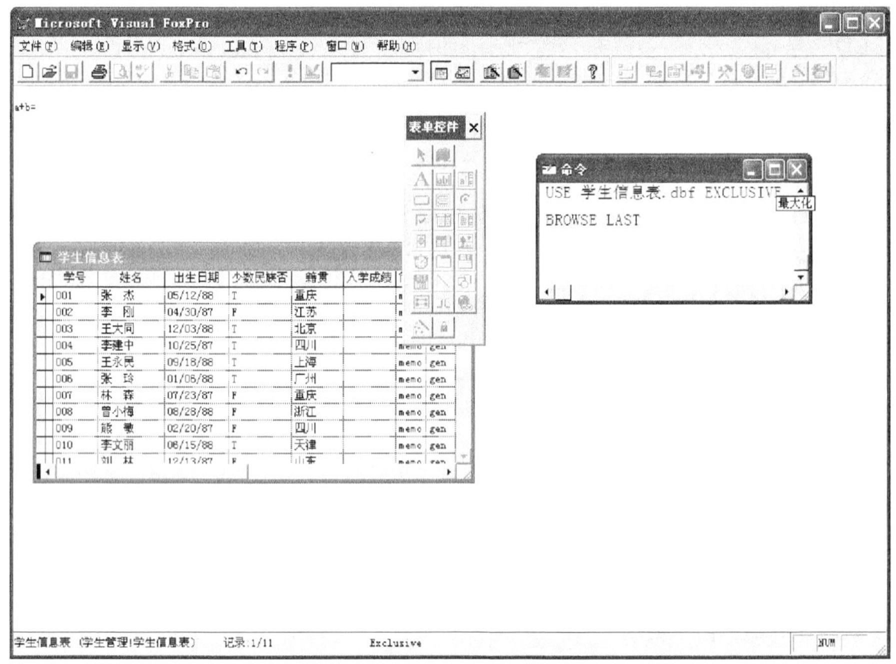

图 1-6　VFP 启动界面

（1）标题栏

标题栏用于显示用户当前使用系统的名称，窗口“控制”菜单（标题栏最左端）和窗口“控制”按钮（标题栏右端的最小化、最大化和关闭按钮）。

（2）菜单栏

菜单栏是使用 Visual FoxPro 的主要工具之一，通过它可以完成 Visual FoxPro 的绝大部分操作，在默认情况下共有 8 个菜单，每个菜单都有下拉菜单，用鼠标单击菜单或用快捷键可打开其下拉菜单。

注：系统会随着用户操作功能的不同而自动增加或减少相应的菜单项。

① “文件”菜单：“文件”菜单用于新建、打开、保存和打印以及退出 Visual FoxPro 等操作。

② “编辑”菜单：“编辑”菜单提供了许多编辑功能。在编辑窗口编辑 Visual FoxPro 程序文

件时，选取某个菜单项就可以完成某些操作，如撤销、剪切、复制、粘贴、查找等。

③ “显示”菜单：“显示”菜单主要是显示 Visual FoxPro 的各种控件和设计器，如表单控件、表单设计器、查询设计器、视图设计器、报表设计器、数据库设计器等。

④ “格式”菜单：“格式”菜单中的命令可以控制窗口中文本或其他对象的显示效果，例如允许用户在显示正文时选择字体和行间距，检查在正文编辑窗口中的拼写错误，确定缩进和不缩进段落等。

⑤ “工具”菜单：“工具”菜单提供了表、查询、表单、报表、标签等项目的向导模块，并提供了 Visual FoxPro 系统环境的设置。

⑥ “程序”菜单：“程序”菜单用于程序运行控制、程序调试等。

⑦ “窗口”菜单：“窗口”菜单用于 Visual FoxPro 窗口的控制。单击“窗口”菜单中的“命令窗口”，可打开命令窗口，进入命令编辑方式。

⑧ “帮助”菜单：“帮助”菜单主要为用户提供帮助信息。

（3）常用工具栏

Visual FoxPro 将大多数常用的功能或工具操作放入工具栏中，以方便用户的操作和查询。在 Visual FoxPro6.0 中有许多设计器，每种设计器都有一个或多个工具栏。在操作时，可以根据需要在屏幕上放置多个工具栏，通过把工具栏停放在屏幕的上部、底部或两边，可以定制工作环境。

若需要显示或隐藏某个工具栏，可以单击“显示”菜单项，再选择“工具栏”选项，此时出现如图 1-7 所示的“工具栏”对话框。选择或清除对应的工具栏，然后单击“确定”按钮，便可显示或隐藏旋动的工具栏。

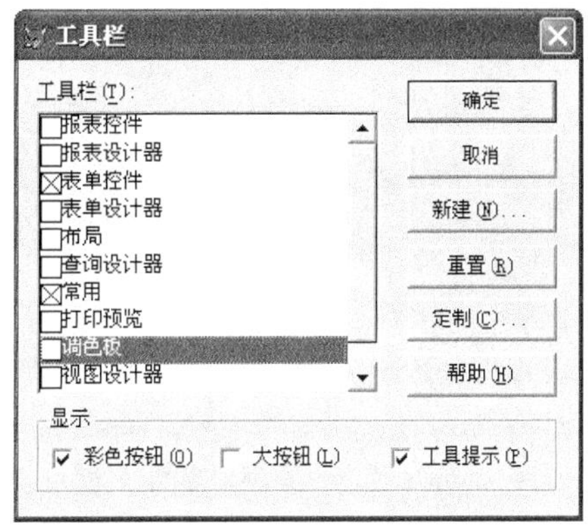

图 1-7　“工具栏”对话框

（4）命令窗口

① 命令窗口的隐藏与激活：Visual FoxPro 提供了命令窗口，用以向用户提供单命令执行方式，即用户可以直接在命令窗口中执行一些命令，来完成某一操作。当 Visual FoxPro 启动后，命令窗口被自动设置为活动窗口，在窗口左上角出现插入光标，等待用户键入命令。若要把处于激活状态的命令窗口隐藏起来，使之在屏幕上不可见，可以选择“窗口”菜单项中的“隐藏”选项或单击命令窗口右上角的“关闭”按钮。命令窗口被隐藏后，按快捷键 Ctrl+F2，或在“窗口”菜单项中选择“命令窗口”选项，则命令窗口被激活，出现在 Visual FoxPro 主窗口中。

② 命令窗口的使用：Visual FoxPro 提供了单命令的运行方式，即在命令窗口中输入一条命令，Visual FoxPro 系统即可执行该命令，并在主窗口中显示命令的执行结果，然后返回命令窗口，等待用户的下一条命令。

例如，在命令窗口输入以下两条命令：

```
?"a+b="
??10+5
```

将立即在主窗口显示执行结果：a+b=15。如图 1-8 所示。

当在 Visual FoxPro 菜单中选择某个菜单选项时，Visual FoxPro 会把与该操作等价的命令自动显示在命令窗口中。

在 Visual FoxPro 命令工作方式下，用户可以使用命令窗口右侧的滚动条、或用键盘上、下光标移动键能把光标移至曾执行过的某个命令上查看或执行。因为窗口中已经执行过的命令被存储在内存的一个缓冲区中。

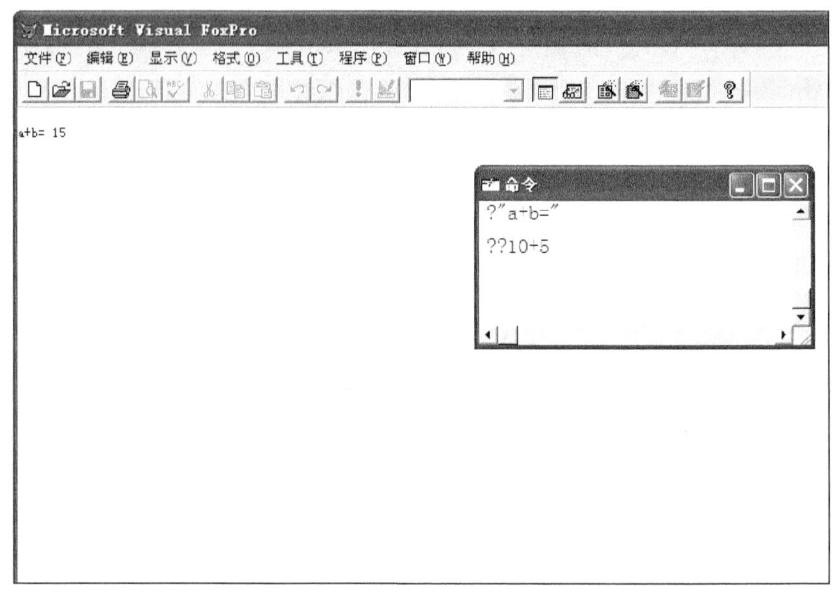

图 1-8 Visual FoxPro 命令工作方式

（5）状态栏

Visual FoxPro 状态栏位于屏幕底部，用于显示当前操作的有关信息或当前操作状态，为用户提供帮助。

当选择了某一菜单选项时，就会在状态栏显示该选项的功能，使用户能及时了解所选命令的作用。Visual FoxPro 命令执行后，系统在状态栏向用户反馈有关执行情况。

1.6.2 Visual FoxPro 操作方式

就操作界面而言，Visual FoxPro 同其他 Windows 软件基本一致，如菜单操作，对话框等的操作。Visual FoxPro 主要提供了 3 种操作方式。

1. 菜单操作方式

Visual FoxPro 大部分功能都是通过菜单操作来实现的。在图形用户界面下，菜单操作实质就是对菜单和对话框的联合运用。

菜单操作直接易懂，操作简单。要选择菜单栏的某一菜单项时，只要用鼠标单击该菜单项，或同时按下 Alt 和选项的带下画线的字母，即可弹出该菜单项。例如，单击“文件”菜单项或按 Alt+F，就可弹出文件菜单。菜单打开后，如果想选择其中的某一项命令，只要单击相应项即可。如果打开的是对话框，只需要将鼠标指针移到对话框中的选项处，单击鼠标的左键即可。

2. 命令操作方式

启动 Visual FoxPro 后，命令窗口就出现在主窗口上，光标停留在命令窗口等待命令的输入，这时就进入命令操作方式，在命令窗口可以直接运行程序，也可直接键入命令。

3. 程序工作方式

Visual FoxPro 除了提供菜单操作方式、命令操作方式外，还提供程序工作方式。程序由命令或语句组成。通过运行程序，为用户提供更简洁的界面，达到实现某一功能的目的。程序相关知识见第 8 章内容。

1.7　Visual FoxPro 可视化设计工具

Visual FoxPro 提供了多种可视化工具，使用它的各种向导、设计器和生成器可以更简便、快捷、灵活地进行数据的管理及应用程序的开发。

1.7.1　Visual FoxPro 向导

向导是一种交互的实用程序，集简捷的操作和完善的功能于一体，能逐步帮助用户高效完成日常任务。Visual FoxPro 为用户提供了许多功能强大的向导。

1. 常用向导简介

（1）表向导

引导用户在 Visual FoxPro 表结构的基础上快速创建新表。

（2）报表向导

报表向导，引导用户利用单独的表快速创建报表；

一对多报表向导，引导用户从相关的表中快速创建报表。

（3）标签向导

引导用户快速创建标签。

（4）表单向导

表单向导，引导用户快速创建表单；

一对多表单向导，引导用户从相关的表中快速创建表单。

（5）查询向导

本地视图向导，引导用户快速利用本地数据创建视图；

查询向导，引导用户快速创建查询；

交叉表向导，引导用户快速创建交叉表查询；

图形向导，引导用户快速创建显示数据表数据的图形；

远程视图向导，引导用户快速利用远程数据创建视图。

（6）导入向导

引导用户导入或者添加数据。

（7）文档向导

引导用户从项目文件和程序文件大代码中产生格式化的文本文件。

（8）SQL 升迁向导

引导用户快速利用 Visual FoxPro 数据库功能创建 SQL Server 数据库。

（9）数据透视表向导

引导用户快速创建数据透视表，数据透视表是一个交互式的工作表工具，用于使总结和分析已有表的数据简单化。

（10）安装向导

引导用户从文件中创建一整套安装磁盘。

2. 向导的启动与操作

向导的操作由一系列对话框组成，在用户完成每一步对话框中提出的问题后向导将创建相应的文件或执行相应的任务。

单击菜单栏的“工具”菜单项，选择“向导”，出现“向导”子菜单，选中某一个向导，然后按出现对话框的提示操作，如图 1-9 所示。

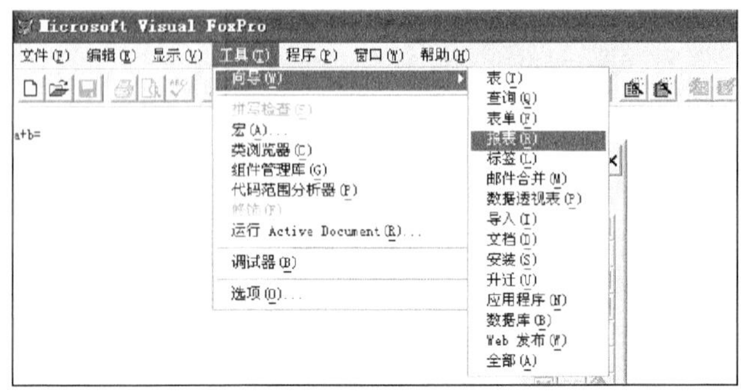

图 1-9 向导的启动

启动向导后，要依次回答每一对话框提出的问题，即回答完当前对话框的问题后，按“下一步”按钮转到下一个步骤，如果操作中有错误，可选择“上一步”按钮查看或修改前一对话框的内容。到达最后一屏时，选择“完成”按钮，退出向导。

1.7.2 Visual FoxPro 设计器

Visual FoxPro 系统提供的设计器，能够使用户轻松地创建高效的表、数据库、表单、查询、视图的报表等。也可以把设计器创建的项加入到应用程序中。

1. 常用的设计器

（1）数据库设计器

建立数据库，查看并创建表间的关系。

（2）表设计器

创建、修改表文件并设置表中的索引。

（3）查询设计器

在本地表中创建查询。

（4）视图设计器

创建可更新的查询以及远程数据源上运行查询，即视图。

（5）表单设计器

可视化地创建表单并修改表单和表单集。

（6）报表设计器

建立用于显示和打印数据的报表。

（7）类设计器

可视化地创建并修改类。

（8）菜单设计器

创建菜单、菜单项、菜单项的字菜单等。

2. 设计器的启动

单击菜单栏中的“文件”菜单项，选择“新建”，出现“新建”对话框，选择待创建文件的类型，然后单击“新建文件”按钮，系统将打开相应的设计器。

1.7.3　Visual FoxPro 生成器

Visual FoxPro 生成器是一个方便易用的工具，它简化了创建和修改表单、控件及数据库完整性约束等工作，每个生成器都由一系列选项卡组成，它们允许用户访问并设置所选对象的属性。用户可以将生成器生成的界面直接转换成程序代码，把用户从逐条编写程序、反复调试程序的工作中解放出来。

1. 生成器的种类

Visual FoxPro 提供了自动格式生成器、组合框生成器、命令组生成器、编辑框生成器、表达式生成器、表单生成器、网格生成器、列表框生成器、选项组生成器、文本框生成器、参照完整性生成器等分别用于格式化控件，建立组合框、命令按钮组、编辑器等。

2. 生成器的启动

首先进入设计用户界面状态（如表单设计界面），然后添加组合框、编辑框、命令组等控件，选择某一控件，按鼠标右键出现如图 1-10 所示的快捷菜单，选择“生成器”，则这个控件相对应的生成器即被启动。

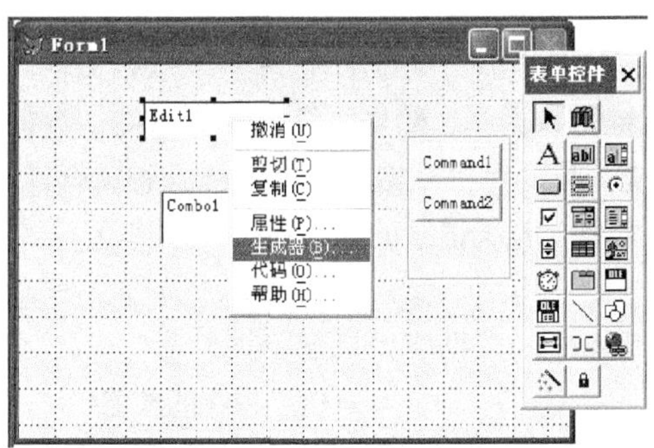

图 1-10　生成器的启动

小　　结

通过本章的学习，读者应了解信息、数据与数据处理的基本概念；数据模型相关知识；数据库管理系统与数据库应用系统；关系数据库相关知识；Visual FoxPro 简介和基本操作；Visual FoxPro 可视化设计工具的使用等。

信息是客观事物属性的反映，数据是信息的具体表现形式。数据处理是利用计算机将各种类型的数据转换成信息的过程。

数据库系统也称数据应用系统，是把有关计算机硬件、软件、数据和相关人员组合起来为用户提供信息服务的系统。

数据模型是反映客观事物及其联系的数据组织结构和形式。数据库领域中常用的数据模型有层次模型、网状模型和关系模型等 3 种，其中关系模型就是用人们熟悉的二维表格来组织和存储数据。

关系数据库是若干个依照关系模型设计的相关关系的集合，关系数据库通常由若干个有一定关系的二维表组成的，其中至少有一个表。Visual FoxPro 是美国 Microsoft 公司开发的新一代的面向对象（OOP，Object Oriented Programming）的数据库管理系统。

习　　题

1-1　选择题

（1）按一定的组织方式存储在计算机外存储器上的一组相关数据的集合称为（　　）。

A. 数据库　　B. 数据库系统　　C. 数据库管理系统　　D. 数据结构

（2）在数据库系统中，DBMS 是一种（　　）。

A. 采用了数据库技术的计算机系统

B. 包含操作系统在内的数据管理软件系统

C. 位于用户与操作系统之间的一层数据管理软件

D. 包含数据库管理人员、计算机软硬件以及数据库系统

（3）数据库系统的组成包括（　　）。

A. 计算机硬件系统，数据集合，数据库系统，相关软件，数据管理员（用户）

B. 计算机软件系统，数据库，数据库管理系统，相关软件，数据管理员（用户）

C. 计算机硬件系统，数据库、数据系统，相关软件，数据管理员（用户）

D. 计算机硬件系统，数据库，数据库管理系统，相关软件，数据管理员（用户）

（4）在有关数据库的概念中，若干记录的集合称为（　　）。

A. 文件　　B. 字段　　C. 表　　D. 数据项

（5）在有关数据管理的概念中，数据模型是指（　　）。

A. 记录的集合　　B. 文件的集合

C. 记录及其联系的集合　　D. 网状层次型数据库管理系统

（6）Visual FoxPro 是关系数据库管理系统，所谓的关系是指（　　）。

A. 二维表中各条记录中的数据彼此有一定的关系

B. 二维表中各个字段彼此有一定的关系

C. 一个表与另一个表之间的关系

D. 数据模型满足一定条件的二维表格

（7）关系数据库管理系统存储与管理数据的基本形式是（　　）。

A. 关系树　　B. 二维表　　C. 文本文件　　D. 结点路径

（8）在关系模型中，同一个关系中的不同属性，其属性名（　　）。

A. 可以相同　　B. 必须相同

C. 不能相同　　D. 可以相同，但数据类型不同

（9）如果一个班只能有一个班长，而且一个班长不能再担任其他班班长，则班长与班级之间这两个实体之间的关系属于（　　）。

A. 一对一的关系　　B. 一对多的关系

C. 多对多的关系　　D. 一对零的关系

（10）扩展名为.DBF 的文件是（　　）。

A. 备份文件　　B. 表文件　　C. 数据库文件　　D. 项目文件

（11）关系数据库系统所管理的关系是（　　）。

A. 若干个二维表　　B. 一个 DBF 文件

C. 一个 DBC 文件　　D. 若干 DBC 文件

（12）一个关系型数据库管理系统所具备的三种基本关系操作是（　　）。

A. 筛选、投影与连接　　B. 排序、索引与查询

C. 插入、删除与修改　　D. 编辑、浏览与替换

（13）在关系模型中，主关键字（　　）。

A. 可由多个任意属性组成

B. 只能由一个属性组成，其值能唯一识别关系模型中的任意一个元素

C. 可由一个或多个属性组成，其值能唯一识别该关系模型中的任何一个元组

D. 以上都不对

（14）在一个关系中，不能有完全相同的（　　）。

A. 元组　　B. 属性　　C. 域　　D. 分量

（15）数据库系统中对数据进行管理的核心软件是（　　）。

A. DBMS　　B. DB　　C. OS　　D. DBS

（16）信息世界中的属性在数据世界中称为（　　）。

A. 对象　　B. 字段　　C. 记录　　D. 性质

（17）以下不属于 DBA 主要职责的是（　　）。

A. 规划和定义数据库的结构

B. 定义数据库的安全性要求及完整性约束条件

C. 编写数据库应用程序

D. 监督和控制数据库的运行和使用

（18）把实体—联系模型转换为关系模型时，实体之间多对多联系在关系模型中是通过（　　）。

A. 建立新的属性来实现　　B. 建立新的关键字来实现

C. 建立新的关系来实现　　D. 建立新的实体来实现

（19）在 Visual FoxPro 中，数据完整性一般包括（　　）。

A. 实体完整性、参照完整性

B. 实体完整性、用户定义完整性、参照完整性

C. 实体完整性、参照完整性、数据完整性

D. 实体完整性、域完整性、用户定义完整性

（20）Visual FoxPro“文件”菜单中的“关闭”选项用来关闭（　　）。

A. 所有窗口　　B. 当前工作区中已打开的数据库

C. 所有已打开的数据库　　D. 当前活动的窗口

1-2　填空题

（1）信息是有用的（　　　　　　）。

（2）数据库是根据（　　　　　　）来划分的。

（3）数据模型不仅表示事物本身的数据，而且还表示（　　　　）。

（4）关系模型是用（　　　　）的结构来表示实体及实体之间的关系的。

（5）在数据库管理系统中，常见的数据模型有（　　　　）、（　　　　）和（　　　　）三种。

（6）数据库管理系统（DBMS）是对数据库进行管理的系统软件，是（　　　　）与数据库之间的接口。

（7）在关系数据模型中，二维表的列称为属性，二维表的行称为（　　　　）。

（8）在 Visual FoxPro 中，一个记录是由若干个（　　　　）组成的，而若干记录则构成一个（　　　　）。

（9）信息模型设计中的 E-R 方法的中文意义是（　　　　）。

（10）在对关系数据库的查询中，利用关系的（　　　　）、（　　　　）和联接运算可以方便地分解或创造新的关系。

（11）扩展名为.dbc 的文件是（　　　　）。

（12）关系中的“主关键字”不允许取空值是指（　　　　）。

（13）如果要改变关系的属性排列顺序，应使用关系运算中的（　　　　）运算。

（14）在关系运算中，查找满足一定条件的元组的运算称为（　　　　）。

（15）Visual FoxPro 是一种数据库管理系统，它在支持标准的面向过程的程序设计方法的同时还支持（　　　　）的程序设计方法。

（16）用户启动 Visual FoxPro 后，若要退出 Visual FoxPro 回到 Windows 环境，可在命令窗口中输入（　　　　）。

1-3　思考题

（1）什么是数据库、数据库管理系统和数据库系统？

（2）实体之间的联系有哪几种？分别举例说明。

（3）关系数据库管理系统的 3 种基本关系运算是什么？

（4）Visual FoxPro 有几种基本的操作方式？各有什么特点？

（5）如何启动与退出 Visual FoxPro？

（6）简述 Visual FoxPro 命令的书写规则？

答案：

1-1　选择题

（1）A　（2）C　（3）D　（4）C　（5）C　（6）D　（7）B　（8）C　（9）A
（10）B　（11）B　（12）A　（13）C　（14）A　（15）A　（16）B　（17）C
（18）C　（19）B　（20）D

1-2　填空题

（1）数据　（2）数据模型　（3）事物之间的联系　（4）二维表格　（5）层次模型、网状模型、关系模型　（6）用户　（7）记录　（8）字段、表　（9）实体-联系　（10）筛选、选择（11）数据库文件　（12）约束规则　（13）投影　（14）选择　（15）面向对象　（16）QUIT

第 2 章 Visual FoxPro 项目管理器

在 Visual FoxPro 中，一个应用程序包含有许多个文件，如数据库文件、查询文件、表单文件、报表文件、命令文件等。这些文件彼此独立，可以存放在不同的文件夹中，即难于管理又不便于维护。为了解决这个问题，Visual FoxPro 将应用程序的所有文件集合成一个有机的整体，形成一个项目文件。项目文件的扩展名为.PJX。

项目文件可以利用 Visual FoxPro 提供的项目管理器打开。项目管理器是组织数据和对象的可视化操作工具。项目管理器将项目文件中集合的所有文件根据其文件类型放置在不同的选项卡中，并采用图示和树形结构的方式组织和显示这些文件，针对不同类型的文件提供不同的操作。

项目管理器是对应用程序中的元素进行有效管理的重要工具。在 Visual FoxPro6.0 中应用程序的元素包括数据库、表、表单、报表、标签、查询、菜单等各种文件。为了有效的对这些元素进行管理，提高软件的开发和维护效率，学习和应用项目管理器的有关知识是非常重要的。通过对本章知识的学习，为学习在 Visual FoxPro 6.0 下开发应用程序打好基础。

2.1 建立与打开项目文件

2.1.1 项目文件的建立

建立一个项目文件的操作步骤如下：

① 执行菜单【文件】|【新建】命令，打开【新建】对话框，如图 2-1 所示。

② 选中【项目】单选钮后单击【新建文件】按钮，出现【创建】文件对话框，如图 2-2 所示。

③ 系统默认项目文件名为“项目 1”，以后再建则序号改变，并以此类推，项目文件的扩展名为.pjx。

如果要修改项目文件名，则在【项目文件】后的文本框中输入新的项目文件名。新建的项目文件按指定的位置保存在文件夹中，如果要开发一个应用程序系统，最好先建一个文件夹，然后将项目文件保存在这个文件夹中，以后该项目的其他文件也可以保存在这个文件夹中，这样便于对应用程序中的文件进行管理。在文件名和保存位置确定后，单击【保存】按钮，系统创建一个项目文件，并会自动打开该项目文件的项目管理器，如图 2-3 所示。

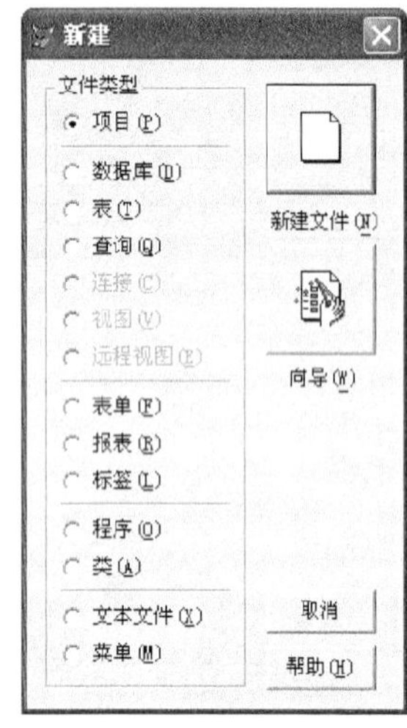
图 2-1　新建对话框

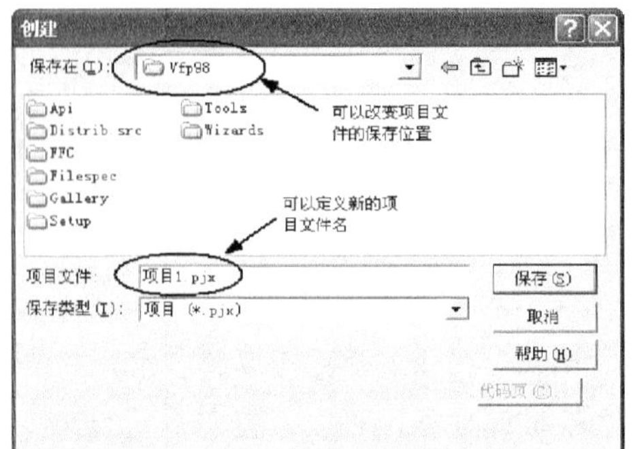

图 2-2　创建文件对话框

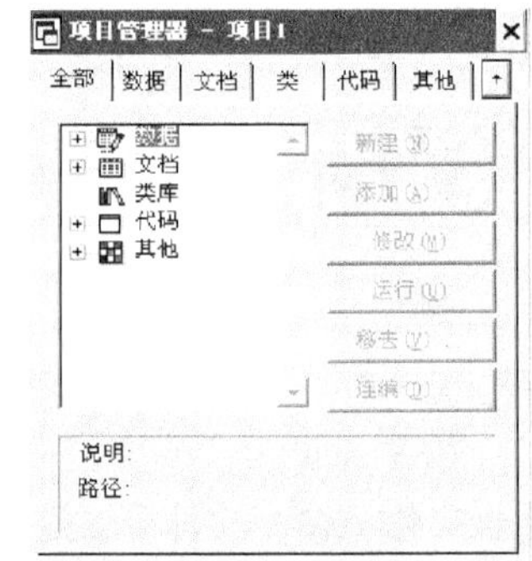
图 2-3　项目管理器对话框

建立项目文件也可以通过命令来完成。

格式：CREATE PROJECT　[<项目文件名>]

说明：如果省略项目文件名，则打开【创建】文件对话框。

2.1.2　项目文件的打开

① 执行菜单【文件】|【打开】命令，打开【打开】对话框，如图 2-4 所示。

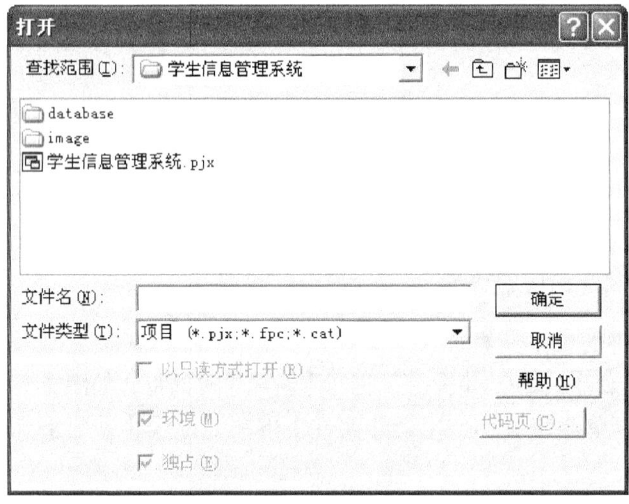
图 2-4　打开对话框

② 在【打开】对话框中选择一个项目文件。如果文件类型不是默认的项目文件，可以在文件类型的下拉列表中选择项目文件类型，如图 2-4 所示。

③ 打开项目文件也可以通过命令来完成，命令格式为：

格式：MODIFY PROJECT　[<项目文件名>]

说明：如果省略项目文件名，则打开【打开】文件对话框。

④ 通过单击工具条上的打开图标也可以打开【打开】文件对话框。

2.1.3 项目文件的关闭

① 单击项目管理器窗口右上角的关闭按钮。

② 执行菜单【文件】|【关闭】命令，关闭打开的项目管理器。

2.2 项目管理器的界面

项目管理器为应用程序的设计提供了一个良好的分层结构视图，若要处理某一类型的文件或对象，可选择相应的选项卡。这些选项卡分别为【全部】、【数据】、【文档】、【类】、【代码】、【其他】。

2.2.1 项目管理器的选项卡

1.【全部】选项卡

【全部】选项卡包含了数据、文档、类库、代码和其他，如图 2-5 所示。

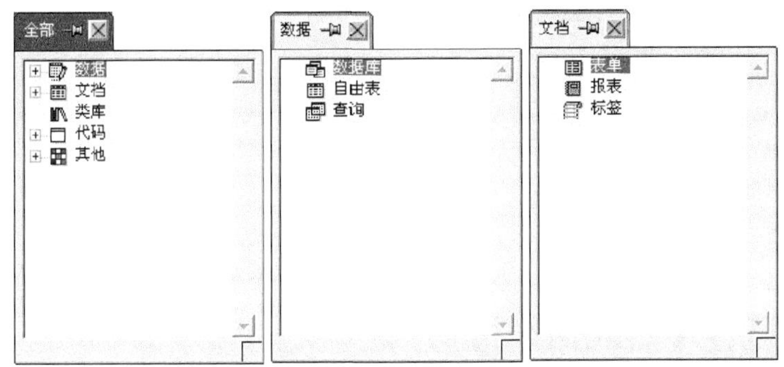

图 2-5 【全部】、【数据】、【文档】选项卡

2.【数据】选项卡

【数据】选项卡包含了数据库、自由表和查询，如图 2-5 所示。

3.【文档】选项卡

【文档】选项卡包含了表单、报表和标签，如图 2-5 所示。

4.【类】选项卡

【类】选项卡包含了应用程序中的各种类库，如果没有则为空，如图 2-6 所示。

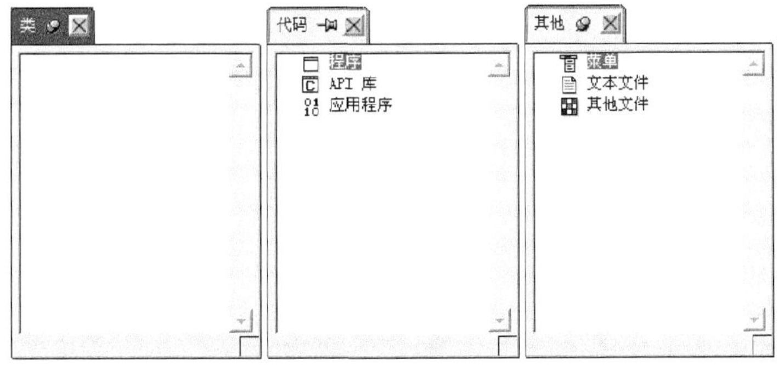

图 2-6 【类】、【代码】、【其他】选项卡

5.【代码】选项卡

【代码】选项卡包含了程序、API 库和应用程序，如图 2-6 所示。

6.【其他】选项卡

【其他】选项卡包含了菜单、文本文件和其他文件，如图 2-6 所示。

项目管理器按大类列出包含在项目文件中的文件，在每一类文件的左边都有一个图标形象地表明该文件的类型。用户可以展开或压缩某类文件的图标。如某类型的文件存在一个或多个，在其相应图标左边就会出现一个加号，表示可以展开该项目，单击加号可列出该类型的所有文件(即展开)，此时加号将变成减号，单击该减号，可隐去文件列表(即压缩图标)，同时减号变成加号，如图 2-7 所示。

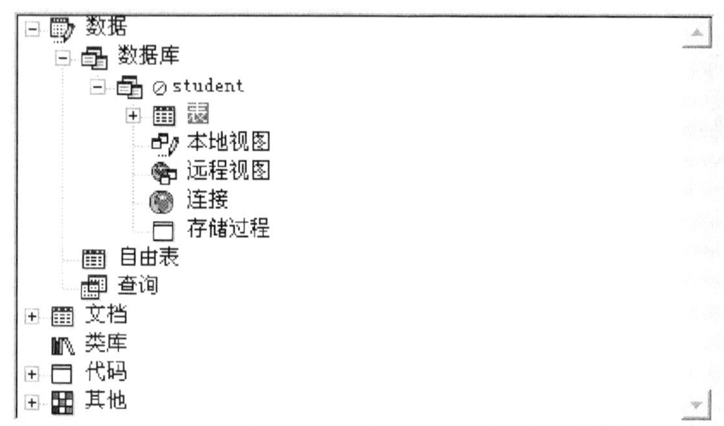

图 2-7　项目管理器中项目的组成方式

2.2.2　项目管理器的命令按钮

在项目管理器的右边有几个命令按钮，这些按钮会根据操作时选取的选项卡及文件类型的不同而改变。根据当前选取操作的不同，有的按钮是可操作的，有的按钮是不可操作的(灰色)，有的按钮可能隐藏，有的按钮可能显现。因此，在使用这些命令按钮前，要注意是否正确选取了所需操作的对象。

1. “新建”按钮

该按钮可创建一个新文件或对象，新文件或对象的类型与当前选定的类型相同。从系统文件菜单中创建的文件不会自动包含在项目文件中，但由系统项目菜单的新文件或项目管理器上的新文件按钮创建的文件将自动包含在当前的项目文件中。

2. “添加”按钮

该按钮用于把已有的文件添加到项目中，此按钮与系统项目菜单的添加文件命令作用相同。

3. “修改”按钮

该按钮的功能是打开选中的文件及相应的编辑器或设计器，用于修改文件。

4. “浏览”按钮

该按钮用于在浏览窗口中打开一个表，只有在选中表以后才可用。

5. “运行”按钮

执行选定的查询、表单或程序，当选定项目管理器中的一个查询、表单或程序时，该按钮才可用。

6. "移去"按钮

该按钮用于从项目中移去选定的文件或对象。此时系统会询问用户要从项目中移去此文件还是同时将其从磁盘中删除，用户可以根据需要进行选择。

7. "打开"/"关闭"按钮

该按钮只有在选中了数据库的时候才可用。如果选中的数据库已经关闭，则这个按钮就变成了打开数据库，否则该按钮为关闭数据库。

8. "预览"按钮

该按钮在打印预览方式下显示选定的报表或标签，当选定项目管理器中的一个报表或标签时，它才可用。

9. "连编"按钮

此按钮用于连编一个项目或应用程序，在专业版中还可以连编一个可执行文件。

以上 9 个命令按钮的功能与系统菜单项目中相同命令的作用是一样的。

2.2.3　定制项目管理器

项目管理器窗口像 Windows 环境下的其他程序窗口一样，可以调整其大小，移动窗口，但不能最小化和最大化。除此之外，项目管理器窗口还可以压缩窗口和移出选项卡。

1. 调整窗口尺寸

要调整窗口大小，可将鼠标光标放置在窗口的底边或左右边上，当出现双箭头时，按住鼠标左键通过拖动光标修改窗口的尺寸大小。

2. 移动窗口

要移动窗口，可将鼠标光标放置在标题栏上，按住鼠标左键并进行拖动，当窗口移到需要的位置上时放开鼠标左键即可。

3. 压缩和恢复窗口

点击窗口右上角的箭头按钮，可以压缩窗口，这时整个窗口仅显示各个选项卡，如图 2-8 所示。

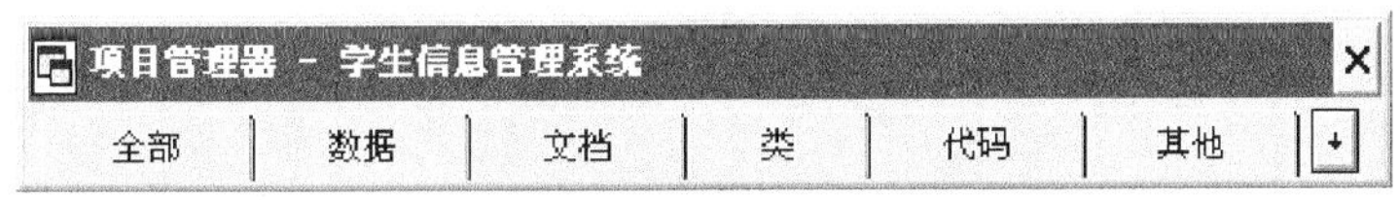

图 2-8　压缩后的项目管理器

单击窗口右上角的按钮，可以恢复窗口，这时整个窗口恢复原样。

当双击项目管理器窗口的标题时，可使项目管理器窗口像工具条一样放置在屏幕的上方，如图 2-9 所示。这时单击任意一选项卡，系统会打开对应的选项卡窗口。若要恢复项目管理器窗口的原样，可以双击项目管理器工具条中除选项卡之外的任意空白区，或将鼠标放在项目管理器工具条中除选项卡之外的任意空白处，按住鼠标左键将项目管理器向下拖曳即可。

图 2-9　项目管理器像工具条一样放置的屏幕上方

4. 将选项卡移出项目管理器

当项目管理器窗口被压缩后，可通过鼠标拖动项目管理器中任何一个选项卡，使之离开项目管理器，此时在项目管理上的相应选项卡变成灰色（表示不可用）。如图 2-10 所示。要恢复一个选项卡并将其放回原来的位置，可单击它上方的关闭按钮 单击选项卡上的图钉图标，该选项卡就会一直处于其他窗口的上面，再次单击将取消这种状态。

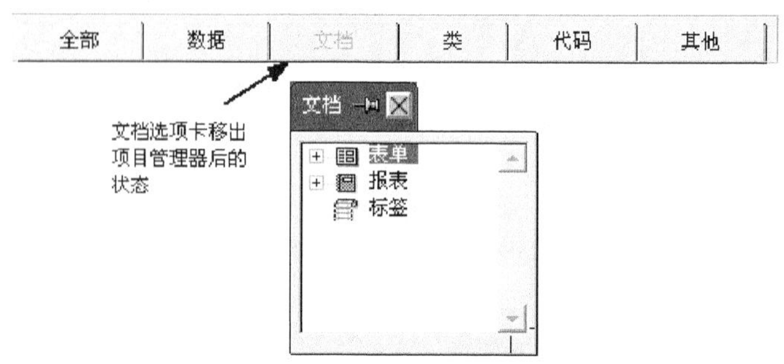

图 2-10 将选项卡移出项目管理器

2.3 项目管理器的使用

2.3.1 在项目管理器中新建或修改文件

1. 在项目管理器中新建文件

首先选定要创建的文件类型（如数据库、数据库表、查询等)，然后选择“新建”按钮，将显示与所选文件类型相应的设计工具。对于某些项目，还可以选择利用向导来创建文件。

2. 在项目中修改文件

若要在项目中修改文件，只要选定要修改的文件名，再单击“修改”按钮。

2.3.2 向项目中添加或移去文件

1. 向项目中添加文件

要在项目中加入已经建立好的文件，首先选定要添加文件的文件类型，如单击“数据”选项卡中的“数据库”选项，再单击“添加”按钮，在“打开”对话框中，选择要添加的文件名，然后单击“确定”按钮。

2. 从项目中移去文件

在项目管理器中，选择要移去的文件，如单击“数据”选项卡中“数据库”选项下的数据库文件。单击“移去”按钮，此时将打开一个提示对话框，询问是否“把数据库从项目中移去还是从磁盘上删除？”。如想把文件从项目中移去，单击“移去”按钮；如想把文件从项目中移去，并从磁盘上删除，单击“删除”按钮。

2.3.3 项目文件的连编与运行

1. 包含与排除

连编是指将项目中的文件连接在一起编译成单一的程序文件。项目在编译时涉及到“包含”

与“排除”两个概念。在“项目管理器”中，凡左侧带有“Φ”标记的文件属于“排除”类型，无此标记的文件属性“包含”类型文件。

① 包含。包含是指连编项目时将文件包含进生成的应用程序中，从而这些文件变成只读文件，不能再进行修改。通常将可执行的程序文件、菜单、表单、报表和查询等设置为“包含”。如果在程序运行中不允许修改表结构，则也可将其设置为“包含”。Visual FoxPro 默认程序文件为“包含”而数据文件默认为“排除”。

② 排除。排除是指连编项目时将某些数据文件排除在外，这些文件在程序运行过程中可以随意进行更新和修改。如将数据库表设置为“排除”，则可修改其结构或添加记录。

2. 执行连编

① 重新连编项目：重新连接与编译项目中的所有文件，生成.pjx 和.pjt 文件，等价于在命令窗口执行 BUILD PROJECT 命令。如果项目连编过程中发生错误，则必须加以纠正并重新连编直至成功为止。如果连编项目成功，则在建立应用程序之前应该试运行项目。可以在项目管理器中选择“主文件”，然后单击“运行”按钮，也可在命令窗口中键入 DO 命令执行主程序，如果正常就可以连编成应用程序文件了。

② 连编应用程序：等价于在命令窗口执行 BUILD APP 命令。可以生成以.APP 为扩展名的程序。.APP 文件必须在 Visual FoxPro 环境下才能运行。执行方式为：DO 文件名.APP。

③ 连编可执行文件：此选项等价于在命令窗口执行 BUILD EXE 命令。可以生成以.EXE 为扩展名的可执行文件，.EXE 文件可在 Visual FoxPro 环境下运行，也可脱离开发环境在 Windows 中独立运行。

3. 发布应用程序

发布应用程序，是指制作一套安装盘提供给用户，使其能安装到其他电脑上使用。

4. 运行程序

项目管理器中的有些文件可以独立运行，如表单、查询、命令程序、菜单程序等文件。这对于应用程序的调试是非常有益的。

小　结

Visual FoxPro 的项目是文件、数据、文档和对象的集合，它们保存在以 .pjx 为扩展名的项目文件中。开发一个应用程序，首先需要建立一个项目文件，然后逐步向项目文件中添加数据库表、程序、表单等对象，最后对项目文件进行编译（连编），生成一个单独的.app 或.exe 程序文件。“项目管理器”是 Visual Foxpro 中处理数据和对象的主要组织工具，在建立表、数据库、查询、表单、报表以及应用程序时，可以用“项目管理器”来组织和管理文件。

习　题

思考题

（1）简述项目管理器的主要功能。

（2）项目管理器有几个选项卡？每个选项卡的作用是什么？

（3）项目管理器有哪些常用的命令按钮？它们的作用是什么？

（4）建立一个项目文件，定制项目管理器。

（5）建立一个项目文件，向该项目添加已经建立的有关文件。

（6）建立一个项目文件，在项目管理器中新建、修改和浏览表。

第3章 Visual FoxPro 的数据及其运算

本章主要内容有：Visual FoxPro 的数据类型、常量与变量；Visual FoxPro 的基本运算；常用函数的功能和使用。

通过本章的学习，读者应掌握数据在 Visual FoxPro 中的表示方法，Visual FoxPro 数据的表现形式有常量、变量和函数 3 种，把这些数据组合起来就构成表达式。

3.1 Visual FoxPro 的数据类型

数据类型是数据的基本属性。Visual FoxPro 常用的数据类型有字符型、数值型、逻辑型、日期型、备注型、通用型等。

1. 字符型

字符型（Character）数据是指不具有计算功能的文字数据，字符型数据包括中文字符、英文字符、数字字符和其他 ASCII 字符，最大长度可达 254 个字符。

2. 数值型

数值型（Numeric）数据是表示数量并可以进行算术运算的数据类型。数值型数据由数字、小数点和正负号组成。数值型数据在内存中占用 8 个字节，相应的字段变量的长度（数据位数）最大为 20 位。

在 Visual FoxPro 中，数值型数据还有浮点型、双精度型和整型，不过这 3 种数据类型只能用于字段变量。

3. 货币型

货币型（Currency）数据是在数据的第 1 个数字前冠以货币符号$，它默认保留 4 位小数，超过 4 位系统将进行四舍五入的处理，每个货币型数据占 8 个字节。

4. 日期型

日期型（Date）数据是表示日期的数据，包括年、月、日 3 个部分，日期型数据的长度固定为 8 位。一般输入格式为{^yyyy/mm/dd}，一般输出格式为 mm/dd/yyyy，其中 yyyy（或 yy）表示年，mm 表示月，dd 表示日。日期型数据的显示格式有多种，它受系统日期格式设置的影响。

5. 日期时间型

日期时间型（Date Time）数据是描述日期和时间的数据，日期时间数据的输入格式为{^yyyy/mm/dd hh:mm:ss}，输出格式为 mm/dd/yy hh:mm:ss，其中 yyyy 表示年，mm 表示月，dd 表示日，hh 表示小时，mm 表示分钟，ss 表示秒。AM（或 A）和 PM（或 P）分别代表上午和下午，默认值为 AM。日期时间型数据占用 8 个字节存储空间。

6. 逻辑型

逻辑型（Logic）数据是描述客观事物真与假的数据类型，表示逻辑判断的结果，逻辑型数据只有真（.T.）和假（.F.）两个值，其长度固定为 1 位。

7. 备注型

备注型（Memo）数据存放较多字符的数据类型，它没有数据长度的限制，仅受限于磁盘空间。它只用于表中字段类型的定义，字段长度固定为 4 个字节，实际数据存放在与表文件同名的备注文件（.fpt）中。

8. 通用型

通用型（General）数据用于在数据表中引入 OLE（对象链接与嵌入）对象，可以是一个文档、图形、图像、声音、电子表格等多媒体信息，其字段长度固定为 4 位，实际数据长度仅受限于磁盘空间的大小。通用型数据存放在与表文件同名的备注文件（.fpt）中。

3.2 Visual FoxPro 的常量与变量

在 Visual FoxPro 中，常量和变量是最基本的两种数据表现形式，在进行数据表操作时，需要掌握各种类型常量的表示方法以及变量的命名、赋值等有关操作。

3.2.1 常量

常量是一个在命令或程序中直接引用的具体值，在命令操作或程序运行过程中其值始终保持不变。Visual FoxPro 的常量类型有字符型、数值型、货币型、逻辑型、日期型和日期时间型 6 种。

1. 字符型常量

字符型常量也叫字符串，它由数字、字母、空格等字符和汉字组成，使用时必须用定界符（“”、”和[]）括起来，如’Visual FoxPro’、”123”、[计算机]等都是合法的字符型常量。

2. 数值型常量

数值型常量也称常数，由数字 0～9、小数点和正负号组成。在 Visual FoxPro 中，数值型常量有两种表示方法：小数形式和指数形式。如 86，−56.7 是小数形式；指数形式对应于日常应用中的科学计数法，如 0.3146E-3、0.6594E6 等。

3. 货币型常量

货币型常量的书写格式与数值型常量类似，但要加上一个前置的$。货币型数据在存储和计算时默认 4 位小数，多余位数系统会自动进行四舍五入。

4. 逻辑型常量

逻辑型常量表示逻辑判断的结果，只有“真”和“假”两种值。在 Visual FoxPro 中，逻辑真用.T.、.t.、.Y.或.y.表示，逻辑假用.F.、.f.、.N.或.n.表示。注意字母前后的圆点一定不能少。

5. 日期型常量

日期型常量表示一个确定的日期，Visual FoxPro 的默认格式是{^yyyy[yy]/mm/dd}。分隔符可以是“/”、“-”、“.”和空格。

（1）传统日期格式

系统默认的格式为“月/日/年”，其中月、日、年各为两位数，如“07/12/09”，“07-12-09”。

（2）严格日期格式

严格日期格式为{^yyyy/mm/dd}，年份必须是 4 位，其中，花括符中第 1 个字符必须是字符“^”。

（3）日期格式的设置命令

① SET MARK TO [日期分隔符]

格式：`SET MARK TO [日期分隔符]`

功能：用于指定日期分隔符，如“-”、“.”、“/”等。如果执行 SET MARK TO 没有指定任何分隔符，则表示恢复系统默认的斜杠“/”分隔符。

② SET DATE TO 命令

格式：
```
SET DATE [TO]
    AMERICAN|ANSI|BRITISH|FRENCH|GERMAN|ITALIAN|JAPAN|USA|MDY|
    DMY|YMD
```

功能：设置日期显示输出格式。

命令中各个短语所定义的日期格式如表 3.1 所示。

表 3.1　常用日期格式

短　语	格　式	短　语	格　式
AMERICAN	mm/dd/yy	ANSI	yy.mm.dd
BRITISH/FRENCH	dd/mm/yy	GERMAN	dd.mm.yy
ITALIAN	dd-mm-yy	JAPAN	yy/mm/dd
USA	mm-dd-yy	MDY	mm/dd/yy
DMY	dd/mm/yy	YMD	yy/mm/dd

③ SET CENTURY ON/OFF

格式：`SET CENTURY ON/OFF`

功能：用于设置年份的位数。

当设置为 ON 时，年份用 4 位数表示；当设置为 OFF 时，年份用 2 位数表示。

④ SET STRICTDATE TO [0|1|2]

格式：`SET STRICTDATE TO [0|1|2]`

功能：用于设置是否对日期格式进行检查。

其中，0 表示不进行严格的日期格式检查，目的是与早期的 Visual FoxPro 兼容；1 表示进行严格的日期格式检查，它是系统默认的设置；2 表示进行严格的日期格式检查，并对 CTOD()和 CTOT()函数的格式也有效。

6. 日期时间型常量

日期时间型常量包括日期和时间两部分内容：{^<日期>，<时间>}。其中<日期>部分与日期型常量相似。<时间>部分的格式为[hh[:mm[:ss]]][a|p]。其中 hh、mm、ss 分别代表时、分、秒，默认值分别为 12、0 和 0；a 和 p 分别代表上午和下午，默认值为 a。如果指定的时间大于 12，则自然为下午的时间。时间也可以使用 24 小时制。如{^2010/01/08，16:30:45}。

3.2.2　变量

变量是在操作过程中可以改变其值或数据类型的数据对象。在 Visual FoxPro 系统中变量分为字段变量、内存变量、系统变量和数组变量 4 类。

1. 变量的命名规则

每一个变量都有一个名称，叫做变量名，其命名规则如下：

① 使用字母、下画线和数字命名，中文 Visual FoxPro 可以使用汉字命名。

② 命名以字母或下划线开头，除自由表中字段名、索引的 TAG 标识名最多只能 10 个字符外，其他命名可以使用 1～128 个字符。

③ 尽量避免使用 Visual FoxPro 的保留字。

2. 字段变量

字段变量就是表中的字段名，它是表中最基本的数据单元。字段变量的值取决于该字段名下的数据项的值，也就是表记录指针所指的那条记录对应字段的值。字段变量的类型可以是 Visual FoxPro 的任意数据类型。字段变量的名字、类型、长度等是在定义表结构时定义的。

3. 内存变量

内存变量是内存中的一些临时工作单元，内存变量的类型取决于内存变量中存放数据的类型，使用内存变量必须先定义，后使用，退出 Visual FoxPro 后，内存变量自动消失。

可直接用内存变量名对内存变量进行访问，但若它与字段变量同名时，必须在内存变量名前加 M.或 M->以示区别。否则系统默认是字段变量。

（1）内存变量的赋值

在 Visual FoxPro 中，变量必须先定义以后才能被使用，但是给内存变量赋值无须事先定义，变量的定义和赋值将同时完成。赋值命令有两种格式：

格式 1：<内存变量>=<表达式>

格式 2：`STORE <表达式> TO <内存变量表>`

功能：把<表达式>运算的结果送到内存变量中。

说明：

① 首先计算<表达式>的值，然后将值赋给内存变量，如果在赋值时该内存变量不存在，系统会自动建立，如果该变量已有值，那么重新赋值将改变原值为新值，变量的类型也由赋值给它的值的类型所决定。

② <各内存变量名表>是用逗号分隔的多个内存变量。

③ 格式 1 只能给一个内存变量赋值，格式 2 一次可给多个内存变量赋相同的值。

（2）内存变量的显示

格式：`LIST|DISPLAY MEMORY [LIKE <通配符>][TO <PRINTER|FILE>]`

功能：显示当前已定义的内存变量的名称、作用域、类型和值。

说明：

① LIKE 选项子句可以使用通配符来代替变量名的一部分，以显示与通配符相符合的变量。

② LIST 和 DISPLAY 的区别是：前者连续显示；后者分屏显示。

③ TO <PRINTER|FILE>子句用于将显示的结果送往打印机或文本文件中。

（3）内存变量的保存

内存变量在刚建立时，它是保存在内存中的，一旦机器掉电或退出 Visual FoxPro 系统，所有内存中的变量都会消失。如果用户希望将所定义的内存变量保存起来，则可将它保存到一个文件中，该文件称为内存变量文件，默认的扩展名为.MEM，建立内存变量文件的命令格式如下：

格式：`SAVE TO <内存变量文件名> [ALL[LIKE|EXCEPT <通配符>]]`

功能：将指定的内存变量存入内存变量文件中。

说明：

ALL 表示将全部内存变量存入文件。ALL LIKE <通配符>表示将与通配符相匹配的内存变量存入文件，ALL EXCEPT <通配符>表示将与配通符不匹配的内存变量存入文件。

（4）内存变量的恢复

内存变量的恢复是指将存入内存变量文件中的内存变量从文件中读出，调入内存中。

格式：`RESTORE FROM <内存变量文件名> [ADDITIVE]`

功能：恢复在内存变量文件中的内存变量，并将它们置于内存中。

说明：ADDITIVE 选项的功能是，如果命令中选有此项，系统将不清除内存中现有的内存变量，并追加文件中的内存变量。

（5）内存变量的释放

由于能定义的内存变量数有限（65 000 个），同时由于定义的内存变量占用内存空间，因此对定义过的内存变量如果不再使用就应将这些变量释放。

格式 1：`CLEAR MEMORY`

功能：清除所有内存变量。

格式 2：`RELEASE <内存变量名表>`

功能：清除指定内存变量。

格式 3：`RELEASE ALL [LIKE <通配符>|EXCEPT <通配符>]`

功能：LIKE 短语清除与通配符相符的变量，EXCEPT 短语清除与通配符不符的变量。

4. 数组变量

数组是内存中的一片连续存储区域，它由一系列元素组成，每个数组元素可通过数组名及相应的下标来访问，每个数组元素就相当于一个内存变量，这些数组变量可以具有不同的数据类型。

（1）数组的定义

使用数组之前必须先定义，定义数组的格式是：

格式 1：`DIMENSION 数组名（<数值表达式 1>[，<数值表达式 2>][，…]）`

格式 2：`DECLARE 数组名（<数值表达式 1>[，<数值表达式 2>][，…]）`

功能：定义一个数组。

两条命令的功能完全相同，用于定义一维或二维数组。数值表达式是下标的上界，下标的下界系统规定为 1。例如：

```
DIMENSION a（5）,b(2,3)
```

分别定义了一维数组 a 和二维数组 b。一维数组 a 有 5 个元素，分别为 a（1），a（2），a（3），a（4），a（5），二维数组 b 有 6 个元素，分别为 b（1，1），b（1，2），b（1，3），b（2，1），b（2，2），b（2，3）。

（2）数组的赋值

数组创建后，在没有向数组元素赋值之前，数组元素的初值均为逻辑假（.F.）。当然，用户可根据需要给整个数组的各个元素赋相同的值（如 a=10，那么数组 a 的每个元素都赋相同的值 10），也可以给数组元数赋值（如 a（3）=20）。数组的每个元素具有与内存变量相同的性质，因此，在 Visual FoxPro 中可以使用内存变量的地方都能使用数组元素。

特别要注意的是：如果一维数组与二维数组同名时，它们是存放在同一片连续的存储区域，如图 3-1 所示。对二维数组而言，在内存中存放时是先存放行后存放列，因此它们在位置相对应时的值可互通。如：

```
DIMENSION a(5),a(2,3)
a(4)=100
```

相对应的 a(2,1)的值也等于 100,反之亦然。

（3）数组变量的显示

与内存变量的显示命令一样。

5. 系统变量

系统变量是由 Visual FoxPro 自身提供的内存变量。系统变量名都是以下画线开始，它和一般的变量有相同的使用方法。为避免与系统变量名冲突，在定义内存变量和数组变量名时，不要以下画线开始。

存储器地址	存放数组的单元	
0000H	a（1）	a(1,1)
0001H	a（2）	a(1,2)
0002H	a（3）	a(1,3)
0003H	a（4）	a(2,1)
0004H	a（5）	a(2,2)
0005H	a（6）	a(2,3)

图 3-1　数组存放内存单元

3.3 Visual FoxPro 的内部函数

为了增强系统的功能和方便用户使用，Visual FoxPro 提供了许多内部函数，每个函数实现某项功能或完成某种运算。按函数运算、处理对象和结果的数据类型，可分为数值函数、字符函数、日期函数、数据转换函数、测试函数、系统函数、显示位置函数等。

函数调用的一般格式：

函数名（[参数]）

每个函数由 3 个部分组成：

第 1 部分：函数名，表示函数的功能。

第 2 部分：参数，是自变量，通常是表达式，写在括号内，有的函数可缺省参数。

第 3 部分：函数值，是函数运算后返回的值。

3.3.1 数值运算函数

1. 求绝对值函数

格式：ABS（<数值型表达式>）

功能：求数值型表达式的绝对值。函数值为数值型。

2. 求平方根函数

格式：SQRT（<数值型表达式>）

功能：求数值型表达式的算术平方根，数值型表达式的值应不小于零。函数值为数值型。

3. 求指数函数

格式：EXP（<数值型表达式>）

功能：将数值型表达式的值作为指数 x，求出 e^x 的值。函数值为数值型。

4. 求对数函数

格式：LOG（<数值型表达式>）

　　　LOG10（<数值型表达式>）

功能：LOG 求数值型表达式的自然对数，LOG10 求数值型表达式的常用对数，数值型表达式的值必须大于零。函数值为数值型。

5. 取整函数

格式：INT（<数值型表达式>）

　　CEILING（<数值型表达式>）

　　FLOOR（<数值型表达式>）

功能：INT 取数值型表达式的整数部分；CEILING 取大于或等于指定表达式的最小整数；FLOOR 取小于或等于指定表达式的最大整数。函数值为数值型。

6. 求余数函数（模函数）

格式：MOD（<数值型表达式 1>,<数值型表达式 2>）

功能：求<数值型表达式 1>除以<数值型表达式 2>所得出的余数。函数值为数值型。

当<数值型表达式 1>与<数值型表达式 2>同号时，函数值为：MOD（|<数值型表达式 1>|,|<数值型表达式 1>|），结果的符号与<数值型表达式 2>相同。

当<数值型表达式 1>与<数值型表达式 2>异号时，函数值为：|<数值型表达式 2>|- MOD（|<数值型表达式 1>|,|<数值型表达式 2>|），结果的符号与<数值型表达式 2>相同。

【例 3.1】　在命令窗口输入如下命令：

```
?MOD(15,4),MOD(-15,-4),MOD(15,-4),MOD(-15,4)
```

结果显示为：3，-3，-1，1。

7. 四舍五入函数

格式：ROUND（<数值型表达式 1>,<数值型表达式 2>）

功能：返回<数值型表达式 1>在指定位置四舍五入的结果。<数值型表达式 2>指明四舍五入的位置，若<数值型表达式 2>大于 0，它表示要保留的小数位数；如果小于 0，它表示的是整数部分的舍入位数。

【例 3.2】　在命令窗口输入如下命令：

```
X=215.476
?ROUND(x,2),ROUND(x,1),ROUND(x,0),ROUND(x,-2)
```

结果显示为：215.48　　215.5　　　215　　　200

8. 求最大值和最小值函数

格式：MAX(<表达式 1>,<表达式 2>,…,<表达式 n>)

　　MIN(<表达式 1>,<表达式 2>,…,<表达式 n>)

功能：计算各个表达式中的值，MAX 取其中的最大值，MIN 取其中的最小值。

9. 圆周率函数

格式：PI()

功能：返回圆周率π的近似值。

10. 随机函数

格式：RAND()

功能：产生 0～1 之间的随机数。

【例 3.3】　RAND()函数的的应用。

```
?RAND ( )                    &&产生一个 0～1 之间的随机数
? 10* RAND ( )               &&产生一个 0～10 之间的随机数
?INT(20*RAND()+80)           &&产生一个 80～100 之间的随机数
```

3.3.2 字符处理函数

1. 测试字符串长度函数

格式：LEN（<字符表达式>）

功能：测试并返回指定字符串的长度，即所包含的字符个数，返回值为数值型。

【例 3.4】 LEN()函数的应用。

```
?LEN（"Visual FoxPro 程序设计"）      &&结果为 22（1 个汉字占 2 个字符，空格也应计算在内）
X="Visual FoxPro 程序设计"
?len(x)                              &&结果为 22，x 不加引号表示变量，如加引号表示字符
```

2. 求子串位置函数

格式：AT(<字符表达式 1>，<字符表达式 2>[,数值表达式])

ATC(<字符表达式 1>，<字符表达式 2>[,数值表达式])

功能：返回<字符表达式 1>在<字符表达式 2>中的起始位置，函数值为整数。如果<字符表达式 2>不包含<字符表达式 1>，函数返回值为 0。第 3 个参数值表达式用于表明要搜索<字符表达式 1>在<字符表达式 2>中第几次出现，其默认值为 1，可缺省。

ATC()与 AT()的功能相似，但在字符串比较时不区分字母的大小写。

3. 取子串函数

格式：LEFT（<字符表达式>,长度）

RIGHT（<字符表达式>,长度）

SUBSTR(<字符表达式>,起始位置[,长度])

功能：LEFT()返回从<字符串表达式>中左边第 1 个字符开始，截取指定长度的子串。

RIGHT()返回从<字符串表达式>中右边第 1 个字符开始，截取指定长度的子串。

SUBSTR()返回<字符串表达式>中从起始位置开始，截取指定长度的子串。若缺省第 3 个参数“长度”，则函数从指定位置一直取到最后一个字符。

【例 3.5】 从给定字符串中取子字符串。

```
A="He is a very good student"
?LEFT(A,3),RIGHT(A,4),SUBSTR(A,9,4)      && 结果为：He dent very
?SUBSTR("面向对象程序设计",9,4)          && 结果为：程序
?SUBSTR("面向对象程序设计",5)            && 结果为：对象程序设计
```

4. 宏替换函数

格式：&<字符型内存变量>[,<字符型表达式>]

功能：替换一个字符型内存变量的内容。

&必须放在一个字符型内存变量之前，用内存变量的值来代换该变量名；&与字符型内存变量之间没有空格；如果&与其后的字符无明确分界，则要用“.”作为函数结束标记；&可以嵌套使用。

【例 3.6】 宏替换函数&的应用。

```
NAME="王刚"
? "他叫&NAME.同学"                       &&结果为：他叫王刚同学
```

【例 3.7】 宏替换函数&的应用。

```
ABC="10^2+15/5"
?&ABC                                    &&结果为：103.00
```

【例 3.8】 已知 a=5,b=8,计算并输出 a×b 的值。

```
A=5
B=8
C="*"
?A&C.B                                  &&结果为：40
```

5. 字符串替换函数

格式：STUFF(<字符表达式 1>,<起始位置>,长度,<字符表达式 2>)

功能：从<字符表达式 1>指定位置开始，用<字符表达式 2>替换<字符表达式 1>中指定长度个字符。如果长度为 0，<字符表达式 2>则插在由起始位置指定的前面；如果<字符表达式 2>为空串，那么<字符表达式 1>中由起始位置和长度指定的子串被删除。

【例 3.9】 字符串替换函数的应用。

```
?STUFF('中国人民解放军',5,10,‘重庆’)        &&结果为：中国重庆
```

6. 生成空格函数

格式：SPACE（<数值表达式>）

功能：产生由数值表达式所指定个数的空格，返回值为字符型。

7. 删除空格函数

格式：TRIM(<字符表达式>)

LTRIM(<字符表达式>)

ALLTRIM(<字符表达式>)

功能：TRIM()删除字符表达式的尾部空格字符。LTRIM()删除字符表达式的前导空格符字。ALLTRIM()删除字符表达式中的前导空格和尾部空格的字符。

注意：不能删除字符表达式中的空格字符。

8. 大小写转换函数

格式：LOWER(<字符表达式>)

UPPER(<字符表达式>)

功能：LOWER()将字符表达式中的字母全部变成小写字母，其他字符不变。UPPER()将字符串表达式中的字母全部变成大写字母，其他字符不变。

3.3.3 转换函数

1. 数值转字符串函数

格式：STR（<数值表达式>[,<长度> [,<小数位数>]]）

功能：将数值表达式的值转换成字符串，转换时根据需要自动进行四舍五入，返回值为字符型。

① 当长度大于实际数值的位数时，则在字符串前补上相应位数的空格。

② 当长度小于实际数值的长度但大于整数部分长度时，将自动调整小数位数；当长度小于整数部分位数时，返回指定长度个星号*，表示出错。

③ 当省略小数位数时，转换后将无小数部分；当同时省略长度和小数位数时，字符串长度为 10，无小数部分，不足 10 位时加前导空格。

【例 3.10】 将下列数值表达式转换为字符串。

```
?STR(1234.56)                 &&结果为 1235（只显示整数部分，并自动进行四舍五入）
?STR(-1234.56,7,2)            &&结果为-1234.6(小数点和负号均占一位)
?STR(1234.56,9,2)             &&结果为□□1234.56（补 2 个前导空格）
```

```
?STR(1234.56,3,2)                    &&结果为***（长度为 3 的星号，出错）
```

2. 字符串转数值型函数

格式：VAL（<字符型表达式>）

功能：将由数字符号（包括正负号、小数点）组成的字符型数据转换成相应的数值型数据。若字符内出现非数字字符，那么只转换前面部分；若字符串的首字符不是数字符号，则返回 0.00（默认保留两位小数），但忽略前导空格。

【例 3.11】 将下列字符串转换为数值。

```
?VAL("A123")                         && 结果为 0.00
?VAL("123AB12C3")                    && 结果为 123. 00
?VAL("123.456")                      && 结果为 123.46
```

3. 字符转换成 ASCII 码函数

格式：ASC（<字符表达式>）

功能：将字符串首字符转换成相应的 ASCII 码值。

【例 3.12】 将下面字符串转换成 ASCII 码。

```
?ASC("A")                            && 结果为 65(字母“A”的 ASCII 码值)
?ASC("abc")                          && 结果为 97(字母“a”的 ASCII 码值)
```

4. ASCII 码转换成字符函数

格式：CHR（<数值表达式>）

功能：将数值作为 ASCII 码转换成相应的字符。

【例 3.13】 将下列数值的 ASCII 码转换为相应的字符。

```
?CHR(65)                             && 结果为 A
?CHR(97)                             && 结果为 a
```

5. 字符串转日期或日期时间函数

格式：CTOD（<字符表达式>）

CTOT（<字符表达式>）

功能：CTOD()函数将<字符表达式>值转换成日期型数据，返回值为日期型。CTOT()函数将<字符表达式>值转换成日期时间型数据。

【例 3.14】 字符串转日期和日期时间函数的应用。

```
SET DATE TO YMD
SET CENTURY ON
?CTOD("2010/06/18")                  && 结果为 2010/06/18
?CTOT("2010/06/18"+" "+"16:18")      && 结果为 2010/06/18 04:18:00 PM
```

6. 日期转字符串函数

格式：DTOC（<日期表达式>/<日期时间表达式> [,1]）

TTOC(<日期时间表达式> [, 1])

功能：DTOC()函数将日期型数据或日期时间型数据的日期部分转换成字符串，返回值为字符型。TTOC()函数将日期时间数据转换成字符串。如果使用选项 1，对于 DTOC()函数来说，字符串的格式为 YYYYMMDD，共 8 个字符；而对于 TTOC()函数来说，字符串的格式为 YYYYMMDDHHMMSS，采用 24 小时制，共 14 个字符。

【例 3.15】 日期转字符串函数的应用。

```
SET DATE TO AMERICAN
```

```
X=CTOD("06/18/98")
Y={^2008/10/08 04:13:00 PM}
?DTOC(x)                        && 结果为 06/18/1998
?DTOC(x,1)                      && 结果为 19980618
?TTOC(y)                        && 结果为 10/08/2008 04:13:00 PM
?TTOC(y,1)                      && 结果为 20081008161300
```

3.3.4 日期和时间函数

1. 系统日期和时间函数

格式：DATE()

TIME()

DATETIME()

功能：DATE()函数返回系统当前日期，函数值为日期型。TIME()返回系统当前时间，时间显示格式为 hh:mm:ss（24 小时制），函数值为字符型。DATETIME()返回系统当前日期时间，函数值为日期时间型。

【例 3.16】 设系统的当前日期为 2010/08/19，当前时间为 10 点 26 分 35 秒。

```
?DATE()                         && 结果为 08/19/10
?TIME()                         && 结果为 10:26:35
?DATETIME()                     && 结果为 08/19/10 10:26:35 AM
```

2. 求年份、月份、天数函数

格式：YEAR（<日期表达式>|<日期时间表达式>）

MONTH（<日期表达式>|<日期时间表达式>）

DAY（<日期表达式>|<日期时间表达式>）

功能：YEAR()函数从指定的日期表达式或日期时间表达式中返回年份。MONTH()函数从指定的日期表达式或日期时间表达式中返回月份。DAY()函数从指定的日期表达式或日期时间表达式中返回月里面的天数。这 3 个函数的返回值都是数值型。

【例 3.17】 求年份、月份和天数函数的应用。

```
?YEAR({^2010/08/19})            && 结果为 2010
? MONTH({^2010/08/19})          && 结果为 8
?DAY({^2010/08/19})             && 结果为 19
```

3. 求时、分、秒函数

格式：HOUR（<日期时间表达式>）

MINUTE（<日期时间表达式>）

SEC（<日期时间表达式>）

功能：HOUR()函数从指定的日期时间表达式中返回小时部分（24 小时制）。MINUTE()函数从指定的日期时间表达式中返回分钟部分。SEC()函数从指定的日期时间表达式中返回秒部分。这 3 个函数的返回值都是数值型。

3.3.5 测试函数

1. 数据类型测试函数

格式：VARTYPE(<表达式>)

功能：测试<表达式>值的类型,返回一个表示数据类型的大写字母，其含义如表 3-2 所示。函数返回值为字符型。

表 3.2　　用 VARTYPE()函数测得的数据类型

返回的字母	数 据 类 型	返回的字母	数 据 类 型
C	字符型或备注型	G	通用型
N	数据值型、整型、浮点型或双精度型	D	日期型
Y	货币型	T	日期时间型
L	逻辑型	X	NULL 值
O	对象型	U	未定义

【例 3.18】 VARTYPE()函数的应用。

```
abc=100
? VARTYPE(abc)                      && 结果为 N(数值型)
? VARTYPE("abc")                    && 结果为 C(字符型)
? VARTYPE({^2010/08/19})            && 结果为号 D(日期型)
? VARTYPE("2010/08/19")             && 结果为 C(字符型)
? VARTYPE(2010/08/19)               && 结果为 N(数值型)
? VARTYPE(.T.)                      && 结果为 L(逻辑型)
```

2. 表文件头测试函数

格式：BOF([<工作区号>|<别名>])

功能：检测指定或当前工作区中数据表的记录指针是否指向第 1 个逻辑记录之前，若是，函数值为真(.T.)，否则为假(.F.)。即返回值为逻辑型。缺省工作区号或别名时指当前工作区。

3. 表文件尾测试函数

格式：EOF([<工作区号>|<别名>])

功能：检测指定或当前工作区中数据表的记录指针是否指向最后一个逻辑记录之后，若是，函数值为真(.T.)，否则为假(.F.)。即返回值为逻辑型。缺省工作区号或别名时指当前工作区。

4. 当前记录号测试函数

格式：RECNO([<工作区号>|<别名>])

功能：返回指定或当前工作区中当前记录的记录号，函数值为数值型。缺省工作区号或别名时指当前工作区。

5. 条件测试函数 IIF

格式：IIF(<逻辑表达式>,<表达式 1>,<表达式 2>)

功能：若逻辑表达式的值为.T.，函数值为<表达式 1>的值，否则为<表达式 2>的值。

【例 3.19】 IIF()函数的应用。

```
X=10
Y=20
?IIF(x>y,1,IIF(x=y,2,3))             && 结果为 3
?IIF(x<y,x>0,y+100)                 && 结果为 .T.
```

6. 记录个数测试函数

格式：RECCOUNT([<工作区号>|<别名>])

功能：返回指定或当前工作区中数据表的记录个数，包含已作逻辑删除的记录。函数值为数值型。缺省工作区号或别名时指当前工作区。

7. 查询结果测试函数

格式：FOUND([<工作区号>|<别名>])

功能：在指定或当前工作区的表中，检测是否找到所需的数据。由命令 FIND、SEEK、LOCATE/CONTINUE 来查找所需的数据记录，如找到，函数值为真（.T.），否则为假（.F.）。缺省工作区号或别名时指当前工作区。

8. 值域测试函数

格式：BETWEEN（<被测试表达式>,<下限表达式>,<上限表达式>）

功能：判断<被测表达式>的值是否介于<下限表达式>和<上限表达式>的值之间（包括等于上、下限值）。若是，函数将返回真（.T.），否则返回假（.F.）。表达式可以是字符、数值、日期等类型，但表达式的类型必须一致。

9. 文件存在测试函数

格式：FILE（<文件名>）

功能：测试指定文件是否存在，返回值为逻辑型。若存在，返回真（.T.），否则返回假（.F.）。<文件名>必须给出扩展名并放在定界符中。

3.4　Visual FoxPro 的基本运算

在 Visual FoxPro 中，可以进行算术运算、字符串运算、比较运算和逻辑运算，每一种运算都有相应的运算符。

表达式是由常量、变量、函数和运算符组成的运算式子。表达式通过运算得出表达式的值。根据表达式运算结果得到的数据类型的不同，表达式也可分为数值表达式、字符表达式、关系表达式、日期时间表达式、逻辑表达式 5 种。

1. 算术表达式

算术表达式又称为数值表达式，其运算对象和运算结果均为数值型数据。数值运算符的功能及运算优先顺序，如表 3.3 所示。表中运算符按运算优先级别从高到低顺序排列，同级从左到右。

表 3.3　算术运算使用举例

算术运算符	功　能	表达式举例	结 算 结 果	优 先 级 别
()	；圆括号	?(3+2)*(45-12)	165	高
**或^	幂或乘方	2**4 或 2^4	16	↓
*，/	乘、除	100*5/4	5	↓
%	模运算（取余）	13%4	1	↓
+，-	加、减	3+8-5	6	低

表达式中所有字符必须写在同一水平线上，每个字符各占一格。表达式中常量、变量的命名以及函数的引用要符合 VFP 的规定。

2. 字符表达式

字符表达式是由字符运算符将字符型数据对象连接起来进行运算的式子。字符运算符的对象是字符型数据，运算结果是字符常量或逻辑常量。VFP 的字符运算有两类，表 3-3 所示为字符运算符的功能。

（1）连接运算

“+” 与 “−” 都是字符连接运算符，都将两个字符串顺序连接，但 “+” 是直接连接，“−” 则将串 1 尾部所有空格移到串 2 尾部后再连接。

（2）包含运算

格式：<串 1>$<串 2>

功能：比较、判断串 1 是否为串 2 的子串，若是，则结果为真（.T.），否则结果为假（.F.）。所谓子串，如果串 1 中所有字符均包含在串 2 中，且与<串 1>中排列方式与顺序完全一致，则称串 1 为串 2 的子串。

字符运算符使用举例如表 3.4 所示。

表 3.4　字符运算使用举例

运算符	功　能	举　例	运算结果
+	串 1+串 2：两串顺序相连接	?"中国　　"+"重庆"	"中国　　重庆"
-	串 1-串 2：串 1 尾空格移到串 2 后按顺序相连接	?"中国　　"-"重庆"	"中国重庆　　"
$	串 1$串 2：串 1 是否为串 2 的子串	?"中国"$"中华人民共和国"	.F.

3. 关系表达式

由关系运算符连接两个同类数据对象进行关系比较的运算式称为关系表达式。关系表达式的值为逻辑值，关系表达式成立则其值为真（.T.），则否为假（.F.）。

格式：<表达式 1><关系运算符><表达式 2>

参加关系运算的两个操作数类型必须一致，它们可以是算术表达式、字符表达式、日期和时间表达式或逻辑表达式，各类数据的比较规则如下。

① 数值型数据和货币型数据根据其数据大小进行比较。

② 逻辑型数据比较：.T.大于.F.。

③ 日期型和日期时间型数据进行比较时，越早的日期或时间越小，越晚的日期或时间越大。

④ 对于字符型数据，区别大小取决于字符的排序序列。在 Visual FoxPro 中可以设置字符的排序次序，设置的方法有两种：

第 1 种：菜单操作方式。选择 “工具” 菜单项下的 “选项”，打开 “选项” 对话框，再单击 “数据” 选项卡，从右上方的 “排序序列” 下拉列表框中选择：“Machine”，“PinYin”，“Stroke” 中的一项，再单击确定即可。如图 3-2 所示。

排序次序说明：

Machine：字符按机内码次序排序，对西文字符而言，按其 ASCII 值大小排列，即空格<数字<大写字母<小写字母<汉字；在字母内部，按英语的 26 个字母排序，从小到大；在汉字内部按国标码排序，对于常用的一级汉字来说，根据其拼音顺序排列。

PinYin：按照拼音次序排序，对于西文字符，空格<小写字母<大写字母；在字母内部，按英语的 26 个字母排序，从小到大。

Stroke：无论中文西文，按照书写笔画的多少排序。

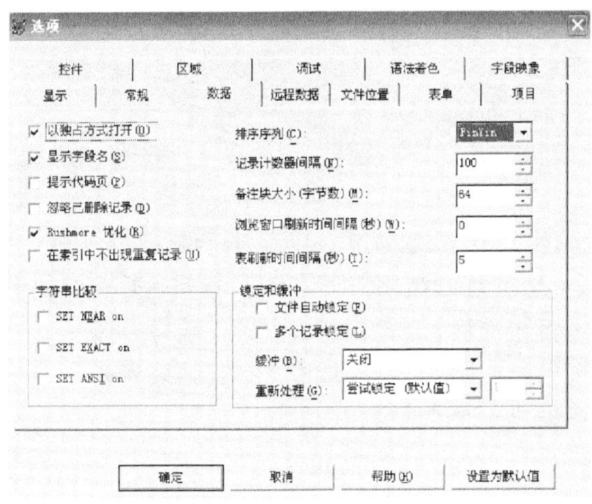

图 3-2　选项对话框

第 2 种：命令方式设置。SET CILLATE TO “排序次序名”。

排序次序名必须放在引号中，次序可以是：MACHINE、PINYIN、STROKE。

关系运算符及使用举例如表 3.5 所示。

表 3.5　　关系运算符使用举例

运 算 符	功　　能	表达式举例	运算结果
<	小于	25*4<98	.F.
>	大于	-100>-500	.T.
=	等于	5*7-3=28	.F.
<=	小于或等于	4*3<=12	.T.
>=	大于或等于	6+7>=15	.F.
<>	不等于	15<>20	.T.
#或!=	精确不等于（用于 N 型数据比较）	15#20	.T.
==	字符串精确等于（用于串比较）	“AB”==”ABC”	.F.
$	包含比较。测试运算符左边的字符串是否整体包含在右边的字符串中	“重庆”$”中国重庆”	.T.

⑤ 字符串精确比较与 EXACT 设置。当用双等号运算符“==”比较两个字符串时，只有当两个字符串完全相同，运算结果才为真（.T.），否则为假（.F.）。

当用单等号“=”运算比较两个字符串时，运算结果与命令 SET EXACT ON|OFF 的设置有关。该命令是设置是否进行精确匹配的开关。系统默认为 OFF 状态，当处于 OFF 状态时，只要右边字符串与左边字符串的前面部分内容相匹配，即可得到.T.；当处于 ON 状态时，比较两个字符中的每个字符到全部结束，先在较短字符的尾部加上若干空格使两个字符串的长度相等，然后再逐个字符进行比较。

【例 3.20】　字符串比较举例。

```
SET EXACT OFF
abc="教授□□"
?abc="教授", "教授"=abc, "教授"==LEFT(abc,4),abc=="教授"
SET EXACT ON
```

```
?"教授"="教授  ", "教授  "="教授", "教授"=="教授  "
```

输出结果为：.T. .F. .T. .F.

.T. .T. .F.。

请注意，在非精确比较状态下，"教授□□"="教授"与"教授"="教授□□"不等价。

4. 逻辑表达式

逻辑表达式是由逻辑常数、变量和函数用逻辑运算符连接而成的。逻辑表达式是一种条件判断，满足条件，结果为真（.T.）,否则结果为假（.F.)。逻辑运算符有如下 3 种。

AND　　逻辑与（两个条件同时成立，其结果为真）

OR　　逻辑或（只要一个条件成立，其结果为真）

NOT 或!　　逻辑非（取逻辑值相反的值）

逻辑运算符的优先级别为：NOT、AND、OR。

逻辑运算符的运算规则如表 3.6 所示，这里的逻辑常量 A、B，可以是逻辑表达式或关系表达式。

表 3.6　逻辑运算规则

A	B	NOT A	A AND B	A OR B
.T.	.T.	.F.	.T.	.T.
.T.	.F.	.F.	.F.	.T.
.F.	.T.	.T.	.F.	.T.
.F.	.F.	.T.	.F.	.F.

5. 日期时间表达式

由日期运算符将一个日期型或日期时间型数据与一个数值型数据或日期时间型数据连接而成的运算式称为日期时间型表达式。

日期运算符分为"+"和"−"两种。可以使用的日期时间型表达式格式如表 3.7 所示。

表 3.7　日期时间运算符

格　式	功　能	表达式举例	运算结果
<日期>+<天数>	日期型，指定日期若干天后的日期	?{^2008/04/08}+5	04/13/08
<天数>+<日期>	日期型，指定日期若干天后的日期	?5+{^2008/04/08}	04/13/08
<日期>-<天数>	日期型，指定日期若干天前的日期	?{^2008/04/08}-5	04/03/08
<日期>-<日期>	数值型，两个指定日期间相差的天数	?{^2008/04/08}-{^2008/04/01}	7
<日期时间>+秒数	日期时间型，指定日期时间若干秒后的日期时间	?{^2008/04/08,10:30:15}+5	{^2008/04/08,10:30:19 AM}
秒数+<日期时间>	日期时间型，指定日期时间若干秒后的日期时间	?5+{^2008/04/08,10:30:15}	{^2008/04/08,10:30:19 AM}
<日期时间>-秒数	日期时间型，指定日期时间若干秒前的日期时间	?{^2008/04/08,10:30:15}-5	{^2008/04/08,10:30:10 AM}
<日期时间>-<日期时间>	数值型，两个指定日期间相差的秒数	?{^2008/04/08,10:30:15}-?{^2008/04/08,10:20:10}	605

6. 运算符及表达式的运算顺序

表达式由运算符号和运算对象组成。运算符两边的运算对象的类型必须一致。表达式的运算按运算的优先级顺序进行运算。

算术运算符运算顺序：幂（**，^）→乘除（*，/）→模运算（%）→加减（+，-）。

逻辑运算符运算顺序：.NOT.→.AND.→.OR.。

各种表达式运算顺序：算术运算（日期运算）→字符运算→关系运算→逻辑运算。

【例 3.21】 计算以下表达式的值：

300<200+50 AND "abc"+"defg">"abc" OR NOT "Pro"$"FoxPro"

该表达式的运算顺序如下。

① 先运算 200+50 和 "abc" +"defg"，运算后：

300<250 AND "abcdefg">"abc" OR NOT "Pro"$"FoxPro"

② 其次进行小于（<）、大于（>）比较包含（$）测试，运算后：

.F. AND .T. OR NOT .T.

③ 最后进行逻辑非（NOT）、逻辑与（AND）和逻辑或（OR）运算，即：

.F. AND .T. OR NOT .T. →.F. AND .T. OR .F. →.F. OR .F. →.F.

小 结

Visual FoxPro 的数据类型有字符型、数值型、货币型、日期型、日期时间型、逻辑型、备注型、通用型。

Visual FoxPro 中有常量和变量，常量是指在程序执行的过程中，一旦定义，其值就不再改变，直到程序结束。常量有字符型、数值型、货币型、日期型和日期时间型。变量是指在程序执行的过程中，它的值可以发生改变。变量有内存变量、字段变量、数组变量和系统变量。

Visual FoxPro 中的内部函数是 Visual FoxPro 系统事先定义好了的，我们只是按照自己的需要去应用这些函数，不用我们人为的重新设置或编程定义。Visual FoxPro 中的内部函数很多，我们只是讲解了一些很常用的函数，其他的函数可参考本书的附录 3。

表达式是由常量、变量、函数和运算符组成的运算式子，可通过运算得出表达式的值。特别要注意的是当有数值表达式、关系表达式、逻辑表达式混合在一个式子中时，他们的优先顺序应该是数值表达式在先，其次是关系表达式，最后才是逻辑表达式。

习 题

3-1 选择题

（1）命令?2010/01/02 执行后的输出结果为（ ）。

A. 2010/01/02　　B. 01/02/2010　　C. 1005　　D. 2010

（2）使用命令 DIMENSION A1(3)，A2(2，3)共定义了（ ）个数组元素。

A. 2　　B. 3　　C. 8　　D. 9

（3）设 A=150，B=200，C= "A+B"，表达式 50+&C 的值是（ ）。

A. 类型不匹配　　B. 50+A+B　　C. 400　　D. 50+&C

（4）函数 TIME()的数据类型是（ ）。

A. 数值型　　B. 字符型　　C. 日期型　　D. 逻辑型

（5）函数 SUBSTR(“中国人民解放军”，5)返回的值是（　　）。

A. 解放军　　B. 中国人民解　　C. 人民解放军　　D. 解

（6）表达式 space（5）-space（5）的值是（　　）。

A. 空串　　B. 0　　C. 10 个字符　　D. 5 个字符

（7）下列函数中，函数值为数值型数据的是（　　）。

A. CTOD（08/11/10）　　B. SUBSTR（DTOC（DATE()），7）

C. SPACE（10）　　D. YEAR（DATE()）

（8）假设 X=10,y=5，下列表达式中结果为逻辑真值的是（　　）。

A. (X>Y).AND.”BOOKSTORE”$”BOOK”

B. (X>Y).OR.”BOOK”$”BOOKSTORE”

C. (X<Y).AND.”BOOK”$”BOOKSTORE”

D. (X<Y).OR.”BOOKSTORE”$”BOOK”

（9）以下各表达式中，属于不合法的 Visual FoxPro 逻辑表达式是（　　）。

A. 25<年龄<30　　B. .NOT..T.　　C. FOUND()　　D. ”abd”$”ab”

（10）执行：X = ”Y”、Y=”X”、?&X+&Y 这 3 条命令后，显示的结果是（　　）。

A. XY　　B. YX　　C. X+Y　　D. 出错信息

（11）设已经定义了一个一维数组 A（6），并且 A（1）到 A（4）各数组元素的值依次是 1,2,3,4。然后又定义了一个二维数组 A(2,3)，执行命令？A(2,1)后，显示的结果是（　　）。

A. 变量未定义　　B. 4　　C. 2　　D. .F.

（12）在下面的 Visual FoxPro 表达式中，不正确的是（　　）。

A. {^2010-06-18}+10　　B. {^2010-06-18}-DATE()

C. {^2010-06-18}+DATE()　　D. {^2010-06-18 10:10:10AM}-10

（13）一个表文件中多个备注字段的内容是存放在（　　）。

A. 一个文本文件中　　B. 一个备注文件中

C. 多个备注文件中　　D. 这个表文件中

（14）若内存变量名与当前打开的表中的一个字段名均为“姓名”，则执行？姓名命令后显示的是（　　）。

A. 内存变量的值　　B. 随机　　C. 字段变量的值　　D. 错误信息

（15）以下关于内存变量的叙述中，错误的是（　　）。

A. 内存变量的类型可以改变

B. 数组是按照一定顺序排列的一组内存变量

C. 在 Visual FoxPro 中，内存变量的类型取决于其值的类型

D. 一个数组中各数据元素的数据类型必须相同

（16）以下各表达式中，运算结果为数值型的是（　　）。

A. DATE()-30　　B. AT(“IBM”,”Computer”)

C. YEAR=2003　　D. RECNO()>12

（17）条件函数 IIF(LEN(SPACE（3）)>2,1,-1)的值是（　　）。

A. 1　　B. -1　　C. 2　　D. 错误

（18）要判断数值型变量 Y 是否能被 3 整除，错误的条件表达式为（　　）。

A. MOD(Y,3)=0　　B. INT(Y/3)=Y/3
C. Y%3=0　　D. INT(Y/3)=MOD(Y,3)

（19）打开一个空表文件，分别用函数 EOF()和 BOF()测试，其结果是（　　）。

A. .T.和.F.　　B. .F.和.F.　　C. .T.和.T.　　D. .F.和.T.

（20）执行以下命令后显示的结果是（　　）。

```
N="123.45"
?"100"+&N
```

A. 223.45　　B. 100+&N　　C. 100123.45　　D. 错误信息

3-2 填空题

（1）字段变量的类型在定义（　　）时定义。

（2）对以下命令填空，使最后的输出结果为“庆祝中国申办 2008 年奥运会成功”。

```
A1="2008 年奥运会庆祝中国成功申办"
A2=( ① )(a1,13,8)+( ② )(a1,4)+( ③ )(a1,12)+SUBS(a1,21,4)
?a2
```

（3）自由表中字段名长度是（　　）个字符。

（4）执行 DIMENSION a(2,3)命令后，数组 a 的各数组元素的类型是（ ① ），值是（ ② ）。

（5）设 Visual FoxPro 的当前状态已设置为 SET EXACT OFF，则命令?"你好吗？" = [你好]的显示结果是（　　）。

（6）设 ABC = "170"，函数 MOD(VAL(ABC),8)的值是（　　）。

（7）顺序执行以下命令后，屏幕显示的结果是（　　）。

STORE "20.45" TO x
?STR(&x,2)+"85&x"

（8）顺序执行如下两条命令后，显示的结果是（　　）。

K="ABC"
?K=K+"DEF"

（9）当内存变量与表中的字段变量同名时，系统默认的是（ ① ），如果要表示内存变量，必须在变量名前加上（ ② ）。

（10）变量的三要素是：（ ① ）、（ ② ）、（ ③ ）。

3-3 思考题

（1）Visual FoxPro 有哪几种数据类型？其宽度各有何规定？

（2）Visual FoxPro 中有哪几种操作方式，各有何特点？

（3）Visual FoxPro 有哪几种表达式，在各种表达式中使用哪些运算符？

（4）组合表达式的优先顺序是怎样的？

（5）字段变量与内存变量有何区别？

参考答案：

3-1 选择题

（1）C　（2）D　（3）C　（4）B　（5）C　（6）C　（7）D
（8）B　（9）A　（10）A　（11）B　（12）C　（13）B　（14）C
（15）D　（16）B　（17）A　（18）D　（19）C　（20）D

3-2 填空题

(1) 表结构

(2) ① SUBSTR　② RIGHT　③ LEFT

(3) 10

(4) ① 逻辑型　② .F.

(5) .T.

(6) 2. 00

(7) 208520.45

(8) .F.

(9) ① 字段变量　② M. 或 M->

(10) ① 变量名 ② 数据类型 ③ 变量值

第 4 章 表的操作

表是数据库中的重要数据对象，在关系数据库中将关系也称为表，表由表结构和表数据组成。表结构就是字段，表数据就是记录。用 Visual Foxpro 6.0 建立表以后在磁盘有一个扩展名为.DBF 的文件，它是表的最主要文件，如果有备注或通用型字段则还有一个扩展名为.FPT 的备注文件。

在 Visual Foxpro 中，包括两种类型的表：数据库表和自由表。数据库表是依附于一个指定数据库的表；而自由表不依附于任何一个数据库。自由表与数据库表的基本操作是类似的，本章以自由表为例，介绍 Visual Foxpro 数据表的基本操作。

4.1 表的建立

Visual Foxpro 的数据表由表结构和记录数据两部分组成。要创建一个数据表，首先需要设计和建立一个表结构，然后再输入具体的记录数据。

4.1.1 设计表的结构

在 Visual FoxPro 系统中，一张二维表对应一个数据表，称为表文件。一张二维表由表名、表头、表的内容 3 部分组成。相应的，一个数据表则由数据表名、数据表的结构、数据表的记录三要素构成。

定义数据表的结构，就是定义数据表的字段个数、字段名、字段类型、字段宽度、小数位数以及是否允许为空等。

1. 字段名

字段名就是关系的属性名和表的列名。一个表有若干列组成，每一列都有自己的唯一名字，就是字段名，以后可以通过字段名直接引用表中的数据。字段名的命名规则如下。

① 自由表字段名最长为 10 个字符。

② 字段名必须以字母或汉字开头。

③ 字段名可以由字母、汉字、数字和下画线组成。

④ 字段名不能包含空格。

2. 字段数据类型和宽度

字段数据类型是存储在字段中的值的数据类型，可以通过宽度来决定存储数据的大小和精度。其主要的数据类型有以下几种：

（1）字符型（C）

一般字段存储的内容由字母、数字、特殊符号或标点等组成时，该字段可以设置成字符型。它的长度最多达 254 个字符，比如用户的名字。

（2）货币型（Y）

用于保存货币类型的数据，它占 8 个字节，数值范围为−922337203685477.5808～922337203685477.5807。它的小数位数固定为 4 为，整数位最大达 15 位。

（3）数值型（N）

用于保存整数或小数，它的长度可以达 20 位，但长度包括整数位数、小数点、小数位数。

（4）日期型（D）

用于保存只含年、月、日的日期数据，其范围为公元 0 年 1 月 1 日～9999 年 12 月 31 日。宽度固定为 8 位。

（5）日期时间型（T）

用于保存含有时间和时间的数据，宽度也为 8 位。

（6）逻辑型（L）

用于保存字段内容只有两种结果供选择，它包含两个值真（.T.）和假（.F.）。

（7）备注型（M）

用于保存数据长度难以确定的文本信息，它在表中占 4 个字节，用于存储一个指针（即地址），该指针指向备注内容存放的地址。备注内容存放到了与表同名的扩展名为.fpt 的备注文件中，该文件随表的打开而自动打开，如果它被破坏或丢失，则不能打开表。

（8）通用型（G）

用于保存电子表格、文档、图片等 OLE 信息，它在表中只占 4 个字节，用于存储一个指针，该指针指向.fpt 文件中存储通用型字段内容的地址。

（9）整型（I）

用于保存整数数据，它的宽度为 4 个字节。

（10）浮点型

用于保存数值精度要求较高的数据，由尾数、阶码等组成，其长度可达 20 位。

（11）双精度

用于保存数值精度要求很高的数据，它所表示的数值最多可精确到小数点后 7 位。

用户可以根据实际情况来设置数据类型及相应的数据宽度。

3. 小数位数

数值型数据需要规定小数位数，只有数值型和浮点型字段才有小数位，小数位的宽度是 0～15 位。

4. 是否允许为空

可以指定字段是否接受 NULL 值，它是一个不存在的值。

参照上述规则，设计学生信息表的结构如表 4.1 所示。

表 4.1 学生信息表的结构

字 段 名	字 段 类 型	字 段 宽 度	小数位数	NULL
学号	字符型	3		否
姓名	字符型	8		是

续表

字 段 名	字 段 类 型	字 段 宽 度	小数位数	NULL
出生日期	日期型	8		是
少数民族否	逻辑型	1		是
籍贯	字符型	6		是
入学成绩	数值型	5	1	是
简历	备注型	4		是
照片	通用型	4		是

4.1.2　建立表的结构

设计好表的结构之后，就可以建立表文件了，建立自由表的方式一般有 3 种：菜单方式、命令方式、项目方式，下面具体介绍菜单和命令两种操作方式。

1. 菜单方式

在 Visual FoxPro 中，要建立文件可选择“文件”菜单项中的“新建”命令，系统提供一系列的窗口与对话框，用户只要根据提示，就可完成相关操作。在菜单方式下打开“表设计器”的操作步骤如下：

① 打开“文件”菜单，单击“新建”命令，打开“新建”对话框。这个对话框用于让用户选择新建文件的类型。在实际操作中，可根据实际需要建立各种类型的文件。

② 在“新建”对话框中，选中“表”单选按钮，然后单击“新建文件”按钮，打开“创建”对话框。

③ 在“创建”对话框中，选定目录，输入表名，然后单击“保存”按钮，打开“表设计器”对话框如图 4-1 所示。

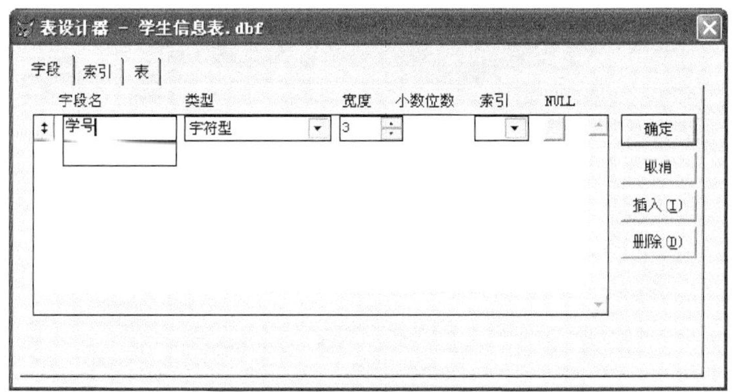

图 4-1　表设计器窗口

④ 在表设计器窗口中，有字段、索引和表 3 个选项卡，利用“字段”选项卡，输入表的字段参数：

在“字段名”对应的文本编辑区输入字段的名字。

选择“类型”列，其中列出 Visual FoxPro 包含的所有字段类型，可以通过单击类型列右边的向下箭头进行选择。

选择“宽度”列，可直接输入所需字段的宽度或点击微调按钮进行设置。如果字段类型是数值型或浮动型，还需要设置小数点的位数。注意：数值型数据类型的宽度包括整数部分位数、小数点及小数部分位数。

索引列用于设定索引字段和索引方式；

NULL 列用于设置字段可否接受空值。选中此项意味该字段可以接受空值。

⑤ 表字段设置完成后，单击“确定”按钮即可结束表结构的建立。此时将弹出如图 4-2 所示对话框询问“现在输入数据记录吗？”，若选择“是”，则会出现记录数据输入界面；选择“否”，则退出建表工作，以后需要时再输入记录数据。

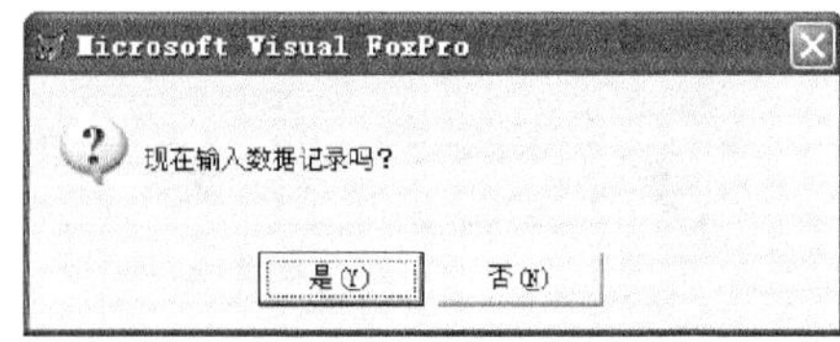

图 4-2　询问是否输入数据对话框

⑥ 在表设计器窗口中，还有一些辅助按钮可以用来修改表结构。在字段名列左侧的双向箭头表示当前字段行，将其上下拖动可以改变字段的顺序。要删除或插入某个字段，可选择窗口右侧的相应命令按钮。若想放弃建立表的操作，可选择“取消”按钮。

2. 命令方式

格式：CREATE [<新表文件名>|?]

功能：打开“表设计器”对话框，创建一个新表结构。

说明：执行该命令时，系统在当前默认目录中创建表文件。若在命令中使用“?”参数时，系统将打开一个创建对话框，提示用户输入表文件名。

4.1.3 向表输入记录

1. 立即输入数据

当表结构建立完成后，弹出“现在输入数据记录吗？”系统提示对话框，若要立即输入数据，单击“是”按钮，出现记录编辑窗口（见图 4-3），即可开始输入数据。

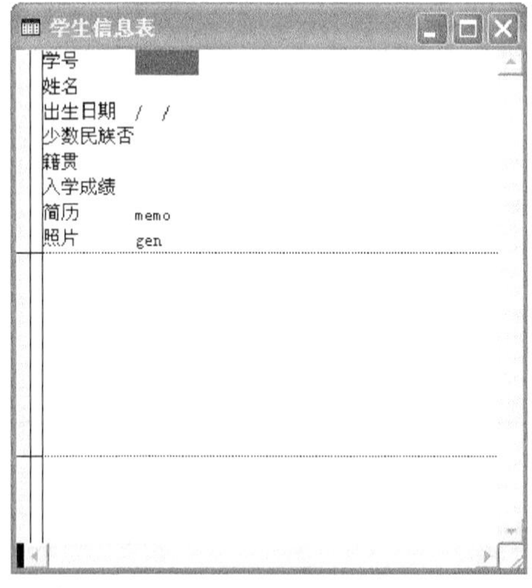

图 4-3　记录编辑窗口

（1）常规数据的输入

在输入数据时，为了提高数据输入的准确性和速度，注意事项如下：

① 如果输入的数据宽度等于字段宽度时，光标自动跳到下一个字段；如果小于字段宽度时，输完数据后应按“回车”键或 Tab 键跳到下一个字段。对于有小数的数值型字段，输入整数部分

宽度等于所定义的整数部分宽度时，光标自动跳到小数部分；如果小于定义的宽度，按键盘右箭头键跳到小数部分。输入记录的最后一个字段的值后，按“回车”键，光标自动定位到下一个记录的第 1 个字段。

② 日期型字段的两个间隔符“/”由系统给出，不需要用户输入，可按美国日期格式 mm/dd/yy 输入日期。如果输入非法日期，系统会提示出错信息。

③ 逻辑型字段只能接受 T、Y、F、N 这 4 个字母之一（不区分大小写）。T 与 Y 同义，若输入 Y 也显示 T（表示“真”）；同样 F 与 N 同义，若输入 N 也显示 F（表示“假”）。如果在此字段中不输入值，则默认为 F。

（2）备注型字段数据的输入

备注型字段是一个可变长的字段，用于存放超长文本。

输入备注型数据的操作步骤如下：

① 双击备注型字段 memo 标志区（或按组合键 Ctrl+PgDn），打开备注型字段编辑窗口，输入备注型数据（如图 4-4 所示）。

② 当输入完毕，按组合键 Ctrl+W，或单击“关闭”按钮，关闭备注型字段编辑窗口，保存数据。若要放弃本次输入或修改操作，按 Esc 或 Ctrl+Q 键。

如果备注型字段没有任何内容，显示为 memo（第 1 个字母小写）；如果输入了内容，则显示为 Memo（第 1 个字母大写）

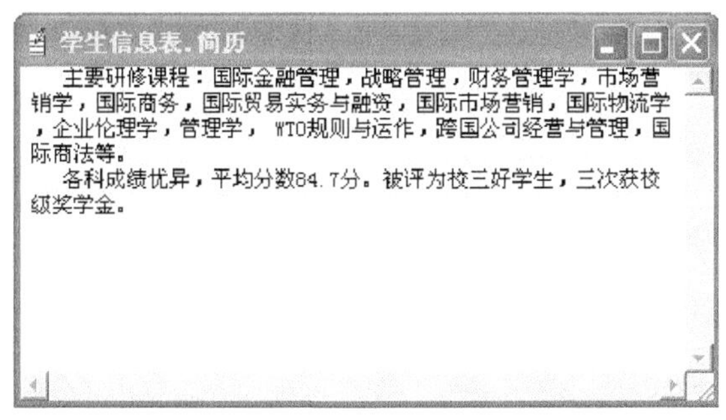

图 4-4　备注型字段编辑窗口

（3）通用型字段数据的输入

通用型字段主要用于存放图形、图像、声音、电子表格等多媒体数据。

输入通用型数据的主要步骤如下：

① 双击通用型字段 gen 标志区，或按组合键 Ctrl+PgDn，打开通用型字段编辑窗口。

② 打开“编辑”菜单，单击“插入对象”命令，打开“插入对象”对话框，选择图形文件（如图 4-5 所示）。

③ 将图形插入到通用型字段编辑窗口后，按组合键 Ctrl+W，或单击“关闭”按钮，关闭通用型字段编辑窗口，保存图形。

如果通用型字段没有任何内容，显示为 gen（第 1 个字母小写）；如果输入了内容，则显示为 Gen（第 1 个字母大写）。

2. 在“浏览”方式下追加数据

在“浏览”方式下给表中追加记录的操作步骤如下：

① 打开表。

② 打开“显示”菜单，单击“浏览”命令，进入表“浏览”窗口。

③ 再次打开“显示”菜单，单击“追加方式”命令，在当前表的末尾追加新记录。

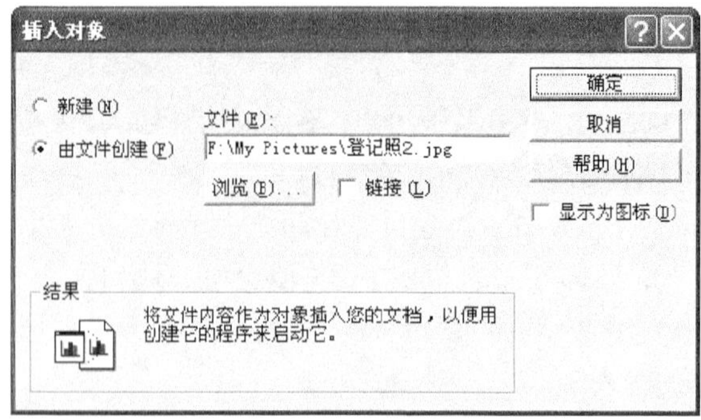

图 4-5　插入对象对话框

3. 执行 APPEND 命令追加数据

当表结构定义完成后，在出现“现在输入数据记录吗？”的系统提示对话框中，单击“否”按钮，关闭表设计器窗口，建立表结构结束。用户即可使用命令 APPEND 给数据表追加数据。

命令：`APPEND [BLANK]`

功能：在已打开的当前表的末尾追加一个或多个记录。

说明：当命令使用 BLANK 子句时，在表的末尾追加一个空白记录，但不进入编辑窗口。

【例 4.1】　执行 APPEND BLANK 命令给学生信息表追加一个空白记录。

```
USE 学生信息表                && 打开学生信息表.dbf
APPEND BLANK                  && 在当前表的末尾追加一个空白记录
BROWSE                        && 浏览记录，如图 4-6 所示
```

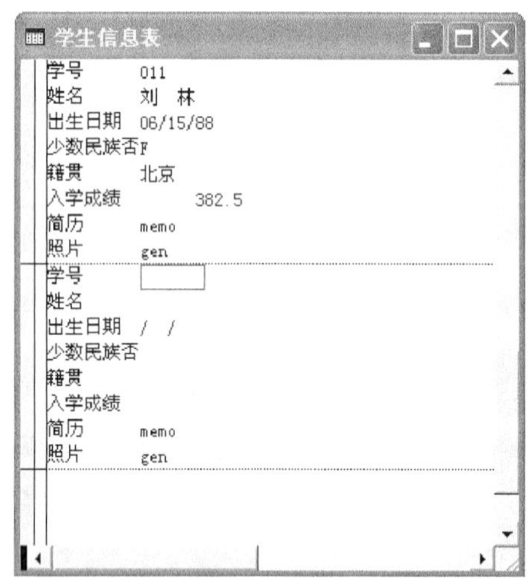

图 4-6　执行 APPEND BLANK 命令追加空白记录

4.2　表的显示与维护

4.2.1　表的打开与关闭

打开表是将表从磁盘调入内存的过程。只有打开表后，才能对表中记录进行操作。打开表的

方法比较多，在这里介绍 2 种常用的方法。

1. 使用菜单方式打开表

【例 4.2】 用菜单方式打开学生信息表.dbf。

操作步骤如下：

① 打开“文件”菜单，单击“打开”命令，出现“打开”对话框如图 4-7 所示。

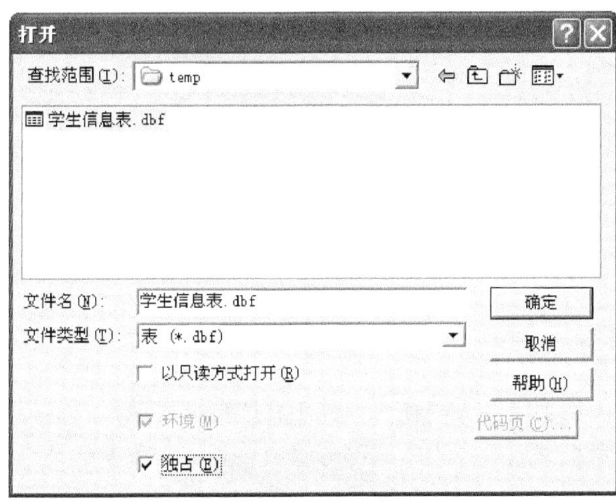

图 4-7　表的“打开”对话框

② 在“打开”对话框中，选择文件类型为“表（*.dbf）”，选择表文件名“学生信息表.dbf”，选中“独占”单选按钮。然后单击“确定”按钮，即打开了学生信息表。

注意：在打开对话框中有“以只读方式打开”和“独占”复选框可以选择，这里“以只读方式打开”指的表打开后不能进行修改；而“独占”指的不允许其他用户在同一时刻使用该表，但可以修改表结构和表数据。

2. 使用命令方式打开表

命令：`USE [<表文件名> | <? >] [Noupdate][Exclusive | Shared]`

功能：在当前工作区中打开或关闭指定的表。

说明：

① <表文件名>表示被打开表的文件名，文件扩展名默认为.dbf。

② 使用命令“USE ？”时，打开“使用”对话框，选定要打开的表。

③ 打开一个表时，该工作区原来已打开的表自动关闭。

④ 如果执行不带表名的 USE 命令，则关闭当前工作区已经打开的表。

⑤ Noupdate 指定以只读方式打开表，Exclusive 指定以独占方式打开表，Shared 指定以共享方式打开表。

3. 关闭表

当表操作完成后，应及时关闭，以保证更新后的内容能安全地存入表中。

（1）使用菜单方式关闭表

打开“窗口”菜单，单击“数据工作期”命令，打开“数据工作期”对话框，如图 4-8 所示。在数据工作期窗口中选择“关闭”按钮关闭表。

（2）使用命令方式关闭表

在命令窗口中输入并执行不带文件名的 USE 命令，可关闭当前工作区已打开的表。用户也可执行 CLOSE ALL 命令来关闭所有打开的表。

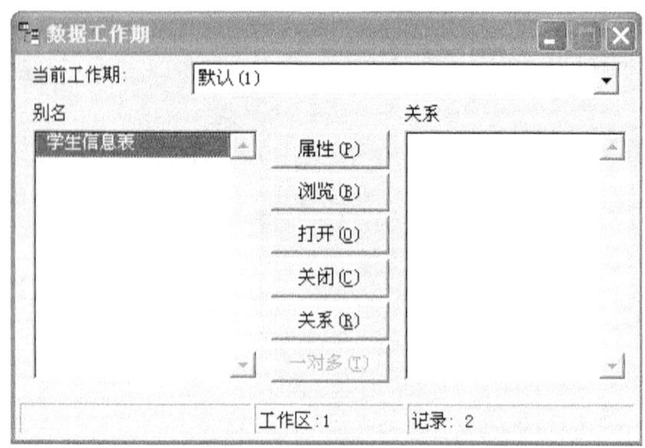

图 4-8 “数据工作期”对话框

4.2.2 表的显示

数据表打开后其中的信息已调入内存，但并不在屏幕上显示其内容。若要查看或修改已打开的数据表，需要将其显示出来。一个表由两部分组成：表结构和表记录，因此表的显示就有两类命令，分别显示表结构和表记录。

1. 显示表结构

表结构的显示方法有 2 种：命令方式和菜单方式。

（1）命令方式

格式 1：`LIST STRUCTURE`

格式 2：`DISPLAY STRUCTURE`

功能：在工作区窗口显示当前表的结构。

【例 4.3】 显示学生信息表的结构。

```
USE 学生信息表                    && 打开学生信息表.dbf
LIST STRUCTURE                    && 显示学生信息表.dbf 的结构
```

（2）菜单方式

选择“显示”菜单的“表设计器”选项，进入表设计器对话框，可查看表结构。

2. 显示表记录

（1）用菜单方式浏览记录

当表的结构建立完成并输入数据后，用户可利用“显示”菜单中的“浏览”或“编辑”命令来显示和修改已打开表中的数据。用“浏览”窗口显示数据，是 Visual FoxPro 中最常用、功能最丰富的显示方式。

【例 4.4】 以浏览方式显示学生信息表中的记录。

① 打开表“学生信息表.dbf”。

② 打开“显示”菜单，单击“浏览”命令，显示“浏览”窗口，如图 4-9 所示。

如果打开“显示”菜单后，单击“编辑”命令，则打开类似图 4-6 的“编辑”窗口，此时每行只显示一个字段。

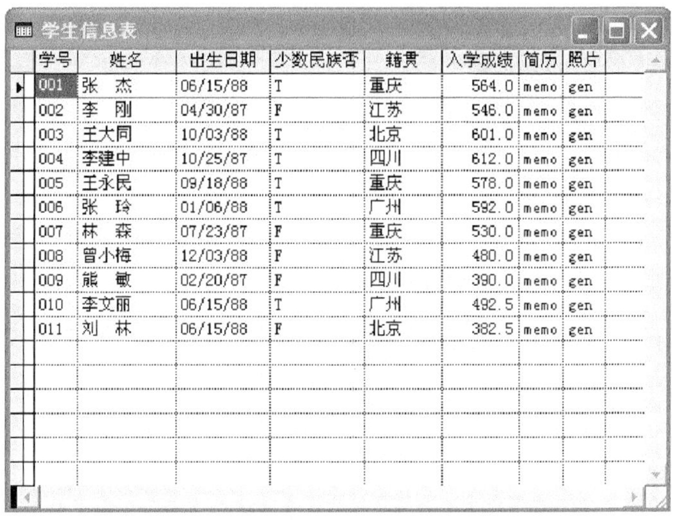

学生信息表

学号	姓名	出生日期	少数民族否	籍贯	入学成绩	简历	照片
001	张　杰	06/15/88	T	重庆	564.0	memo	gen
002	李　刚	04/30/87	F	江苏	546.0	memo	gen
003	王大同	10/03/88	T	北京	601.0	memo	gen
004	李建中	10/25/87	T	四川	612.0	memo	gen
005	王永民	09/18/88	T	重庆	578.0	memo	gen
006	张　玲	01/06/88	T	广州	592.0	memo	gen
007	林　森	07/23/87	F	重庆	530.0	memo	gen
008	曾小梅	12/03/88	F	江苏	480.0	memo	gen
009	熊　敏	02/20/87	F	四川	390.0	memo	gen
010	李文丽	06/15/88	T	广州	492.5	memo	gen
011	刘　林	06/15/88	F	北京	382.5	memo	gen

图 4-9　表“浏览”窗口

（2）用 BROWSE 命令浏览记录

BROWSE 命令的功能十分丰富，格式也比较复杂，其基本格式如下：

格式：BROWSE [FIELDS <字段名表>] [FOR <条件表达式>] [LAST]

功能：在“浏览”窗口显示或修改数据。

说明：使用 FIELDS 子句，对指定的字段进行操作。使用 FOR 子句，对满足条件的记录进行操作。LAST 子句指定以最后一次的配置浏览记录。

【例 4.5】　用 BROWSE 命令浏览学生信息表中的记录。

```
USE 学生信息表 Exclusive
BROWSE
```

【例 4.6】　用 BROWSE 命令浏览学生信息表中所有入学成绩在 580 分以上的学生记录。

```
USE 学生信息表 Exclusive              && 打开表学生信息表.dbf
BROWSE FOR 入学成绩>=580              && 浏览表中所有入学成绩在 580 分以上的学生记录
```

【例 4.7】　用 BROWSE 命令浏览学生信息表.dbf 中记录的“学号”、“姓名”、“入学成绩”3 个字段的内容。显示结果如图 4-10 所示。

```
USE 学生信息表 Exclusive
BROWSE FIELDS 学号,姓名,入学成绩
```

学生信息表

学号	姓名	入学成绩
001	张　杰	564.0
002	李　刚	546.0
003	王大同	601.0
004	李建中	612.0
005	王永民	578.0
006	张　玲	592.0
007	林　森	530.0
008	曾小梅	480.0
009	熊　敏	390.0
010	李文丽	492.5
011	刘　林	382.5

图 4-10　只显示选定字段的学生信息表“浏览”窗口

（3）用 LIST/DISPLAY 命令显示记录

LIST 和 DISPLAY 命令的基本格式如下：

格式：LIST / DISPLAY [<范围>] [FIELDS <字段名表>] ;
    [FOR <条件表达式>] [OFF] [TO PRINT] [TO FILE <文件名>]

功能：在工作区窗口显示当前表中的记录。

说明：LIST 命令的范围默认为 ALL，DISPLAY 命令的默认范围为当前指针所指的 1 个记录。如果省略范围，使用了 FOR 子句，则默认范围为 ALL。

① 若省略 FIELDS 子句，则默认显示所有字段，其中备注型字段显示为 Memo 或 memo，通用型字段显示为 Gen 或 gen。

② 若省略 OFF 子句，显示记录号；否则，不显示记录号。

③ 使用 TO PRINTER 子句，显示并打印输出记录。

④ 若要显示备注型字段的内容，则需在 FIELDS 子句中写出备注型字段名。

⑤ TO FILE <文件名>：显示结果，同时写入指定的表中。

【例 4.8】 就学生信息表，写出进行如下操作的命令。

① 显示记录号为奇数的记录。

② 显示少数民族女学生的学号、姓名和籍贯。

③ 显示学生信息表中第 5 号记录的内容。

操作 1：

```
USE 学生信息表
LIST FOR MOD(RECNO(),2)=1
USE
```

操作 2：

```
USE 学生信息表
LIST FIELDS 学号,姓名,籍贯 FOR 少数民族否=.T. and 性别= "女"
USE
```

操作 3：

```
USE 学生信息表
GO 5
DISPLAY                 &&仅显示当前（第 5 号）记录的内容
USE
```

4.2.3 表的修改

1. 修改表结构

（1）菜单方式

修改表结构的操作步骤如下：

① 打开表。

② 打开“显示”菜单，单击“表设计器”命令，打开“表设计器”对话框，即可对当前表的结构进行修改。

③ 在“表设计器”中修改表结构后，单击“是”或“否”按钮，对所做的修改进行确认或取消。若单击“确定”按钮，或按 Ctrl+W 键，出现“结构更改为永久性更改？”的提示信息对话框，如图 4-11 所示，单击“是”，则完成表结构修改。

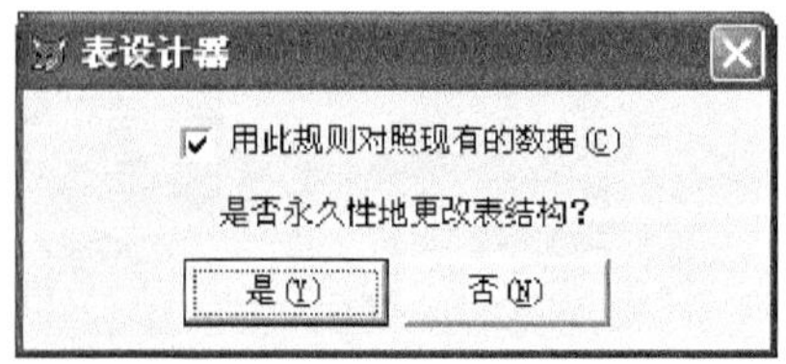

图 4-11 永久性更改表结构对话框

（2）命令方式

格式：MODIFY STRUCTURE

功能：打开“表设计器”对话框，修改当前表的结构。

【例 4.9】 用 MODIFY 命令修改学生信息表的结构。

```
USE 学生信息表
MODIFY STRUCTURE
```

2. 修改表记录

（1）在浏览窗口中修改表记录

以独占方式打开表，在“浏览”窗口中，可对表中的记录直接进行修改。用户可使用鼠标调整“浏览”窗口的大小，还可以调整表中字段的显示顺序和显示的宽度。修改完毕，直接关闭浏览窗口或者按组合键 Ctrl+W，即可保存所做的修改。

（2）使用 EDIT / CHANG 命令修改表

格式：EDIT / CHANG [<范围>] [FIELDS <字段名表>] [FOR <条件表达式>]

功能：修改满足条件的记录中指定字段的数据。

【例 4.10】 用 EDIT 命令修改学生信息表中的记录。

```
USE 学生信息表 Exclusive
EDIT 3                              && 直接进入第 3 个记录进行修改
EDIT FIELDS 学号,姓名                && 只显示学号、姓名 2 个字段供修改
EDIT FOR 少数民族否=.F.              && 只修改所有汉族学生的记录
```

（3）使用 REPLACE 命令修改表

格式：REPLACE [<范围>] <字段名 1> WITH <表达式 1> ;
　　[,<字段名 2> WITH <表达式 2> … <字段名 n> WITH <表达式 n>] ;
　　[FOR <条件表达式>]

功能：用表达式的值替换指定字段的值，即：用表达式 1 的值替换字段名 1 的原来值；用表达式 2 的值替换字段名 2 的原来值，……

【例 4.11】 将学生信息表中所有少数民族学生的入学成绩加 10 分。

```
USE 学生信息表 Exclusive
REPLACE ALL 入学成绩 WITH 入学成绩+10 FOR 少数民族否=.T.
LIST
```

4.2.4 表记录指针的定位

表中每个记录都有一个编号，称为记录号。对于打开的表，系统会分配一个指针，称为记录指针。记录指针指向的记录称为当前记录。定位记录就是移动记录指针，使指针指向符合条件的记录的过程。使用 RECNO()函数可以获得当前记录的记录号。

表文件有两个特殊的位置：文件头（表起始标记）和文件尾（表结束标记）。文件头是表中第 1 个记录之前，当记录指针指向文件头时，函数 BOF()的值为.T.；文件尾在最后一个记录之后，当记录指针指向文件尾时，函数 EOF()的值为.T.。

1. 使用菜单方式移动记录指针

操作步骤如下：

① 打开表。

② 打开“显示”菜单，单击“浏览”命令，显示表的“浏览”窗口。

③ 打开“表”菜单，单击“转到记录”选项，选择移动记录指针的方式。

在“转到记录”命令中，有以下 6 种选择。

① 第一个：将记录指针指向表的第一个记录。

② 最后一个：将记录指针指向表的最后一个记录。

③ 下一个：将记录指针移向下一个记录。

④ 上一个：将记录指针移向上一个记录。

⑤ 记录号：将记录指针指到指定的记录号上。

⑥ 定位：将记录指针指向满足条件的记录。

2. 使用命令方式移动记录指针

（1）绝对定位

命令 1：`GO[TO] TOP | BOTTOM`

命令 2：`[GO[TO]] <n>`

功能：将记录指针指向指定的记录位置。

```
GO TOP                    && 将记录指针指向第一个记录
GO BOTTOM                 && 将记录指针指向最后一个记录
GO n                      && 将记录指针指向第 n 个记录
```

【例 4.12】 用 GO 命令定位记录的示例。

```
USE 学生信息表            && 打开学生信息表.dbf
? RECNO()                 && 显示当前记录号 1
GO BOTTOM                 && 指针指向最后 1 个记录
? RECNO()                 && 显示记录号 11，当前的记录为第 11 个记录
? EOF()                   && 因没有到文件尾，显示.F.
GO 6                      && 记录指针指向第 6 个记录
? RECNO()                 && 显示当前记录号 6
GO TOP                    && 记录指针指向第 1 个记录
? RECNO()                 && 显示 1
```

（2）相对定位

命令：`SKIP [<数值表达式>]`

功能：从当前记录开始向前或向后移动记录指针。

```
SKIP                      && 向文件尾方向移动 1 个记录
SKIP +n                   && 向文件尾方向移动 n 个记录
SKIP -n                   && 向文件头方向移动 n 个记录
```

说明：若向文件尾方向移动，当指针指向表文件结束标记时，函数 EOF()取值为真；若向文件头方向移动，当指针指向表文件起始标记时，函数 BOF()取值为真。

【例 4.13】 用 SKIP 命令定位记录的示例。

```
USE 学生信息表            && 打开学生信息表.dbf
? RECNO(), BOF()          && 显示 1、.F.。表打开时，当前记录为第 1 个记录
SKIP -1                   && 记录指针向文件头移动一个位置
? RECNO(), BOF()          && 显示 1、.T.
SKIP 5                    && 指针从第 1 个记录开始向后移动 5 个记录
? RECNO(), EOF()          && 显示 6、.F.
```

```
SKIP                          && 记录指针向文件尾方向移动一个位置
? RECNO(),EOF()               && 显示 7、.F.
SKIP -2                       && 记录指针向文件头移动 2 个记录位置
? RECNO()                     && 显示记录号 5
```

4.2.5　表记录的增加与删除

1. 插入记录

前面 4.1.3 小节所讲的数据追加方式只能在表最后添加数据，但实际中为了更灵活的给表插入数据，则使用插入命令。

格式：INSERT [BEFORE] [BLANK]

说明：该命令用于在当前表任何一条记录后插入一条新的记录。如果带 BLANK 参数指插入一条空记录。带 BEFORE 参数指在当前记录之前插入一条记录。

【例 4.14】　给“学生信息表”的第 1 条前后各插入一条空记录。

命令序列如下：

```
USE 学生
INSERT BLANK                  &&在第一条的后面插入一条空记录。
GO TOP
INSERT BEFORE BLANK           &&在第一条的前面插入一条空记录。
BROW                          &&浏览结果如图 4-12 所示。
```

学生信息表

学号	姓名	出生日期	少数民族否	籍贯	入学成绩	简历	照片
		/ /				memo	gen
001	张　杰	06/15/88	T	重庆	604.0	memo	gen
		/ /				memo	gen
002	李　刚	04/30/87	F	江苏	586.0	memo	gen
003	王大同	10/03/88	T	北京	641.0	memo	gen
004	李建中	10/25/87	T	四川	652.0	memo	gen
005	王永民	09/18/88	T	重庆	618.0	memo	gen
006	张　玲	01/06/88	T	广州	632.0	memo	gen
007	林　森	07/23/87	F	重庆	550.0	memo	gen
008	曾小梅	12/03/88	F	江苏	500.0	memo	gen
[illegible]	[illegible]	[illegible]	T	四川	410.0	memo	gen
010	李文丽	06/15/88	T	广州	532.5	memo	gen
011	刘　林	06/15/88	F	北京	402.5	memo	gen

图 4-12　插入空白记录后的学生信息表

2. 删除记录

在 Visual FoxPro 中，删除记录的方法是：先逻辑删除，即给记录作上删除标记，然后再物理删除记录。用 DISPLAY 或 LIST 命令显示时，凡是被逻辑删除的记录，在第一个字段名前显示一个逻辑删除标记（*），但这样的记录并未从磁盘上删除。当用户发现删除有误时，可将其恢复成正常记录。物理删除是删除磁盘上表文件中的记录，物理删除以后的记录不能恢复。

（1）逻辑删除表中的记录

逻辑删除记录就是给记录作上一个删除标记，但这些记录并没有真正从表中删除。给记录加删除标记可通过菜单方式或命令方式来实现。被加上删除标记的记录，就是已完成逻辑删除操作的记录。在对表进行操作时，如果执行 SET DELETE ON 命令，有删除标记的记录将不予显示。

① 用菜单方式逻辑删除记录

【例 4.15】 给学生信息表中的空白记录作上删除标记。

A. 打开学生信息表；

B. 打开“显示”菜单，单击“浏览”命令，打开表“浏览”窗口；

C. 单击空白记录前的白色小框，使其变为黑色，表示逻辑删除，如图 4-13 所示。

学生信息表

学号	姓名	出生日期	少数民族否	籍贯	入学成绩	简历	照片
		/ /				memo	gen
001	张 杰	06/15/88	T	重庆	604.0	memo	gen
		/ /				memo	gen
002	李 刚	04/30/87	F	江苏	566.0	memo	gen
003	王大同	10/03/88	T	北京	641.0	memo	gen
004	李建中	10/25/87	T	四川	652.0	memo	gen
005	王永民	09/18/88	T	重庆	618.0	memo	gen
006	张 玲	01/06/88	T	广州	632.0	memo	gen
007	林 森	07/23/87	F	重庆	550.0	memo	gen
008	曾小梅	12/03/88	F	江苏	500.0	memo	gen
009	熊 敏	02/20/87	F	四川	410.0	memo	gen
010	李文丽	06/15/88	T	广州	532.5	memo	gen
011	刘 林	06/15/88	F	北京	402.5	memo	gen

图 4-13 给学生信息表中的空白记录作上删除标记

如果再次单击空白记录前的小框，使该框由黑色变为白色，表示去掉删除标记，使该记录恢复成正常记录。

② 逻辑删除多个记录。如果要同时删除多个记录，可使用“表”菜单中的“删除记录…”命令来完成。其操作步骤如下：

A. 打开表。打开“显示”菜单，单击“浏览”命令，打开表“浏览”窗口；

B. 打开“表”菜单，单击“删除记录”选项，打开“删除”对话框，如图 4-14 所示；

C. 在“作用范围”中设定删除记录的范围，输入 FOR 或 WHILE 的删除条件；

D. 单击“删除”按钮，删除所选择的记录。

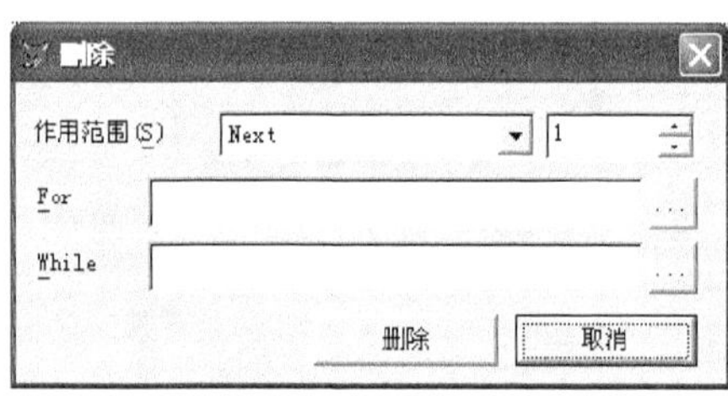

图 4-14 “删除”对话框

③ 用命令方式逻辑删除记录。

格式：DELETE [<范围>] [FOR <条件表达式>]

功能：逻辑删除指定范围内所有符合条件的记录。删除标记用星号“*”表示。

【例 4.16】 逻辑删除学生信息表 dbf 中的第 6 个和第 8 个记录。

```
USE 学生信息表
GO 6                    && 将记录指针指向第 6 个记录
DELETE                  && 删除当前记录（即第 6 个记录）
```

```
GO 8                              && 将记录指针指向第 8 个记录
DELETE                            && 删除当前记录（即第 8 个记录）
LIST
```

显示结果如图 4-15 所示。

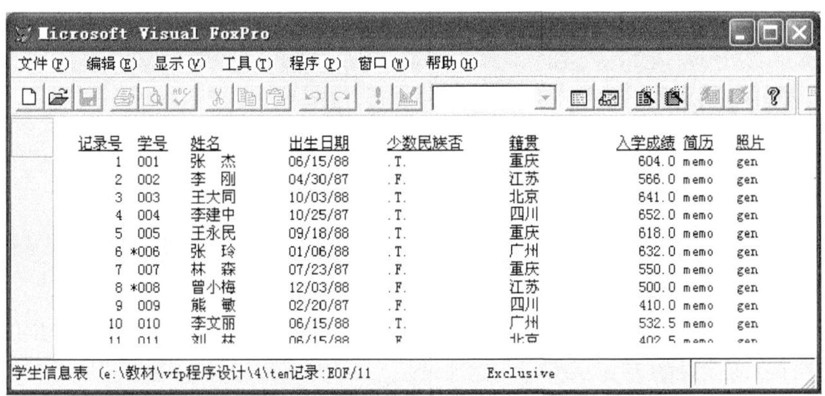

图 4-15　对第 6、8 号记录加上逻辑删除标记

从显示的结果看到，第 6 个记录和第 8 个记录的前面都有一个星号“*”，这个星号就是逻辑删除标记。

（2）恢复表中逻辑删除的记录

恢复逻辑删除的记录，实际上就是取消记录前面的逻辑删除标记。

① 用菜单方式恢复记录。

A. 如果要恢复某个记录，在表“浏览”窗口，用鼠标单击该记录的删除标记处，即可取消其删除标记。

B. 如果要同时恢复多个记录，打开表的“浏览”窗口，选择“表”菜单，单击“恢复记录”命令，打开“恢复记录”对话框。在“恢复记录”对话框选择作用范围，输入恢复记录条件表达式。然后单击“恢复记录”按钮，即可恢复记录，如图 4-16 所示。

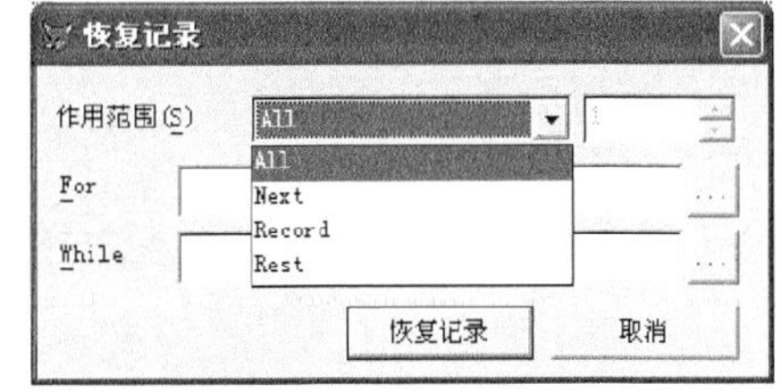

图 4-16　“恢复记录”对话框

② 用命令方式恢复记录

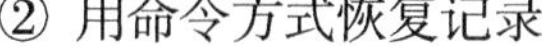

格式：RECALL　[<范围>]　[FOR　<条件表达式>]

功能：恢复指定范围内所有符合条件的被逻辑删除的记录为正常记录。

说明：RECALL 命令仅恢复当前一个记录；RECALL ALL 命令恢复所有记录。

【例 4.17】　恢复例 4.16 中被逻辑删除的记录。

```
USE 学生信息表
RECALL ALL
```

（3）物理删除表中的记录

物理删除记录就是把记录从表中彻底地删除掉。

① 用菜单方式物理删除记录。打开表“浏览”窗口。打开“表”菜单，单击“彻底删除”命令，出现提示信息对话框。单击“是”按钮，将逻辑删除的记录进行物理删除。

② 用命令方式物理删除记录。

A. 物理删除记录。

命令：PACK

功能：物理删除当前表中所有被逻辑删除的记录。

B. 物理删除所有的记录。

命令：ZAP

功能：物理删除表中所有记录。删除后，表中只保留结构，没有数据。

4.2.6 表的复制

表的复制包括复制表的结构和复制表中的数据两部分。

1. 复制表结构

格式：COPY STRUCTURE TO <新表名> [FIELDS <字段名表>]

功能：将当前表结构的部分或全部复制到指定的新表文件中。

说明：若使用 FIELDS 子句，新表中只包含<字段名表>指定的字段。复制产生的新表是一个只有结构而没有任何记录的表文件。

【例 4.18】 从学生信息表的结构中复制新表“学生信息表 1.dbf”的结构，“学生信息表 1.dbf”的结构中包含“学号”、“姓名”、“籍贯”、“入学成绩”4 个字段。

```
USE 学生信息表 Exclusive
COPY STRUCTURE TO 学生信息表 1 FIELDS 学号,姓名,籍贯,入学成绩
USE 学生信息表 1
LIST STRUCTURE              && 显示学生信息表 1.dbf 的结构
```

2. 复制表文件

格式：COPY TO <新表名>[<范围>][FIELDS <字段名表>] [FOR <条件 1>]

功能：将当前表的结构和记录部分或全部复制到新表中。

说明：若没使用任何子句，将复制出一个与当前表结构和内容完全相同的新表。对于有备注型字段或通用型字段的表文件，系统在复制.dbf 文件时，自动复制.fpt 文件。新表的结构由 FIELDS 子句的<字段名表>决定。

【例 4.19】 从“学生信息表.dbf”复制生成文件“学生信息表 2.dbf”和“学生信息表 2.fpt”。生成的新表学生信息表 2 和原学生信息表的结构及内容完全相同。

```
USE 学生信息表 Exclusive
COPY TO 学生信息表 2
USE 学生信息表 2
LIST STRUCTURE                     && 显示学生信息表 2.dbf 的结构
```

3. 从其他文件向表添加数据

格式：APPEND FROM 〈文件名〉[FIELDS〈字段名表〉][FOR〈条件〉][WHILE〈条件〉][[TYPE]〈文件类型〉]

功能：该命令将指定文件(源文件)中的数据添加到当前表的尾部。

4. 表与数组之间的数据交换

在 Visual FoxPro 中，数据表与数组之间进行数据交换是应用程序设计中经常使用的一种操作，具有传送数据多、速度快和使用方便等优点。数据表和数组之间进行数据交换可以使用 SCATTER 和 GATHER 命令。

（1）将当前记录复制到数组或内存变量

使用命令 SCATTER 将当前记录按字段顺序复制到指定的数组或内存变量中，命令格式如下：

格式：SCATTER [FIELDS<字段名表>] [MEMO]TO<数组名>[BLANK] |MEMVAR[BLANK]

功能：将当前记录的字段值按<字段名表>顺序依次送入数组元素中，或依次送入一组内存变量中。

说明：

① 若选择 FIELDS 子句，则只传送字段名表中的字段值，否则将传送所有字段值(备注型字段除外)。若传送备注型字段值，还需使用 MEMO 选项。

② 使用 TO<数组名>子句，能将数据复制到<数组名>所示的数组元素中，如果已定义的数组长度不够 Visual FoxPro 会自动扩大数组长度。

③ 使用 MEMVAR 可将数据复制到一组变量名与字段名相同的内存变量中；如果使用 BLANK，则创建一组与各字段名同名、数据类型相同的空内存变量。

【例 4.20】　SCATTER 命令的使用示例。

```
USE 学生信息表 Exclusive
DIMENSION SZ1(3)
GO 7
SCATTER FIELDS 学号,姓名,籍贯 TO SZ1   && 将第 7 个记录的学号、姓名、籍贯字段值复制到数组 SZ1 中
LIST MEMORY LIKE SZ1
GO BOTTOM
SCATTER TO MEMVAR   && 最后一个记录各字段值复制到同名内存变量中
?学号,姓名,出生日期,少数民族否,籍贯,入学成绩
```

屏幕显示：

```
SZ1  Pub  A
C    "007"
C    "林森"
C    "重庆"
011  刘林  06/15/88 .F.  北京  402.5
```

(2) 将数组或内存变量的数据复制到当前记录

将数组或内存变量的数据复制到当前记录可以使用命令 GATHER，命令格式如下：

格式：GATHER FROM<数组名>|MEMVAR[FIELDS<字段名表>|[MEMO]

功能：将数组或内存变量的数据依次复制到当前记录，以替换相应字段值。

说明：

① 修改记录前需确定记录指针位置。

② 若使用 FIELDS 子句，仅<字段名表>中的字段才会被数组元素值替代，缺省 MEMO 子句时将忽略备注型字

③ 内存变量值将传送给与它同名的字段，若某字段无同名的内存变量则不对该字段进行数据替换。

④ 若数组元素多于字段数，则多出的数组元素不传送；而数组元素少于字段数，则多出的字段其值不会改变。

【例 4.21】　GATHER 命令的使用示例。

```
USE 学生信息表 Exclusive
APPEND BLANK                  && 添加一个空记录
GATHER FROM SZ1               && 将数组 SZ1 的相关数据复制到当前空记录中
```

```
APPEND BLANK                  && 添加一个空记录
GATHER FROM MEMVAR            && 将例 4.20 定义的内存变量值复制到当前空记录中
```

小　　结

表是组织数据、建立关系数据库的基本元素。在 Visual Foxpro 中，根据表是否属于数据库，把表分为数据库表和自由表两类。属于某一数据库的表称为数据库表，不属于任何数据库而独立存在的表称为自由表。本章对表的建立、表的修改、查询都进行了较详细的阐述，特别注意的是表记录的指针，它就象 Word 中的光标，只有当指针移到某记录时才能对该记录进行操作。

习　　题

4-1　选择题

（1）在 Visual FoxPro 中，表文件中的字段是一种（　　）。

A. 常量　　B. 变量　　C. 运算符　　D. 函数

（2）下列关于字段名的命名规则，错误的是（　　）。

A. 字段名中可以包含空格

B. 字段名必须以字母或汉字开头

C. 字段名可以由字母、汉字、下划线、数字组成

D. 字段可以是汉字或合法的西方标识符

（3）字段变量和内存变量都有多种类型，字段变量特有的数据类型是（　　）。

A. 字符型　　B. 日期型

C. 数值型　　D. 备注型

（4）某个数据表文件的一个数值字段要求 3 位整数，2 位小数，则其宽度应为（　　）。

A. 4　　B. 3　　C. 6　　D. 5

（5）若表文件结构中含有备注型字段，系统将自动建立一个相同文件名的（　　）。

A. 文本文件　　B. 索引文件

C. 备注文件　　D. 后备文件

（6）同一个表所有备注字段的内容存储在（　　）。

A. 该表文件中　　B. 不同的备注文件

C. 同一个备注文件　　D. 同一个数据库文件

（7）在 VFP 的数据类型中，用于存放图像、声音等多媒体对象的类型是（　　）。

A. 备注型　　B. 逻辑型　　C. 通用型　　D. 字符型

（8）当前表文件有 20 条记录，当前记录号是 10，执行命令 LIST REST 以后，当前记录号是（　　）。

A. 10　　B. 20　　C. 21　　D. 1

（9）能显示当前表文件中所有男生的姓名、性别和籍贯的命令是（　　）。

A. LIST FIELDS 姓名，性别，籍贯

B. LIST FIELDS 姓名，性别，籍贯 FOR 性别="男"

C. DISPLAY ALL FIELDS 姓名，性别，籍贯

D. LIST FOR 性别="男".AND. 籍贯="四川"

（10）在人事数据表文件中要显示所有姓王(姓名)的职工的记录，使用命令（　　）

A. LIST FOR 姓名="王***"　　B. LIST FOR STR(姓名，1，2)="王"

C. LOCATE FOR 姓名="王"　　D. LIST FOR SUBSTR(姓名，1，2)="王"

（11）表文件中共有 30 条记录，当前记录号是 25，要显示最后 6 个记录，在下列命令中，错误命令是（　　）。

A. LIST NEXT 6　　B. LIST REST

C. DISPLAY NEXT 6　　D. DISPLAY ALL REST

（12）已知当前表中有 10 条记录，当前记录为第 6 号记录。如果执行命令 list 后，则当前记录为第（　　）号记录。

A. 1　　B. 6　　C. 10　　D. 11

（13）所有可选项缺省时，数据表记录输出命令 LIST 和 DISPLAY 的区别是（　　）。

A. DISPLAY 显示全部记录，LIST 显示当前一条记录

B. LIST 显示全部记录，DISPLAY 显示当前一条记录

C. LIST 和 DISPLAY 都显示全部记录

D. LIST 和 DISPLAY 都只显示当前一条记录

（14）要为当前学生表中所有同学的奖学金增加 100 元，应该使用命令（　　）。

A. CHANGE 奖学金 WITH 奖学金+100

B. REPLACE 奖学金 WITH 奖学金+100

C. CHANGE ALL 奖学金 WITH 奖学金+100

D. REPLACE ALL 奖学金 WITH 奖学金+100

（15）在已打开的表文件中有“学号”字段，此外又定义了一个内存变量“学号”，要把内存变量“学号”的值传送给当前记录的学号字段，应使用命令（　　）。

A. 学号=M->学号　　B. REPLACE 学号 WITH M->学号

C. STORE M->学号 TO 姓名　　D. GATHER FROM M->学号 FIELDS 学号

（16）在打开一个数据表后，指针指向表中的（　　）。

A. 第 1 条记录　　B. 表头　　C. 表尾　　D. 最后一条记录

（17）在表中相对移动记录和绝对移动记录指针的命令分别为（　　）。

A. LOCATE 和 SKIP　　B. LOCATE 和 GO

C. SKIP 和 GO　　D. LOCATE 和 FIND

（18）假定 STUDENT.DBF 表文件共有 8 条记录，则当函数 EOF()的返回值为逻辑真时，执行命令“? RECNO()”的输出结果是（　　）。

A. 1　　B. 7　　C. 8　　D. 9

（19）下列命令中，仅拷贝表文件结构的命令是（　　）。

A. COPY TO　　B. COPY STRUCTURE TO

C. COPY FILE TO　　D. COPY STRUCTURE TO EXETENDED

（20）若要物理删除当前数据库中的某些记录，应先后使用的两条命令是（　　）。

A. DELETE；ZAP　　B. DELETE；PACK

C. ZAP；PACK　　　　　　　　　D. DELETE；RECALL

4-2　填空题

（1）Visual Foxpro 把处理的数据看成是由若干行和列所组成的（　①　），该表中的每一行称为一个（　②　），每一列称为一个（　③　）。将该表以文件的形式存储在磁盘上，这样的文件被称为（　④　）。

（2）备注型字段的内容存放在与表同名，扩展名为（　　　　）的文件中。

（3）人事档案数据库，内容较多的个人简历应用（　　　　）字段较为合适。

（4）设计数据表时，打开“表设计器”的命令是（　　　　）。

（5）用 USE 命令打开表时，如果使用（　　　　）选项，则表示以“独占”方式打开表，打开的表可读可写。

（6）如果要关闭一个表：新闻公报.DBF，则在“命令”窗口中输入（　　　　）命令即可。

（7）如果只显示打开表中的“学号”、“籍贯”字段，可输入命令（　　　　）。

（8）在建立表“STUDENT”结构时，如果定义了一个备注型字段，将产生两个文件，一个文件是 STUDENT.DBF，另一个文件是（　　　　）。

（9）在“职工档案”表文件中，婚否是 L 型字段，性别是 C 型字段，若检索“已婚的女职工”，应该使用的逻辑表达式是（　　　　）。

（10）设数据表已在当前工作区打开，若要在当前记录的前面增加一条空记录，应使用命令（　　　　）。

（11）如果需要给当前表增加一个字段，应使用的命令是（　　　　）。

（12）当前记录序号为 3，将第 5 记录设置为当前记录的命令是（　　　　）。

（13）如果备注型字段中已输入数据，则相应字段中显示（　　　　）。

（14）将磁盘上表文件的记录删除，删除后的记录不能恢复，是（　　　　）删除。

（15）为记录标上逻辑删除标记，以后可恢复成正常记录，是（　　　　）删除。

4-3　思考题

（1）什么是自由表？什么是数据库表？

（2）在设计学生信息表时，可否将学生“性别”字段定义为逻辑型字段？这和定义为字符型字段有何区别？定义为数值型呢？

（3）修改表的结构有哪些方法？它们有何区别？

（4）Visual Foxpro 提供了几种查看记录的命令？

（5）修改表的记录可以采用哪些命令实现？

参考答案：

4-1　选择题

（1）B　（2）A　（3）D　（4）C　（5）C　（6）C　（7）C
（8）C　（9）B　（10）D　（11）D　（12）D　（13）B　（14）D
（15）B　（16）A　（17）C　（18）D　（19）B　（20）B

4-2　填空题

（1）①二维表　②记录　③字段　④表文件

（2）FTP

（3）备注型

（4）CREATE

（5）独占

（6）USE

（7）BROWSE FIELDS 姓名，性别

（8）STUDENT.FTP

（9）(婚否=.T.).AND.(性别='女')

（10）INSERT BLANK BEFORE

（11）MODIFY　STRUCTURE

（12）SKIP+2

（13）memo

（14）物理

（15）逻辑

第5章 索引与统计

在 Visual FoxPro 中表记录的顺序有物理顺序和逻辑顺序两种。记录在表中储存的顺序，称为物理顺序。在输入记录时，记录的先后顺序通过记录号表示出来，这个顺序反映了存放记录的先后顺序，是物理顺序。按索引关键字的值升序或降序排列，每个值对应原表中的一个记录号，这样确定的记录的顺序称为逻辑顺序。

在实际操作中所处理的记录顺序，称为使用顺序。使用顺序可以是物理顺序，也可以是逻辑顺序。记录指针在表记录中的移动是按使用顺序进行的。

5.1 表的排序

排序（SORT）命令是对表进行物理上的排序。换句话说，排序命令可以对当前表记录根据指定的规则进行重新排序，并将重新排序的记录保存成一个新的有序表。需要注意的是，在使用排序命令时并不改变当前表中记录的位置，而是将排序的结果形成一个新的有序表。

格式：SORT TO <文件后> ON <字段1>[/A|/D][/C][, <字段2>[/A|/D][/C]…]

[FOR <条件1>] [FIELDS <字段名表>]

说明：

① <文件名>是排序结果所要保存的新表名。

② <字段1>是排序所指定字段名。

③ [/A|/D][/C]是排序的顺序。/A 指明对指定字段进行升序排序，默认升序；/D 指明对指定字段进行降序排序；/C 指排序不区分大小写。

④ FOR 条件语句筛选所要参加排序的数据，默认为所有记录。

⑤ FIELDS 语句指定排序后新表所要包含的字段列表，默认为所有字段。

【例 5.1】 对学生信息表按入学成绩由低到高排序，入学成绩相同的按年龄的从小到大排序。命令如下：

```
USE 学生信息表
SORT TO STUDENT1 ON 入学成绩,出生日期/D
USE STUDENT1
BROW
```

结果如图 5-1 所示。

Student1

学号	姓名	出生日期	少数民族否	籍贯	入学成绩	简历	照片
011	刘　林	06/15/88	F	北京	402.5	memo	gen
009	熊　敏	02/20/87	F	四川	410.0	memo	gen
008	曾小梅	12/03/88	F	江苏	500.0	memo	gen
010	李文丽	06/15/88	T	广州	532.5	memo	gen
007	林　森	07/23/87	F	重庆	550.0	memo	gen
002	李　刚	04/30/87	F	江苏	566.0	memo	gen
001	张　杰	06/15/88	T	重庆	604.0	memo	gen
005	王永民	09/18/88	T	重庆	618.0	memo	gen
006	张　玲	01/06/88	T	广州	632.0	memo	gen
003	王大同	10/03/88	T	北京	641.0	memo	gen
004	李建中	10/25/87	T	四川	652.0	memo	gen

图 5-1　重新排序后的结果表 Student1

5.2 表的索引

5.2.1　索引概述

1. 索引的概念

索引是按索引关键字的值对表中的记录进行排序的一种方法。索引的目的是加快查询的速度。通过索引产生表的逻辑顺序。索引关键字是指在表中建立索引时用的字段或字段表达式，必须是数值型、字符型、日期型或逻辑型表达式。它可以是表中的单个字段，也可以是表中几个字段组成的表达式。索引关键字的值是确定记录逻辑顺序的依据。

索引实际上是一种逻辑排序，它并不改变表中数据的物理顺序。索引排序不需复制出一个和原表内容相同的有序文件，而只按索引关键字（如“入学成绩”）排序后，建立关键字和记录号之间的对应关系，并把其存储到一个“索引文件”中。表中使用索引就如使用一本书的目录，通过搜索索引找到特定关键字的值，由指针指向包含此数据的行。

创建索引是创建一个由指向表.dbf 中记录的指针构成的文件。索引文件和表.dbf 文件分别存储。在 Visual FoxPro 中，可以为一个表建立一个或多个索引，每一个索引确定了一种表记录的逻辑顺序。若要根据某个特定顺序处理表记录，可以选择一个相应的索引。

索引并不生成新的表，而是仅仅使表中记录的逻辑顺序发生变化，而物理顺序并没有改变。对数据表建立索引之后将生成一个索引文件（扩展名为.idx 或.cdx）。

索引文件不能单独使用，它必须同表一起使用。

2. 索引文件的分类

根据索引文件包含索引的个数和索引文件的打开方式，分为单索引文件（独立的索引文件）和复合索引文件两种类型。

（1）单索引文件

单索引文件的扩展名是.idx。单索引文件中只能包含一个索引，索引文件的名称既可以与表名相同，也可以不相同。单索引文件需用菜单方式或命令方式打开，不随表的打开而自动打开。

（2）复合索引文件

所谓复合索引，即是有多个索引，以索引标识（Index Tag）来进行区分，复合索引文件的扩展名是.cdx。复合索引文件分为结构复合索引文件和非结构复合索引文件。结构复合索引文件的文件名与表的主文件名相同，该文件随表的打开而自动打开。非结构复合索引文件的文件名与表的主文件名不同，该文件不会随表的打开而自动打开。这就意味着对于结构复合索引文件，当对表的记录进行修改时，全部索引也将自动更新，所以一般情况下使用结构复合索引更为方便。

3. 索引的类型

（1）主索引

在主索引中，索引关键字值不允许出现重复值的索引，其索引关键字的值能够唯一确定表中每个记录的处理顺序。只有数据库表才能建立主索引，且一个表中只能建立一个主索引。自由表不能建立主索引。主索引主要用于建立永久关系的主表中。

（2）候选索引

像主索引一样，候选索引的索引关键字的值不允许有重复值，并且能够唯一确定表中每个记录的处理顺序。数据库表和自由表均可建立多个候选索引。

（3）唯一索引

唯一索引，是指索引文件对每一个特定的索引关键字值和对应的记录号只存储一次。如果表中记录的索引关键字值相同,则只在索引文件中保存第一次出现的索引关键字值和对应的记录号。该类索引是为了保持同早期版本的兼容性。数据库表和自由表均可以建立多个唯一索引。

（4）普通索引

此类索引同样可以决定记录的处理顺序，它将索引关键值和对应的记录号存入索引文件中，允许索引关键字值出现重复。建立普通索引时，不同的索引关键字值按顺序排列，而对有相同索引关键字值的记录按原来的先后顺序集中排列在一起。在一个表中可以建立多个普通索引。可用普通索引进行表中记录的排序或搜索。

5.2.2 建立索引

1. 利用“表设计器”建立索引

利用“表设计器”建立索引的操作方法如下：

① 打开表。

② 打开“显示”菜单，单击“表设计器”命令，打开“表设计器”对话框。

③ 在“表设计器”对话框中，单击“索引”选项卡。“索引”选项卡包括有“排序”、“索引名”、“类型”、“表达式”和“筛选”5 个参数，可通过设置下列参数来完成索引的建立：

排序——选择排序方式。选择排序方式是升序（↑）还是降序（↓）。

索引名——给本索引取名字。

类型——选择索引类型。自由表的索引类型有候选索引、唯一索引和普通索引 3 种。只有数据库表才可以建立主索引。

表达式——确定索引关键字。

筛选——限制记录的输出范围。

注意：用表设计器建立的索引都是结构复合索引文件。

【例 5.2】 利用“表设计器”为学生信息表中的“学号”字段建立候选索引。

操作步骤如下：

① 打开学生信息表.dbf;

② 打开“显示”菜单，单击“表设计器”命令，打开“表设计器”对话框；

③ 在“表设计器”对话框中，单击“索引”选项卡，然后进行下列设置：

输入“学号”作为索引名；

选择排序方式为升序（↑）；

选择“候选索引”作为索引类型；

输入“学号”作为索引表达式（即索引关键字）；

④ 单击“确定”按钮，显示系统提示信息对话框；

⑤ 单击“是”按钮，建立完成“学号”字段的候选索引。

2. 使用命令建立索引

（1）建立单索引文件

格式：`INDEX ON <索引表达式> TO <索引文件名> [FOR <条件表达式>] ;`

`[UNIQUE] [ADDITIVE]`

功能：创建单索引文件，其扩展名为.idx。

说明：UNIQUE 指定建立唯一索引。ADDITIVE 指定在建立新索引时，不关闭先前的索引。

（2）建立结构复合索引文件

格式：`INDEX ON <索引表达式> TAG <索引名>[OF<复合索引文件名>] [FOR <条件表达式>] ;`

`[ASCENDING] [DESCENDING] [UNIQUE] [CANDIDATE]`

功能：创建复合索引文件，其扩展名为.cdx。

说明：OF<复合索引文件名>选项用于指定非结构复合索引文件的名字，省略此选项则表示建立结构复合索引文件。ASCENDING 指定按索引表达式的值升序排列，DESCENDING 指定按索引表达式的值降序排列，默认为按升序排列。UNIQUE 指定建立唯一索引。CANDIDATE 指定建立候选索引。默认为普通索引。

【例 5.3】　给“学生信息表”按出生日期升序建立名为“csrq”的单索引文件。

命令如下：

```
USE 学生
INDEX ON 出生日期 TO csrq
BROWSE
```

在执行 BROWSE 命令后出现的浏览窗口（如图 5-2 所示）中，可以发现其中的记录已按出生日期的升序排列整齐。

学生信息表

学号	姓名	性别	出生日期	少数民族否	籍贯	入学成绩	简历	照片
009	熊　敏	女	02/20/87	F	四川	410.0	memo	gen
002	李　刚	男	04/30/87	F	江苏	566.0	memo	gen
007	林　森	女	07/23/87	F	重庆	550.0	memo	gen
004	李建中	男	10/25/87	T	四川	652.0	memo	gen
006	张　玲	女	01/06/88	T	广州	632.0	memo	gen
001	张　杰	男	06/15/88	T	重庆	604.0	memo	gen
010	李文丽	女	06/15/88	T	广州	532.5	memo	gen
011	刘　林	男	06/15/88	F	北京	402.5	memo	gen
005	王永民	男	09/18/88	T	重庆	618.0	memo	gen
003	王大同	男	10/03/88	T	北京	641.0	memo	gen
008	曾小梅	女	12/03/88	F	江苏	500.0	memo	gen

图 5-2　按出生日期索引的结果

【例 5.4】　对“学生信息表”中的所有记录先按性别，性别相同时再按入学成绩建立名为

“xbrxcj” 的单索引文件。

命令如下：

```
USE 学生信息表
INDEX ON 性别+STR(入学成绩,4,1) TO xbrxcj
BROWSE
```

说明：因为索引所依据的“性别”字段与“入学成绩”字段的数据类型不同，需要将“入学成绩”字段的类型转换为字符型后才能与“性别”字段组成一个合法的关键字表达式。执行 BROWSE 命令后可以看到表中的记录首先按性别排列，在性别相同时再按入学成绩升序排列。

【例 5.5】 对“学生信息表”建立一个结构复合索引文件，包括一个按姓名索引的标示 xm 和一个按性别与出生日期索引的标示 xbcsrq。再创建一个名为 xsjg 的非结构复合索引文件，包含一个按籍贯索引的标示 jg。

命令如下：

```
USE 学生信息表
INDEX ON 姓名 TAG xm
BROWSE                     &&显示结果按姓名排序。
INDEX ON 性别+DTOC(出生日期,1) TAG xbcsrq
BROWSE                     &&显示结果如图 5-3 所示。
INDEX ON 籍贯 TAG jg OF xsjg
BROWSE                     &&显示结果按籍贯排序
USE
```

学生信息表

学号	姓名	性别	出生日期	少数民族否	籍贯	入学成绩	简历	照片
002	李 刚	男	04/30/87	F	江苏	566.0	memo	gen
004	李建中	男	10/25/87	T	四川	652.0	memo	gen
001	张 杰	男	06/15/88	T	重庆	604.0	memo	gen
011	刘 林	男	06/15/88	F	北京	402.5	memo	gen
005	王永民	男	09/18/88	T	重庆	618.0	memo	gen
003	王大同	男	10/03/88	T	北京	641.0	memo	gen
009	能 敏	女	02/20/87	F	四川	410.0	memo	gen
007	林 森	女	07/23/87	F	重庆	550.0	memo	gen
006	张 玲	女	01/06/88	T	广州	632.0	memo	gen
010	李文丽	女	06/15/88	T	广州	532.5	memo	gen
008	曾小梅	女	12/03/88	F	江苏	500.0	memo	gen

图 5-3 按性别与出生日期索引的结果

说明：

① 本例创建了一个名为“学生信息表.cdx”的结构复合索引文件，包含 xm 和 xbcsrq 两个索引标识，另外还创建了一个名为“xsjg.cdx”的非结构复合索引文件，包含一个 jg 索引标识；

② 在按性别与出生日期索引时，因为“性别”字段与“出生日期”字段的数据类型不同，需要将“出生日期”字段的类型转换为字符型后才能与“性别”字段组成一个合法的关键字表达式；

③ 在转换函数 DTOC（出生日期，1）中，参数 1 的作用是确保将日期转换为以年月日排列的字符串，从而确保日期排列的准确性。

5.2.3 使用索引

索引主要用于快速查询及建立表间的关联。在使用索引前必须打开表、打开索引文件。在打开一个数据表的同时可以打开多个索引文件，但某一时刻只有一个索引文件起作用，该索引文件称为主控索引文件。对于打开的包含多个索引项（或称索引标识）的复合索引文件，在任何时候也只有一个索引标识起作用，该索引标识称为主控索引标识。此外，当某个索引文件刚建立时，该索引文件处于打开状态并为主控索引文件；当某个索引标识建立时，该标识将同时成为主控索引标识。

1. 打开索引文件

对于结构复合索引文件而言，表打开的同时就打开了对应的结构复合索引文件。对于单索引文件和非结构复合索引文件，可以用命令方式来实现。

（1）打开表文件的同时打开索引文件

格式：USE　<表文件名>　INDEX　<索引文件名表>

功能：打开指定的表及其索引文件。

说明：

① <索引文件名表>可以包含多个索引文件，这些索引文件可以是单索引文件，也可以是复合索引文件。其中只有第一个索引文件对表的操作起控制作用，称为主控索引文件。

② 如果第一个索引文件是复合索引文件，由于包含多个索引标识，无法确定哪个索引标识起作用，所以在打开后还要确定主控索引，否则对表进行操作时，数据记录仍按物理顺序排列。

【例 5.6】 已知学生信息表有“学生信息表.cdx”（标记名有 xm，xbcsrq）、csrq.idx 和 xbrxcj.idx 等索引文件，打开表文件时打开所有索引文件，并以 csrq.idx 作为主索引文件。

命令如下：

```
USE 学生信息表 INDEX csrq, xbrxcj, 学生信息表
```

（2）在打开表后再打开索引文件

格式：SET INDEX TO [<索引文件名表>] [ADDITIVE]

功能：在已打开表文件的前提下，打开指定的索引文件。

说明：

① 省略任何选项而直接使用 SET INDEX TO，将关闭当前工作区中除结构复合索引文件之外的全部索引文件；

② 若省略 ADDITIVE 选项，则在使用该命令打开索引文件时，除结构复合索引文件之外的索引文件均被关闭。

2. 确定主控索引

（1）用菜单方式确定主控索引

【例 5.7】 用菜单方式将“xm”设置为学生信息表的主控索引，并显示索引结果。

操作步骤如下：

① 打开“学生信息表.dbf”；

② 打开“显示”菜单，单击“浏览”命令，进入表的“浏览”窗口；

③ 打开“表”菜单，单击“属性”命令，打开“工作区属性”对话框。接着单击“索引顺序”下拉列表框，选择索引字段“学生信息表：xm”，如图 5-4 所示；

④ 单击“确定”按钮，表中的数据按索引

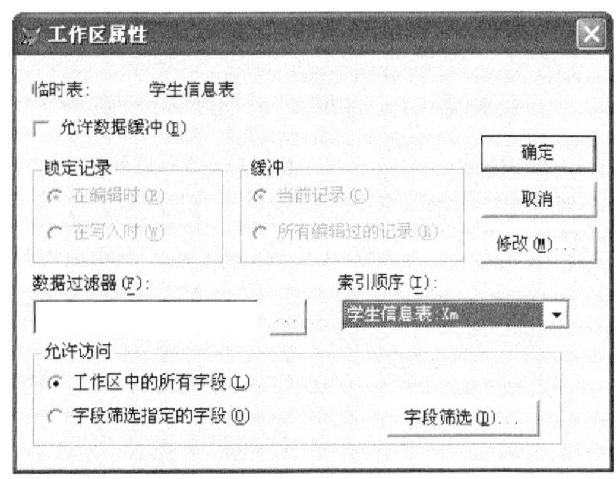

图 5-4　用菜单方式确定表的主控索引

字段“姓名”的值升序。

（2）用命令方式确定主控索引

格式：SET ORDER TO [<索引文件顺序号>|<单索引文件名>]|；

[TAG]<索引标识名>[OF<复合索引文件名>]；

[ASCENDING|DESCENDING]；

功能：在打开的索引文件中指定表的主控索引文件或主控索引标识。

说明：

① <索引文件顺序号>表示已打开的索引文件的序号，用以指定主控索引。单索引文件按打开的先后顺序标识序号；然后，结构复合索引文件的索引标识按其生成的顺序计数，最后是非结构复合索引文件的索引标识按其生成的顺序计数。

② 使用<单索引文件名>直接指定一个单索引文件为主控索引文件，比用索引文件序号更直观。

③ [TAG]<索引标识名>[OF<复合索引文件名>]用于指定一个已打开的复合索引文件中的一个索引标识为主控索引。

④ 短语 ASCENDING 或 DESCENDING 是在确定主控索引的同时指定表记录的操作显示顺序，该选项不影响索引文件的内部顺序。

⑤ 用 SET ORDER TO 或 SET ORDER TO 0 命令取消主控索引，表中记录将按物理顺序输出。

【例 5.8】 在例 5.3～例 5.5 中，先对学生信息表建立了按出生日期索引的单索引文件 csrq.idx；按性别和入学成绩索引的单索引文件 xbrxcj.idx；以“姓名”、“性别+DTOC(出生日期)”为索引项建立了结构复合索引文件“学生信息表.cdx”；以“籍贯”为索引项建立了非结构复合索引文件 xsjg.cdx。我们来讨论执行以下命令后，表中记录的排列顺序。

```
USE 学生信息表              &&同时自动打开结构复合索引文件“学生信息表.cdx”
BROWSE                     &&按原表顺序排列显示
SET ORDER TO 2             &&指定第 2 个索引项为主控索引项
BROWSE                     &&先按性别再按出生日期顺序排列显示
SET ORDER TO TAG xm        &&指定以姓名为主控索引项
BROWSE                     &&按姓名的升序排列显示
SET INDEX TO XBRXCJ        &&打开按性别与入学成绩索引的单索引文件
BROWSE                     &&先按性别再按入学成绩的大小排列显示
SET ORDER TO 0             &&取消当前的主索引
BROWSE                     &&按原表顺序排列显示
USE
```

3. 使用索引文件时记录指针的移动

在数据表和与之相关的若干索引文件打开的情况下，当某个索引项起作用时，记录指针实际上是在该索引项对应的索引表上进行移动，但当明确指定移动到某号记录是例外。下面举例说明

【例 5.9】 在索引文件或者索引项起作用的情况下，记录指针移动举例。

```
USE 学生信息表              &&同时打开同名的复合索引文件“学生信息表.cdx”
SET ORDER TO TAG xm
BROWSE                     &&浏览窗口显示顺序如图 5-5 所示
GO TOP                     &&记录指针指向索引表中的第一条记录
DISPLAY                    &&显示按姓名排序后的第一条记录（李刚）
SKIP                       &&记录指针指向索引表中的下一条记录
```

```
DISPLAY                    &&显示按姓名排序后的第二条记录（李建中）
GO 1                       &&明确指定移动到第 1 号记录
DISPLAY                    &&显示记录号为 1 的记录（张杰）
GO BOTTOM                  &&记录指针指向索引表中的最后一条记录
DISPLAY                    &&显示按姓名排序后的最后一条记录（张玲）
USE
```

学生信息表

学号	姓名	性别	出生日期	少数民族否	籍贯	入学成绩	简历	照片
002	李　刚	男	04/30/87	F	江苏	566.0	memo	gen
004	李建中	男	10/25/87	T	四川	652.0	memo	gen
010	李文丽	女	06/15/88	T	广州	532.5	memo	gen
007	林　森	女	07/23/87	F	重庆	550.0	memo	gen
011	刘　林	男	06/15/88	F	北京	402.5	memo	gen
003	王大同	男	10/03/88	T	北京	641.0	memo	gen
005	王永民	男	09/18/88	T	重庆	618.0	memo	gen
009	熊　敏	女	02/20/87	F	四川	410.0	memo	gen
008	曾小梅	女	12/03/88	F	江苏	500.0	memo	gen
001	张　杰	男	06/15/88	T	重庆	604.0	memo	gen
006	张　玲	女	01/06/88	T	广州	632.0	memo	gen

图 5-5　按姓名排序的显示结果

4. 关闭索引文件

当关闭表文件时，同时关闭同一工作区中所有已打开的索引文件。此外，还有下列关闭索引文件的命令：

格式 1 ：SET INDEX TO

格式 2 ：CLOSE INDEX

功能：关闭当前工作区中除结构索引文件外的所有索引文件。

5. 更新索引

对于已建有索引文件的数据表，如果对其记录进行了增删或记录数据发生了变化，应及时对已有的索引文件中的各项索引项进行更新。更新索引分为自动更新和重新索引两种情况。

（1）自动更新

对于在打开数据表的同时打开的有关索引文件，当对表文件进行插入、删除、添加或更新等操作后，已打开的索引都会自动更新。因与数据表同名的结构复合索引文件总是和数据表一起打开的，所有总能自动得到重新更新。

（2）重新索引

对于在对表文件中的数据进行修改时没有事先打开的有关的单索引文件或非结构复合索引文件，需要在事后同时打开这个数据表和有关的这些索引，再用如下命令对修改后的数据表进行重新索引。

格式：REINDEX

功能：分别根据各打开的索引文件中的索引表达式的规定，对当前数据表重新进行索引，使对应的索引文件得到更新。

5.2.4　删除索引

不再使用的索引可将其删除。使用的方法有：

（1）删除索引文件

若用删除索引文件命令的方式来删除索引文件，须遵循先关闭后删除的原则。

格式：DELETE FILE <索引文件名>

功能：删除单索引文件。

（2）删除索引标识

格式：DELELE TAG ALL|<索引标识 1>[,<索引标识 2>…]

功能：删除复合索引文件的所有标识或指定的索引标识。如果一个复合索引文件的所有索引标识都被删除，则该复合索引文件也就自动被删除了。与该命令等价的菜单操作是：在“表设计器”的“索引”选项卡中选中某一索引标识，再选择“删除”命令。

5.3 查　询

将大量数据按一定规则存入计算机而构成一个数据库或数据表后，就为对这些数据的快速查询和统计提供了极大的便利。

Visual FoxPro 提供了三种对数据表进行查询的方式，一是通过查询设计器进行查询，将在第6章介绍；二是通过功能强大的 SQL 进行查询，将在第 6 章介绍；三是通过功能较为简单的查询命令进行查询，本节将分别对顺序查询和索引查询两种传统方法进行介绍。

5.3.1 顺序查询

顺序查询的思想是从指定范围的第 1 条记录开始按记录的顺序依次查询符合条件的记录，Visual FoxPro 主要使用顺序查询命令 LOCATE 和继续查询命令 CONTINUE 来实现。

使用 LOCATE-CONTINUE 命令进行条件定位的基本格式如下。

格式：
```
LOCATE [<范围>] FOR <条件>
…
CONTINUE
```

说明：LOCATE 命令的功能是：在当前表中，从指定范围内的第 1 个记录开始，按记录号的顺序依次查找符合指定条件的第 1 个记录。当找到符合条件的第 1 个记录时，将记录指针指向该记录，使其成为当前记录，且函数 FOUND()的值为逻辑真.T.。如果需要继续查找符合相同条件的下一个记录，则必须使用 CONTINUE 命令来实现。LOCATE 命令用于查找符合指定条件的第 1 个记录，CONTINUE 命令则可连续查找后面符合条件的各个记录，直到文件结束为止。

如果没找到符合条件的记录，Visual FoxPro 在主屏幕的状态条中显示“已到定位范围末尾”，此时函数 FOUND()的值为逻辑假.F.，而函数 EOF()的值为逻辑真.T.。

【例 5.10】 在学生信息表中查询籍贯为重庆的学生的学号、姓名、年龄和入学成绩。

```
USE 学生信息表
LOCATE FOR 籍贯='重庆'
DISP 学号,姓名,YEAR(DATE())-YEAR(出生日期),籍贯,入学成绩
CONTINUE
? RECNO(),学号,姓名,YEAR(DATE())-YEAR(出生日期),籍贯,入学成绩
```

5.3.2 索引查询

建立和使用索引的目的有两个：一是可以对表中随机存储的记录根据任务的需要进行逻辑排序，二是可以提高记录的查询检索速度。如何提高记录的查询检索速度对于实际应用来说是非常重要的，是评价应用系统的一个重要指标。Visual FoxPro 提供了两条基于索引的快速查询命令，即 FIND 命令和 SEEK 命令。

1. FIND 命令

格式：FIND <字符串或常数>

功能：该命令用于在当前索引上快速查找索引关键字值与给定的字符串或常数相匹配的首条记录。

说明：

① 本命令只能查找字符串或常数。

② 在使用本命令前，须打开对应的索引文件并使对应的索引项成为主控索引项。

③ 如果查找到相匹配的记录，Visual FoxPro 将记录指针指向该记录，并且测试函数 FOUND()返回逻辑真值，EOF()函数返回逻辑假值；否则记录指针将指向记录结束标识，并且测试函数 FOUND()返回逻辑假值，EOF()函数返回逻辑真值。

④ 对要查找的字符串不必用定界符括起来。

⑤ 本命令没有专门的继续查找命令，需要时可借助 SKIP 命令作继续查找。

【例 5.11】 FIND 命令查询举例

```
USE 学生信息表
SET ORDER TO TAG xm          &&指定以姓名为主控索引项
FIND 王                      &&查找姓王的学生，此为模糊查询
DISPLAY                      &&显示第 1 个姓王学生的记录
SKIP                         &&在索引表上，记录指针下移一条
DISPLAY                      &&显示第 2 个姓王学生的记录
SET EXACT ON                 &&设置精确匹配
FIND 曾                      &&查找姓曾的学生，同样为模糊查询
?FOUND()                     &&显示.F.，表示没有找到
FIND 曾小梅                  &&查找学生曾小梅
DISPLAY                      &&显示找到的曾小梅的记录内容
USE
```

2. SEEK 命令

格式：SEEK <表达式>

功能：该命令用于在当前索引上快速查找索引关键字值与给定的表达式相匹配的首条记录。

说明：

① 本命令可查询除备注型和通用型外的任何类型的数据和表达式的值。

② 在使用本命令前，须打开对应的索引文件并使对应的索引项成为主控索引项，且<表达式>的类型必须和索引关键字表达式的类型一致。

③ 如果查找到相匹配的记录，Visual FoxPro 将记录指针指向该记录，并且测试函数 FOUND( )返回逻辑真值，EOF( )函数返回逻辑假值；否则记录指针将指向记录结束标识，并且测试函数

FOUND( )返回逻辑假值，EOF( )函数返回逻辑真值。

④ 在使用字符串作为查找值时，应使用字符串定界符。

⑤ 本命令没有专门的继续查找命令，需要时可借助 SKIP 命令作继续查找。

【例 5.12】 SEEK 命令查询举例

```
USE 学生信息表
SET ORDER TO TAG xm          &&指定以姓名为主控索引项
xm="曾小梅"
SEEK xm                      &&本命令可以直接使用变量查询
DISPLAY                      &&显示找到的曾小梅的记录内容
SEEK "李刚"                  &&查询字符串时应使用定界符
DISPLAY                      &&显示找到的李刚的记录内容
```

FIND 命令和 SEEK 命令都是根据索引文件快速查找与给定数据相匹配的记录。FIND 命令通常用于查找字符常量或数值常量，不能是表达式，所以 SEEK 命令更具一般性。

5.4 表的统计与计算

表的统计与计算是指对表记录进行统计计算以及对表的数值型字段进行求和、求平均值等操作。Visual FoxPro 共提供 5 种命令实现表的统计功能。

5.4.1 计数命令

格式：`COUNT [<范围>] [FOR <条件>] [WHILE <条件>] [TO <内存变量名>]`

功能：该命令用于统计当前表中，在指定范围内满足指定条件的记录个数。

说明：

① 默认范围子句和条件子句时，将得到当前数据表所有记录的个数；

② 有 TO<内存变量名>短语时，则将统计结果存入指定的内存变量中。

【例 5.13】 对学生信息表，分别统计男女生的人数。

```
USE 学生信息表
COUNT FOR 性别="男" TO A
COUNT FOR 性别="女" TO B
?A,B
```

5.4.2 求和命令

格式：`SUM [<表达式表>] [<范围>] [TO <内存变量名表>/TO ARRAY <数组名>] [FOR <条件>] [WHILE <条件>]`

功能：对指定范围内满足条件的所有记录，计算出各记录对应于指定表达式的值，再分别对这些值求和。

说明：

① <表达式表>中的各表达式可以是字段变量、内存变量、常数、函数以及它们的各种组合，但整个表达式必须是数值型的；

② 默认<表达式表>时，默认对数据表中所有数值型字段的值求和；

③ 有[TO <内存变量名表>/TO ARRAY <数组名>]短语是，指自动将各表达式求和的结果依次存入指定的各内存变量或数组中；

【例 5.14】 统计学生信息表中女学生入学成绩的总和。

```
USE 学生信息表
SUM 入学成绩 FOR 性别='女' TO nsrxcj
? "女生入学成绩总和", nsrxcj
USE
```

5.4.3 求平均值命令

格式：AVERAGE [<表达式表>][<范围>] [TO <内存变量名表>/TO ARRAY <数组名>] [FOR <条件>] [WHILE <条件>]

功能：对指定范围内满足条件的所有记录求平均值。

说明：

① <表达式表>中的各表达式必须是数值型的；

② 缺省<表达式表>时，默认对数据表中所有数值型字段的值求平均值；

③ 有[TO <内存变量名表>/TO ARRAY <数组名>]短语是，将自动将各表达式求平均值的结果依次存入指定的各内存变量或数组中。

【例 5.15】 对学生信息表，求全体学生的平均年龄。

```
USE 学生信息表
AVERAGE YEAR(DATE())-YEAR(出生日期) TO pjnl
?"全体学生平均年龄",pjnl
```

5.4.4 计算命令

格式：CALCULATE [<范围>] [<表达式表>] [TO <内存变量名表>] [FOR <条件>]

功能：对当前表文件中的数值型字段按指定范围、条件求记录数、平均值、最大值、最小值等计算，并可将计算结果存入内存变量或数组中。

说明：

<表达式表>中至少应包含系统规定的 8 个函数之一，函数可以任意组合，各函数间用逗号隔开，常用的函数有：

① CNT()：统计记录函数

② AVG(<数值表达式>)：求<数值表达式>的算术平均值函数；

③ MAX(<数值表达式>)：计算<数值表达式>的最大值函数；

④ MIN(<数值表达式>)：计算<数值表达式>的最小值函数。

【例 5.16】 对学生信息表，求入学成绩的最高分、最低分、平均分和学生人数。

```
USE 学生信息表
CALCULATE MAX(入学成绩),MIN(入学成绩),AVG(入学成绩),CNT()
```

5.4.5 汇总命令

格式：TOTAL TO <新表文件名> ON <关键字> [FIELDS <字段名表>] [<范围>] [FOR <条件>] [WHILE <条件>]

功能：对当前数据表中指定的数值型字段进行分类求和，并生成一个汇总数据表。

说明：

① 当前表必须先按<关键字>进行过排序或索引；

② 选择 FIELDS 短语时，仅对指定的数值型字段的值求和；否则将对所有数值型字段的值求和；

③ 对于非数值型字段或不参加求和的数值型字段，是将每组关键字值相同的记录中的首记录的对应字段值存入汇总数据表产生记录的对应字段中。

【例 5.17】 对学生信息表，按籍贯对入学成绩进行汇总。

```
USE 学生信息表
SET INDEX TO xsjg                          &&打开索引文件 xsjg.cdx
SET ORDER TO jg                            &&确定 jg 为主控索引
TOTAL ON 籍贯 TO hz FIELDS 入学成绩         &&按籍贯对入学成绩进行汇总并生成表 hz
USE hz
BROWSE
```

5.5 多个表的同时使用

用 USE 命令可以打开一个新的表文件，但同时也就关闭了前面已打开的表文件。在实际应用中，用户常常需要同时打开多个表文件，以便对多个表文件的数据进行操作。为了解决这一问题，Visual FoxPro 引入了工作区的概念。Visual FoxPro 允许用户对多个表文件同时进行操作，在表间建立临时关系和永久关系。

5.5.1 使用工作区

1. 工作区的概念

Visual FoxPro 允许最多可以同时打开 32 767 个数据表文件，每个打开的表文件都在内存中开辟一个存储区域，这个存储区域就叫做工作区。Visual FoxPro 规定在一个工作区只能打开一个表文件，因此共有 32767 个工作区可以使用。

系统任何时候只能选择一个工作区进行操作，当前正在操作的工作区称为当前工作区，在当前工作区打开的数据表称为当前表。Visual FoxPro 启动后，默认 1 号工作区为当前工作区。一个工作区只能打开一个表，如果再打开第二个表，系统将自动关闭第一个表。这种只能对一个表进行的操作称为单表操作。如果需要同时使用多个表，则需在不同的工作区分别打开，这种操作称为多表操作。

2. 工作区的选择

每一个工作区可用工作区号或别名来标识。

（1）工作区号

利用数字 1～32 767 来标识 32 767 个不同的工作区。

（2）别名

每个表打开后都有两个默认的名称，一个是表名自身，另一个是工作区所对应的别名。编号为 1～10 的前 10 个工作区的默认别名用 A～J 这 10 个字母表示，编号为 11～32767 的工作区指定的别名是 W11 到 W32767。另外，还可以在 USE 命令中使用 ALIAS 子句来指定别名。

注意：单个字母 A～J 不能用来作为表的文件名，它是系统的保留字。

当系统启动时，1 号工作区是当前工作区，若想改变当前工作区，则可使用 SELECT 命令来转换当前工作区。

格式：SELECT <工作区号|别名>

功能：选择需要使用的工作区。

说明：

① 用该命令选中的工作区称为当前工作区。Visual FoxPro 默认 1 号工作区为当前工作区。函数 SELECT()可以返回当前工作区的区号。

② 别名可以是工作区别名，也可以是表的别名，是表示表的一个简短的文件名。为表定义别名的格式为：

```
USE <表名> ALIAS <别名>
```

③ SELECT 0 表示选择未被使用的最小工作区。

【例 5.18】 在第 2 区打开“学生信息表”，使其记录指针指向第 2 条记录；在第 5 区打开“课程表”，使其记录指针指向第 5 条记录。

命令：

```
SELECT  B                          &&  等价于 SELECT  2
USE  学生信息表
GO  2
SELECT  E                          &&  等价于 SELECT  5
USE  课程
GO  5
```

3. 非当前工作区表文件的数据引用

Visual FoxPro 系统对当前工作区上的表文件可以进行任何操作，也可以对其他工作区中的表文件的数据进行访问。在当前工作区可通过以下两种格式访问其他工作区中的表文件。

格式 1：<工作区别名>-> <字段名> 或 <工作区别名>. <字段名>

功能：用工作区别名指定欲访问的工作区，命令执行后得到的字段值为指定工作区中打开的表文件当前记录的字段值。

格式 2：USE <表文件名> IN <工作区号>|<工作区别名>

功能：在工作区号或工作区别名所指定的工作区打开指定的表文件，当前工作区不变。

【例 5.19】 用 USE 命令在其他工作区打开表。

命令如下：

```
USE 学生信息表 IN 2
USE 课程 IN 3 ALLAS kc
```

5.5.2 建立表间临时关系

表间的临时关系是指在不同工作区的两个表间建立记录指针同步移动的关系，这种关系是仅在两个表间建立一种逻辑关系，即建立记录指针之间的联系，而不产生一个新的表。这种逻辑关系是一种临时联系，又称为关联。建立关联，需要有关联条件，关联条件通常要求比较不同表的两个字段表达式值是否相等。建立关联的两个表，一个称父表，另一个称子表。父表是关系中的主表或主控表。子表是在关系中的相关表或受控表。

在对两个关联表进行操作时，随着父表记录指针的移动，子表记录的指针会自动移到满足关联条件的记录上。在移动指针时，子表需要按关联条件进行查询。为了提高查询速度，Visual FoxPro 采用索引查找。因此在使用关联时，通常要先为子表的字段表达式建立索引。

父表和子表的关系有两种：多对一关系和一对多关系。多对一关系是父表有多个记录对应子表中的一个记录。一对多关系是父表中的一个记录对应子表中的多个记录。

1. 一对一关联的建立

格式：`SET RELATION TO [<关键字段表达式>] [INTO<别名> | <工作区号>] [ADDITIVE]`

功能：将当前工作区的表文件与<别名>（或工作区号）指定的工作区中的表文件按<关键字段表达式>建立关联。

说明：

① 当用<关键字段表达式>建立关联时，关键字必须是两个表文件共有字段，且别名表文件已按关键字段建立了索引文件，并已指定关键字段为主控索引。

② 当父表文件的记录指针移动时，子表文件的记录指针根据索引文件指向关键字段值与父表文件相同的记录。如果子表中没有与关键字段值相同的记录，记录指针指向文件尾，EOF()为.T.。

③ ADDITIVE 选项表示当前表与其他工作区表已有的关联仍有效，实现一个表和多个表之间的关联；否则取消当前表与其他工作区表已有的关联，当前表只能与一个表建立关联。

④ SET RELATION TO 则表示取消当前表的所有关联。

2. 一对多关联的建立

格式：`SET SKIP TO [<别名 1>[, <别名 2>] ...]`

功能：将当前表文件与其他工作区中的表文件建立一对多关联。

说明：

① 先要用 SET RELATION 命令建立了一对一的关联，然后才能将一对一的关联进一步定义成一对多的关联。

② 当前工作区表记录指针移动时，别名库文件的记录指针指向第一个与关键字表达式值相匹配的记录，若找不到相匹配的记录，则记录指针指向文件尾部，EOF()为.T.。

③ 当父表中的一个记录与子表的多个记录匹配时，在父表中使用 SKIP 命令，并不使父表的指针移动，而子表的指针却向前移动，指向下一个与父表相匹配的记录；重复使用 SKIP 命令，直至在子表中没有与父表当前记录相匹配的记录后，父表的指针才真正向前发生移动。

④ 无任何选择项的 SET SKIP TO 命令将取消一对多的关联（一对一的关联仍然存在）。

【例 5.20】 对学生信息表、课程表和选课表，列出全部学生所选的课程和成绩，要求列出学号、姓名、课程名和成绩。

以上三个表中，学生信息表前面已有，课程表和选课表如下：

表 5.1　　课程表

课 程 号	课 程 名	学　时	学　分
1001	高　数	64	4
1010	英　语	56	3
1011	计算机	48	2
2001	Visual Foxpro 程序设计	48	2
2011	Visual Foxpro 程序设计	48	2

表 5.2　　选课表

学　号	课 程 号	成　绩	学　号	课 程 号	成　绩
001	1001	56	006	1011	77
001	1011	76	007	1001	88
002	1001	98	007	1011	76
002	1011	89	008	1001	97
003	1001	0	008	1011	86
003	1011	87	009	1001	98
004	1001	68	009	1010	81
004	1011	85	009	1011	98
005	1001	87	010	1010	65
005	1011	64	010	1011	0
006	1001	0	011	1001	76
006	1010	78	011	1011	96

命令如下：

```
USE 学生信息表 IN 2
SELECT 1
USE 学生信息表
INDEX ON 学号 TO XH
SELECT 2
USE 课程表
INDEX ON 课程号 TO KCH
SELECT 3
USE 选课表
SET RELATION TO 学号 INTO A                          &&建立选课表对学生信息表的关联
SET RELATION TO 课程号 INTO B ADDITIVE               &&建立选课表对课程表的关联
LIST 学号,A->姓名,B->课程名,成绩
```

执行结果如图 5-6 所示。

```
记录号  学号  A->姓名  B->课程名      成绩
     1  001   张  杰   高数             56
     2  001   张  杰   计算机           76
     3  002   李  刚   高数             98
     4  002   李  刚   计算机           09
     5  003   王大同   高数             78
     6  003   王大同   计算机           87
     7  004   李建中   高数             68
     8  004   李建中   计算机           85
     9  005   王永民   高数             87
    10  005   王永民   计算机           64
    11  006   张  玲   高数             65
    12  006   张  玲   英语             78
    13  007   林  森   高数             88
    14  007   林  森   计算机           76
    15  008   曾小梅   高数             97
    16  008   曾小梅   计算机           86
    17  009   熊  敏   高数             98
    18  009   熊  敏   英语             81
    19  010   李文丽   英语             65
    20  010   李文丽   计算机           80
    21  011   刘  林   高数             76
    22  011   刘  林   计算机           96
```

图 5-6　三表建立关联后的显示结果

5.5.3 表的连接

在实际应用中，经常需要把不同数据结构的表文件按一定要求连接成一个新的表文件，这就是表文件的连接，也称为表的物理连接。

格式：JOIN WITH <工作区号> | WITH <别名> TO <新文件名> FOR <逻辑表达式> [FIELDS <字段名表>]

功能：将当前表文件和另一工作区中打开的<别名>表文件按指定的条件连接，生成一个以<新文件名>为名的新表文件，实现物理上的连接。

说明：

① WITH <工作区号> | WITH <别名>：指定在另一工作区打开的表文件。

② <新文件名>表示连接生成的新表文件，其扩展名可省略，系统默认为.DBF。

③ FOR <逻辑表达式>指定两个表文件的连接条件，它不同于其他命令中的 FOR 子句，其他命令的 FOR 子句都是选择项，这里的 FOR 子句不可缺省，否则，JOIN 命令无法执行。

④ [FIELDS <字段名表>]确定连接生成的新表文件中应含有当前表和指定的另一工作区表中的哪些字段，若缺省该项，新表的字段将是两个表所有的字段，字段名相同的只保留一项。

⑤ 连接的过程：主工作区中指针首先指向当前表的第一条记录，系统用 FOR <逻辑表达式>从表的第一条记录开始判断，当条件为.T.就产生一条新记录，并将其加到新表中，直到记录都测试完。

【例 5.21】 对学生信息表和选课表，建立一个少数民族学生成绩表，其中包括学号、姓名、课程号和成绩。

命令如下：

```
SELECT 1
USE 学生信息表
SELECT 2
USE 选课表
JOIN WITH A TO 学生成绩 FOR 学号=A.学号 AND A->
少数民族否=.T.;
FIELDS 学号,A->姓名,A->少数民族否,课程号,成绩
USE 学生成绩
BROWSE
```

执行结果如图 5-7 所示。

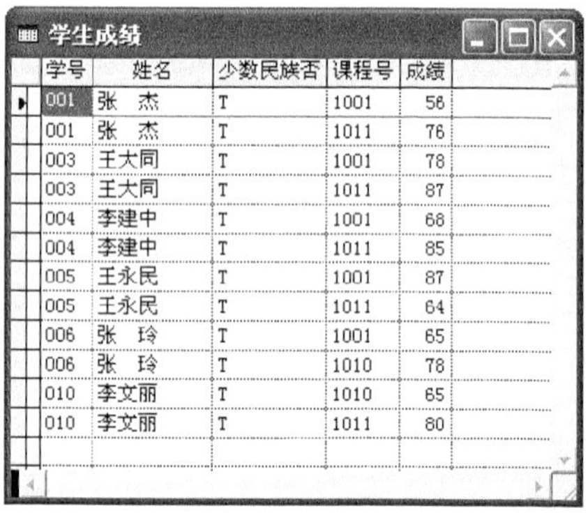

学生成绩

学号	姓名	少数民族否	课程号	成绩
001	张　杰	T	1001	56
001	张　杰	T	1011	76
003	王大同	T	1001	78
003	王大同	T	1011	87
004	李建中	T	1001	68
004	李建中	T	1011	85
005	王永民	T	1001	87
005	王永民	T	1011	64
006	张　玲	T	1001	65
006	张　玲	T	1010	78
010	李文丽	T	1010	65
010	李文丽	T	1011	80

图 5-7 两表连接后生成的新表结果

小　　结

在一般情况下，表中的记录是按其输入的先后顺序存放的，在对数据记录进行操作时，就按照这种顺序进行处理。但有时希望按其他的顺序将数据记录重新组织，例如，对学生信息表，希望数据记录按入学成绩由高到低排列、按出生日期的先后顺序排列等。要完成这种操作有两种方法：排序和索引。排序是生成一个新的表，而索引是建立一种对应关系，两者都能达到重新组织数据记录的目的。

习　　题

5-1　选择题

（1）在 Visual FoxPro 中，建立索引的作用之一是（　　）。

A. 节省存储空间　　B. 便于管理

C. 提高查询速度　　D. 提高查询和更新的速度

（2）下面关于索引的说法中，不正确的是（　　）。

A. 索引可以提高数据表记录的查询速度

B. 索引字段可以被更新

C. 索引可以提高数据记录的更新速度

D. 索引和排序具有不同的含义

（3）在 Visual Foxpro 中，相当于主关键字的索引是（　　）。

A. 主索引　　B. 普通索引　　C. 唯一索引　　D. 排序索引

（4）设数据库表文件及其索引文件已打开，为了确保指针定位在物理记录号为 1 的记录上，应该使用命令（　　）。

A. GO TOP　　B. GO BOF()　　C. SKIP 1　　D. GO 1

（5）主索引字段（　　）。

A. 不能出现重复值或空值　　B. 能出现重复值

C. 能出现空值　　D. 不能出现重复值，但能出现空值

（6）Visual FoxPro 中复合结构索引文件的扩展名是（　　）。

A. *.IDX　　B. *.CDX　　C. *.INX　　D. *.SCX

（7）可以伴随着表的打开而自动打开的索引是（　　）。

A. 单一索引文件（IDX）　　B. 复合索引文件（CDX）

C. 结构化复合索引文件　　D. 非结构化复合索引文件

（8）使用 INDEX ON xm TAG index_xm 命令建立索引，其索引类型是（　　）。

A. 主索引　　B. 候选索引　　C. 普通索引　　D. 唯一索引

（9）下列更改索引类型的操作方法中，正确的是（　　）。

A. 打开“表设计器”对话框，单击“字段”选项卡，在“索引”下拉列表框中选择

B. 打开“表设计器”对话框，单击“索引”选项卡，在“索引名”下拉列表框中选择

C. 打开“表设计器”对话框，单击“表”选项卡，在“索引名”下拉列表框中选择

D. 打开“表设计器”对话框，单击“索引”选项卡，在“类型”下拉列表框中选择

（10）有数据表文件 CJ. DBF，按姓名（C，8）的升序，上机成绩（N，6，2）的降序建立索引，正确的命令是（　　）。

A. INDEX　ON　姓名-上机成绩　TAG　CJIDX

B. INDEX　ON 姓名+STR（-上机成绩，6，2）TAG　CJIDX

C. INDEX　ON 姓名+STR（1000-上机成绩）TAG　CJIDX

D. INDEX　ON 姓名 / A，上机成绩 / D　TAG　CJIDX

（11）对某一个数据库建立以出生年月(D，8)和工资(N，7，2)升序的多字段结构复合索引的

正确的索引关键字表达式为（　　）。

A. 出生年月+工资

B. 出生年月−工资

C. 出生年月+STR (工资，7，2)

D. DTOC(出生年月)+STR(工资，7，2)

（12）打开一个建立了结构复合索引的表文件，表记录的顺序将按（　　）排列。

A. 第一个索引标识　　B. 最后一个索引标识

C. 主索引标识　　D. 物理顺序

（13）当用 LOCATE、FIND 和 SEEK 命令查询时，如果找到满足条件的第一条记录，这时函数 FOUND（ ）返回的值为（　　）。

A. .F.　　B. .T.　　C. 0　　D. 1

（14）不需要对数据文件排序或建立索引就可使用的命令是（　　）。

A. TOTAL　　B. FIND　　C. SEEK　　D. LOCATE

（15）设数据表 SCORE.DBF 有“姓名（C.6）”、“班级（C.2）”、“总分（N,,5,1）”等字段，并已按班级索引，执行下列命令序列：

```
USE SCORE INDE BJ
LIST
Record#     姓名     班级     总分
  1. 1      董一婉    10      85. 0
  2. 2      黄兴东    10      75. 0
  3. 3      刘艳飞    11      75. 0
  4. 4      赵  飞    11      70.0
  5. 5      姜  浚    13      65. 0
  6. 6      毛俊丽    13      80.0
TOTAL ON 班级 TO TEMP
```

则 TEMP.DBF 中第三条记录是（　　）。

A. 董一婉 10　160.0　　B. 刘艳飞 11　145. 0

C. 姜　浚 13　145. 0　　D. 刘艳飞 11　75. 0

（16）SELECT 0 的功能是（　　）。

A. 工作区号最小的空闲工作区　　B. 工作区号最大的空闲工作区

C. 选择当前工作区号+1 的工作区　　D. 随机选择一个工作区的区号

（17）以下关于主索引和候选索引的叙述正确的是（　　）。

A. 主索引和候选索引都能保证表记录的唯一性

B. 主索引和候选索引都可以建立在数据库表和自由表上

C. 主索引可以保证表记录的唯一性，而候选索引不能

D. 主索引和候选索引是相同的概念

（18）在 Visual FoxPro 的命令窗口，使用 SET RELATION 命令可以建立两个表之间的关联，这种关联是（　　）。

A. 永久性关联　　B. 永久性关联或临时性关联

C. 临时性关联　　D. 永久性关联和临时性关联

（19）用命令“INDEX on 姓名 TAG index_name”建立索引后，下列叙述错误的是（　　）。

A. 此命令建立的索引是当前有效索引。

B. 此命令所建立的索引将保存在.idx 文件中。

C. 表中记录按索引表达式升序排序。

D. 此命令的索引表达式是“姓名”，索引名是“index_name”。

（20）在自由表中不能建立的索引是（　　）。

A. 唯一索引　　B. 主索引　　C. 候选索引　　D. 普通索引

5-2　填空题

（1）在 Visual Foxpro 中，建立索引的作用之一是提高（　　　）速度。

（2）自由表的索引类型没有（　　　）索引。

（3）同一个表的多个索引可以创建在一个索引文件中，索引文件名与相关的表同名，索引文件的扩展名是（　　　）。

（4）若所建立索引的字段值不允许重复，并且一个表中只能创建一个，它应该是（　　　）。

（5）在表设计器的“字段”选项卡中可以创建的索引是（　　　）。

（6）在 Visual Foxpro 中选择一个没有使用的、编号最小的工作区的命令是（　　　）。

（7）在 Visual Foxpro 系统中，最多可使用（　①　）个工作区，通常使用（　②　）命令来选择当前工作区。

（8）用命令“INDEX on 姓名 TAG index_name”建立索引，其索引类型是（　　　）。

5-3　思考题

（1）什么是表的物理顺序和逻辑顺序？二者有何区别？

（2）索引类型有几种？各自有什么特点？

（3）如何选择工作区和关闭工作区？

（4）修改表的结构的方法有哪些？它们有何区别？

（5）什么叫关联？如何建立关联？

参考答案：

5-1　选择题

（1）C　（2）C　（3）A　（4）D　（5）A　（6）B　（7）C

（8）C　（9）D　（10）C　（11）D　（12）C　（13）B　（14）D

（15）C　（16）A　（17）A　（18）C　（19）B　（20）B

5-2　填空题

（1）查询

（2）主索引

（3）.CDX

（4）主索引

（5）普通索引

（6）SELECT 0

（7）① 32767　　② SELECT

（8）普通索引

第6章 数据库的建立与使用

在 Visual FoxPro 中，数据库是一个逻辑上的概念和手段，通过一组系统文件将相互联系的数据库表及相关的数据库对象统一组织和管理。Visual FoxPro 数据库除了包含有存储数据的表外，还包含视图、连接、存储过程等数据库对象。

在 Visual FoxPro 中，数据库建立后是一个独立的文件，其扩展名为.DBC，同时还有一个与之相关的数据库备注文件（扩展名为.DCT）和一个数据库索引文件（扩展名为.DCX）。在数据库建立后，磁盘上可以看到文件名相同，但扩展名分别为.DBC、.DCT、.DCX 的三个文件。

6.1 数据库的建立与管理

6.1.1 建立数据库

建立 Visual FoxPro 数据库时，数据库文件的扩展名为.dbc，同时还会自动建立一个扩展名为.dct 的数据库备注文件和一个扩展名为.dcx 的数据库索引文件。

利用“数据库设计器”、“项目管理器”或执行 CREATE DATABASE 命令都可以建立数据库。

1. 利用“数据库设计器”创建数据库

操作步骤如下：

① 打开“文件”菜单，单击“新建”命令，打开“新建”对话框。在“新建”对话框中，选择“数据库”单选按钮；

② 单击“新建文件”按钮，打开“创建”对话框，输入数据库名“STUDENT.DBC”；

③ 单击“保存”按钮，进入“数据库设计器”窗口，如图 6-1 所示。数据库文件“STUDENT.DBC”创建完成，同时自动建立该文件的数据库备注文件“STUDENT.DCT”和数据库索引文件“STUDENT.DCX”。

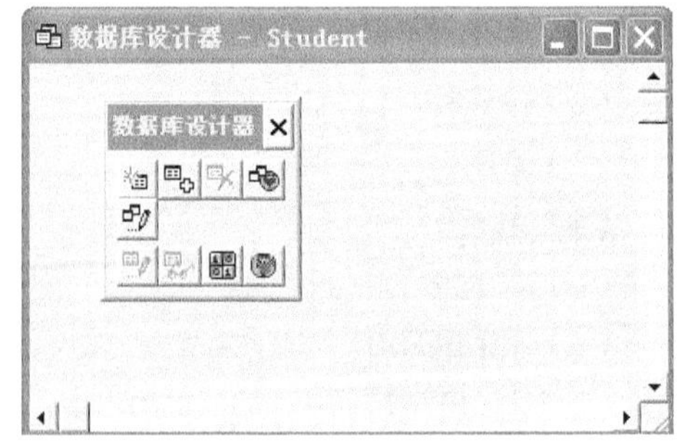

图 6-1 数据库设计器

2. 用命令创建数据库

命令：`CREATE DATABASE <数据库名>`

功能：创建一个以<数据库名>为文件名的数据库。

【例 6.1】 用命令方式创建数据库“STUDENT.DBC”。

```
CREATE DATABASE STUDENT
```

3. 在项目中创建数据库

在项目中创建数据库的步骤如下：

① 打开“文件”菜单，单击“新建”命令，打开“新建”对话框。

② 在“新建”对话框中，选择“项目”单选按钮，单击“新建文件”按钮，打开“创建”对话框。

③ 在“创建”对话框中，输入项目文件名，单击“保存”按钮，进入“项目管理器”窗口。

④ 在“项目管理器”中，单击“数据”选项卡，选中“数据库”选项，单击“新建”按钮，打开“新建数据库”对话框，如图 6-2 所示。

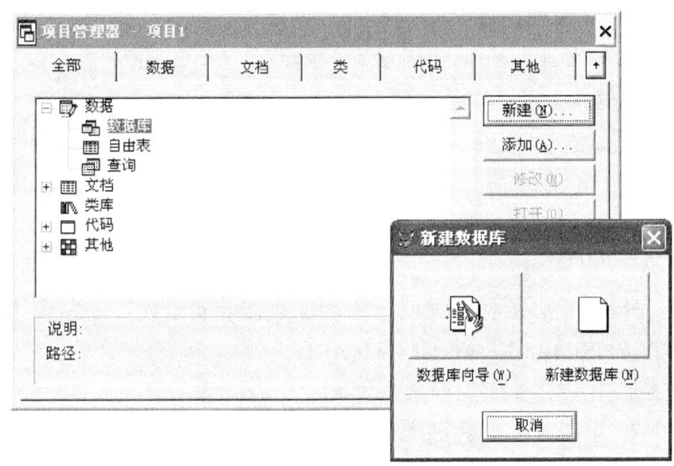

图 6-2　在项目中新建数据库

⑤ 在“新建数据库”对话框中，单击“新建数据库”按钮，打开“创建”对话框，输入数据库名，单击“保存”按钮，进入“数据库设计器”窗口。

6.1.2　打开数据库

使用数据库之前，需要打开数据库。用户可利用菜单方式或命令方式打开数据库。

1. 菜单方式打开数据库

在菜单方式下打开数据库“STUDENT.DBC”的操作步骤如下：

① 打开“文件”菜单，单击“打开”命令，出现“打开”对话框；

② 在“打开”对话框中，选择数据库文件名“STUDENT.DBC”，单击“确定”按钮，打开选定的数据库文件，进入“数据库设计器”窗口。

2. 命令方式打开数据库

命令：
```
OPEN DATABASE [<数据库名>|?] [SHARED] [EXCLUSIVE] ;
    [NOUPDATE][VALIDATE]
```

功能：打开以<数据库名>为文件名的数据库，但不打开“数据库设计器”。

说明：如果缺省数据库名或使用“?”，则出现“打开”对话框。

SHARED：以共享方式打开数据库。

EXCLUSIVE：以独占方式打开数据库。

NOUPDATE：按只读方式打开数据库。

VALIDATE：检查在数据库中引用的对象是否合法。

注意：这里的 NOUPDATE 选项实际并不起作用。只有在打开表时使用了只读选项，才能设置数据库表是只读的。当数据库打开时，并不打开包含在数据库中的数据表。除非使用 USE 命令打开表或在数据库设计器中对数据表进行过浏览或修改操作，数据表才会打开。

3. 在“项目管理器”中打开数据库

在“项目管理器”中，只要选中数据库文件，即可打开该数据库。单击“项目管理器”的“修改”按钮，可进入“数据库设计器”窗口。

6.1.3 修改数据库

在 Visual FoxPro 中，修改数据库实际是打开数据库设计器，在其中完成各种数据库对象的建立、修改和删除等操作。Visual FoxPro 提供了专门的命令“MODIFY”。

命令：`MODIFY DATABASE <数据库名>`

功能：打开以<数据库名>为文件名的数据库，同时打开“数据库设计器”窗口，允许修改当前数据库。

6.1.4 关闭数据库

数据库文件操作完成后，必须将其关闭，以确保数据的安全性。要关闭当前打开的数据库，可以用：CLOSE DATABASE [ALL] 或 CLOSE ALL。

说明：CLOSE DATABASE 关闭当前数据库和它所有的表

【例 6.2】 关闭例 6.1 所打开的数据库。

命令如下：

```
CLOSE DATABASE
```

6.1.5 删除数据库

命令：`DELETE DATABASE <数据库名> [DELETETABLES][RECYCLE]`

功能：删除指定的数据库。如果没有参数 DELETETABLES 和 RECYCLE，数据库中的表将变为自由表。如果使用参数 DELETETABLES，将从磁盘上删除数据库中的表文件。如果使用参数 RECYCLE，将数据库中的表文件放入回收站。

注意：在删除数据库前，必须先关闭数据库。

6.1.6 添加数据库表

Visual Foxpro 有两种形式的数据表，即自由表和数据库表，而数据库表比自由表具有更多优点。当将自由表添加到某个数据库中时，该自由表即成为数据库表，且同时具有数据库表的众多特点；当将某个数据库表移出数据库时，该数据库表便成为自由表，同时失去了数据库表所具有的特点。此外，任何一个数据表只能为某一个数据库所有，不能同时添加到多个数据库中。

1. 新建表

在数据库中可使用数据库设计器直接建立新表，数据库表的表设计器对话框与自由表的表设计器对话框有很大不同（见图 6-3），从图 6-3 中可见，数据库表设计器对话框的下部多了显示、字段有效性、匹配字段类型到类和字段注释 4 个区域。通过这 4 个区域的设置，可以使数据库表具备一些自由表所没有的属性。

这些属性包括：数据库表可以使用长字段名，可以建立主索引，可以设置字段的输入/输出格式、默认值、字段的标题、字段和记录的有效性规则、触发器等。这些设置将作为数据库的一部分保存起来，直到表被移出数据库为止。

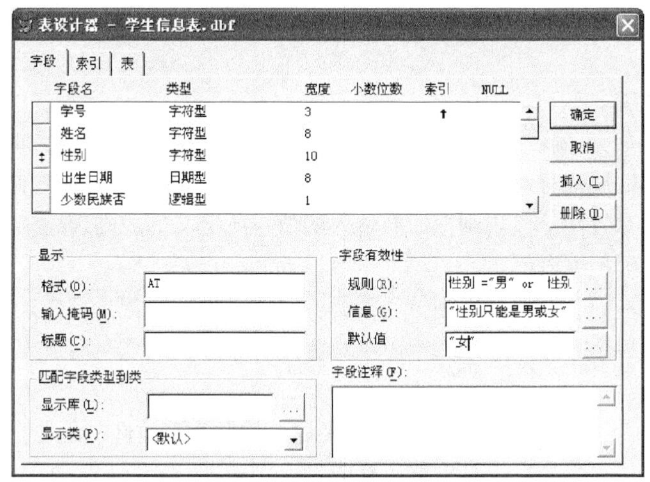

图 6-3　数据库表的表设计器

（1）设置字段的显示属性

① 字段的格式：如图 6-3 所示，显示区的“格式”文本框用于键入格式表达式，确定当前字段在浏览窗口、表单或报表中显示时采用的大小写、字体大小和样式。格式字符及功能如表 6-1 所示。

表 6.1　格式字符及其功能

格式码	功　能	格式码	功　能
A	只允许输出文字字符，不允许输出数字、空格和标点符号	R	显示文本框的格式码，但不保存到字段中
D	使用当前系统设置的日期格式	T	禁止输入字段的前导空格字符和结尾空格字符
E	使用英国日期格式	!	把输入的小写字母字符转换成大写字母
K	光标移至该字段选择所有内容	^	用科学计数法表示数值数据
L	在数值前显示前导 0，而不是空格字符	$	显示货币符号

② 字段的输入输出掩码：输入掩码用于指定字段的输入格式。使用输入掩码可以减少人为的数据输入错误，提高输入准确性，保证输入的字段数据格式统一和有效。输入掩码字符及功能如表 6-2 所示。

表 6.2　输入掩码字符及其功能

掩码字符	功　能	掩码字符	功　能
X	允许输入任何字符	9	允许输入数字和正负号
#	允许输入数字、空格和正负号	$	在固定位置上显示 SET CURRENCY 命令指定的货币符号
掩码字符	功能	掩码字符	功能
*	在值的左边显示*	.	指出小数点位置
,	用逗号分隔小数点左边的整数部分		

③ 字段的标题：在 Visual Foxpro 中，自由表的字段名最多包含 10 个字符，数据库表的字段名最多可包含 128 个字符。因此在定义数据库表的字段名时，一般都比较简练，但在输出时难于表现字段的含义。为此，Visual Foxpro 提供了“标题”属性，用于为当前字段指定在相应场合中的标题显示内容。

（2）设置有效性规则

有效性规则是一个与字段或记录相关的表达式，通过对用户输入的值加以限制，提供数据有效性检查。建立有效性规则时，必须建立一个有效的规则表达式，以此来控制输入到数据库表字段和记录中的数据的有效性。该规则把所有输入的值与所定义的规则表达式相比较，如果输入的值不满足规则条件，则拒绝该值。

根据激活方式的不同，有效性规则分为两类：字段有效性和记录有效性。有效性规则只在数据库表中存在。如果一个数据库表从数据库中移去或者删除，那么所有属于该表的有效性规则都会从数据库中删除。

① 字段有效性：字段有效性用于对当前字段输入数据的有效性、合法性进行检验。在该区域的规则栏输入逻辑表达式，如对于性别字段输入：性别=”男” OR 性别=”女”。则对该字段输入数据时，Visual Foxpro 将根据表达式对其进行检验，如不符合规则，则要修改输入数据。信息栏用于指定当输入有误时的提示信息，如“性别只能是男或女”。默认栏指定当前字段的默认值，在增加新记录时，默认值会在新纪录中显示出来。

字段有效性区的 3 个栏目设置均可通过单击其右边的按钮，在弹出的对话框中进行设置。

② 记录有效性：记录有效性用于建立规则对同一记录中不同字段间的逻辑关系进行验证。在数据库表的表设计器中的“表”选项卡的“记录有效性”区域（如图 6-4 所示）进行设置。

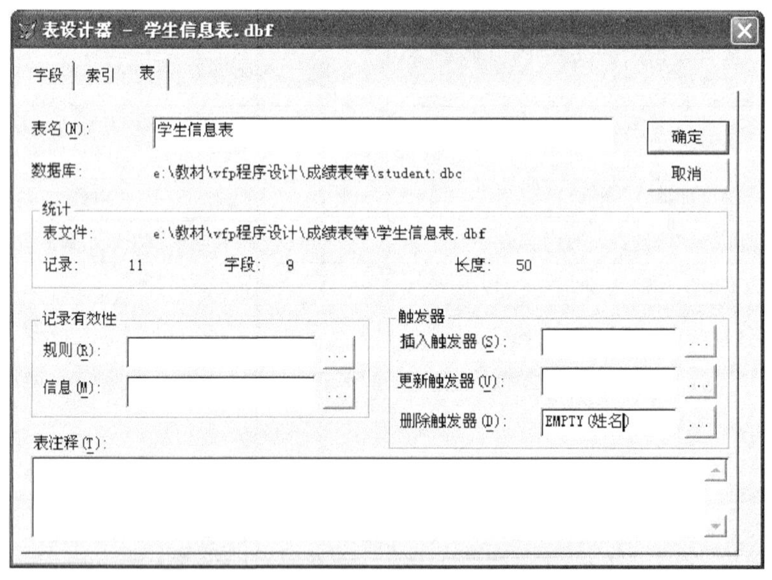

图 6-4 数据库表设计器的“表”选项卡

（3）设置触发器

触发器是在发生某些事件时触发执行的一个表达式或一个过程。这些事件包括：在表中插入记录、更新记录和删除记录。当发生了这些事件时，将引发触发器所包含的事件代码。

触发器分为插入触发器、更新触发器和删除触发器：

① 插入触发器：指定每次向表中插入或追加记录时触发的一个规则。该规则检测的结果为真（.T.）时，接受并储存插入的记录，否则拒绝插入记录。

② 更新触发器：指定每次更新表中记录时触发的一个规则。该规则检测的结果为真（.T.）时，接受并保存修改后的记录，否则修改无效，同时还原修改前的记录值。

③ 删除触发器：指定每次从表中删除记录时触发的一个规则。该规则检测的结果为真（.T.）时，该记录被删除，否则不能删除。例如，设置“删除触发器”的表达式为“EMPTY（姓名）”，则只有当相应记录的“姓名”字段为空时才能删除该记录，这个触发器用于保证不误删记录。

触发规则可以是一个表达式、一个过程或函数。当它们返回的结果为逻辑假（.F.）时，显示“触发器失败”信息，以阻止插入、更新或删除操作。

2. 在菜单方式下添加表

可以将自由表添加到数据库中，使之成为数据库表。一个表只能添加到一个数据库中。

① 打开数据库，进入“数据库设计器”窗口。

② 在“数据库设计器”窗口内，单击鼠标右键，弹出“数据库”快捷菜单。

③ 单击快捷菜单中的“添加表”命令，出现“打开”对话框。

④ 在“打开”对话框中，选择表，单击“确定”按钮，返回“数据库设计器”窗口，表被添加到数据库中。

3. 在命令方式下添加表

格式：ADD TABLE <表名>

功能：向当前数据库中添加指定的表。

【例 6.3】 向数据库“STUDENT.DBC”中添加“学生信息表”和“选课表”。

```
OPEN DATABASE STUDENT                      && 打开数据库“STUDENT.DBC”
ADD TABLE 学生信息表                       && 添加表“学生信息表.DBF”
ADD TABLE 选课表                           && 添加表“选课表.DBF”
```

6.1.7 移去或删除表

可以移去或删除数据库中不需要的数据表。移去的表将成为自由表。操作方法如下：

① 打开数据库文件，进入“数据库设计器”窗口。

② 选择要删除的表并单击鼠标右键，在弹出的快捷菜单中选择“删除”命令，打开系统信息提示框，显示提示信息“把表从数据库中移去还是从磁盘上删除？”。

③ 如果单击“移去”按钮，将表从当前数据库中移出，成为自由表。表文件在磁盘上仍然存在，以后还可以再添加到数据库中；如果单击“删除”按钮，则将表文件从磁盘上彻底删除且不放入回收站，以后无法恢复。

6.2 建立永久关系

6.2.1 建立表之间的永久关系

表之间的永久关系是基于索引建立的一种关系，永久关系被作为数据库的一部分而保存在数据库中，只要不作删除或变更就一直保留，每次使用不需要重新建立。永久关系在查询和视图中能自动成为联接条件，可作为表单和报表默认数据环境的关系，并允许建立参照完整性。而用 SET RELATION TO 命令建立的关联关系是临时关系，临时关系每次使用时需要重新建立。

为了创建和说明永久关系，通常把数据库中的表分为父表和子表。父表必须按关键字建立主索引，子表则可建立主索引、候选索引、唯一索引和普通索引中的一种。建立数据库表间永久关系时，一是要保证建立关联的表都具有相同属性的字段；二是每个表都要以该字段建立索引。

在永久关系中，常用“一对多”关系。父表是“一对多”关系中的“一”方，子表是其“多”方。建立两个表之间的“一对多”关系时，应使用两个表都具有相同属性的字段，并且用父表中该字段建立主索引（字段值是唯一的），用子表中的同名字段建立普通索引（有重复值）。如果子表中的索引类型是主索引或候选索引，则建立起来的就是“一对一”关系。

为了更好的阐述多个表之间的关系，现增加一个成绩表如下：

表 6.3　　成绩表

学　号	姓　名	高　数	英　语	计 算 机
001	张　杰	56.0	98.0	76.0
002	李　刚	98.0	76.0	89.0
003	王大同	87.0	88.0	87.0
004	李建中	68.0	67.0	85.0
005	王永民	87.0	65.0	64.0
006	张　玲	86.0	78.0	77.0
007	林　森	88.0	79.0	76.0
008	曾小梅	97.0	85.0	86.0
009	熊　敏	98.0	81.0	98.0
010	李文丽	60.0	65.0	78.0
011	刘　林	76.0	72.0	96.0

在“数据库设计器”中，两表间的关系通过连线表示。连线的操作方法是：在父表的主索引处按下鼠标左键，保持按住并将鼠标拖曳到子表的对应索引上，然后松开鼠标，在父表和子表之间就有了一个连线，其永久关系就建立完成。若删除连线，即删除表间永久关系。

按照上面的方法，建立 STUDENT 数据库各表的永久关系后的数据库设计器如图 6-5 所示。

如果需要编辑修改已建立的联系，可首先单击关系连线，此时连线变粗，然后从“数据库”菜单项中选择“编辑关系”选项；或者用鼠标右键单击连线，从弹出的快捷菜单中选择“编辑关系”或“删除关系”命令；或者双击连线，打开“编辑关系”对话框，如图 6-6 所示，在该对话框中，通过在下拉列表框中重新选择表或相关表的索引名以修改指定的关系。

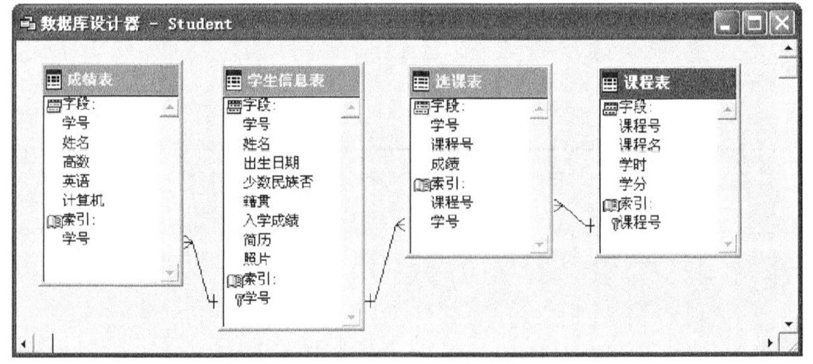

图 6-5　建立永久关系后的数据库表设计器

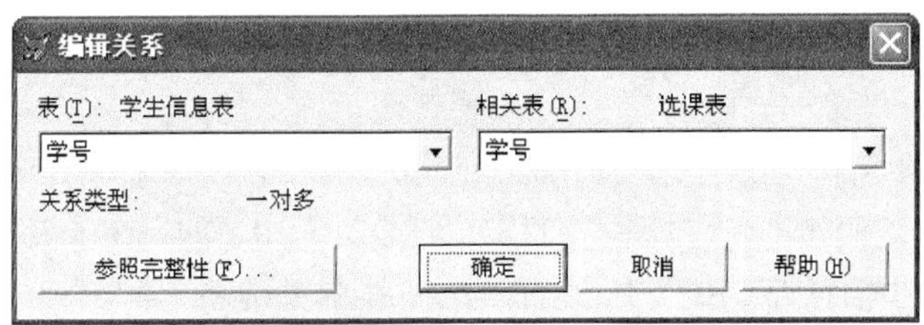

图 6-6　“编辑关系”对话框

6.2.2　设置参照完整性

参照完整性 RI（Referential Integrity）是控制数据一致性的规则，当对表中的数据进行插入、更新或删除操作时，通过参照引用相互关联的另一个表中的数据来检查对表的数据操作是否正确，以保持已定义的表间关系。

参照完整性生成器是设置参照完整性的一种工具。参照完整性生成器可以帮助用户建立规则，控制记录如何在相关表中被插入、更新或删除。选择“数据库”菜单项或数据库设计器快捷菜单中的“编辑参照完整性”命令，或在“编辑关系”对话框中单击“参照完整性”按钮，可打开参照完整性生成器窗口，如图 6-7 所示。当使用参照完整性生成器为数据库生成规则时，Visual FoxPro 把生成的代码作为触发器保存在存储过程中。打开存储过程的文本编辑器，可显示这些代码。

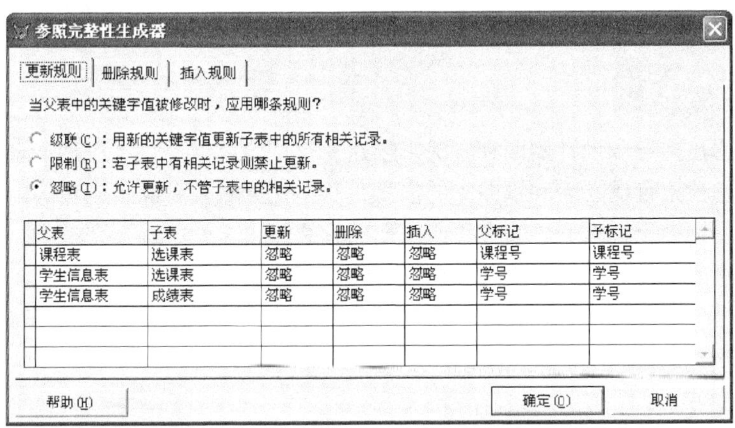

父表	子表	更新	删除	插入	父标记	子标记
课程表	选课表	忽略	忽略	忽略	课程号	课程号
学生信息表	选课表	忽略	忽略	忽略	学号	学号
学生信息表	成绩表	忽略	忽略	忽略	学号	学号

图 6-7　参照完整性生成器窗口

参照完整性是建立在表间关系的基础上的。设置参照完整性，必须先建立表间关系。更新规则如下：

1．更新规则

“更新规则”选项卡用来指定修改父表中关键字值时所用的规则。更新规则的处理方式有“级联”、“限制”和“忽略”。例如，在数据库“STUDENT.DBF”中，如果父表“学生信息表.DBF”中的“学号”字段的值被修改，要求子表“选课表.DBF”中的“学号”字段值也随之被修改，则将“学生信息表.DBF”和“选课表.DBF”的更新规则设置成“级联”。

2．删除规则

“删除规则”选项卡用来指定删除父表记录时所用的规则。删除规则的处理方式有“级联”、“限制”和“忽略”。例如，在数据库“STUDENT.DBF”中，如果在子表“选课表.DBF”中有相应的“课程号”字段值的记录，则父表“课程表.DBF”中对应的“课程号”字段值的记录不能被删除，那么应将表“选课表.DBF”和“课程表.DBF”的删除规则设置成“限制”。

3. 插入规则

“插入规则”选项卡用于指定在子表中插入记录时所用的规则。若父表中不存在匹配的关键字值，则在子表中禁止插入。例如，在数据库“STUDENT.DBF”中，如果在子表“选课表.DBF”中插入一个记录，在父表“学生信息表.DBF”中必须有与之匹配的关键字“学号”字段值，这样才能控制输入关键字的正确性。因此，应将“学生信息表.DBF”和“选课表.DBF”的插入规则设置成“限制”。

6.3 创建与使用查询

查询与视图是提取数据库记录、更新数据库数据的一种操作方式，尤其是为多表数据库信息的显示、更新和编辑提供了简便的方法。查询和视图有很多类似之处，创建查询与创建视图的步骤也非常相似。查询可以根据表或视图定义，视图兼有表和查询的特点，所以查询和视图有很多交叉的概念和作用。

6.3.1 查询的概念

查询是从指定的表或视图中提取所需的结果，然后按照希望得到的输出类型定向输出查询结果。利用查询可以实现对数据库中数据的浏览、筛选、排序、检索、统计以及加工等操作。利用查询可为其他数据库提供新的数据表。

6.3.2 创建查询

查询文件可通过向导和设计器两种方法来创建。查询设计器提供了一种强有力的检索方式，用户可利用它快速检索存储在表和视图中的信息，从中快速查找到满足条件的记录，对记录进行排序、分组并将查询结果以报表、表文件或图形的方式输出。

如果仅从一个表中检索记录，就称为单表查询，否则为多表查询。所生成的查询文件的默认扩展名为.QPR。

1. 用查询向导创建查询

启动查询向导方式：

① 在主窗口下打开【文件】菜单，选择【新建】命令。

② 单击新建对话框中的【查询】单选按钮，确定建立文件的类型是查询文件。

③ 单击新建查询对话框中的【查询向导】按钮，出现向导选取对话框。

④ 在向导选取对话框（如图 6-8 所示）中选择要建立的查询类型，并单击【确定】按钮。

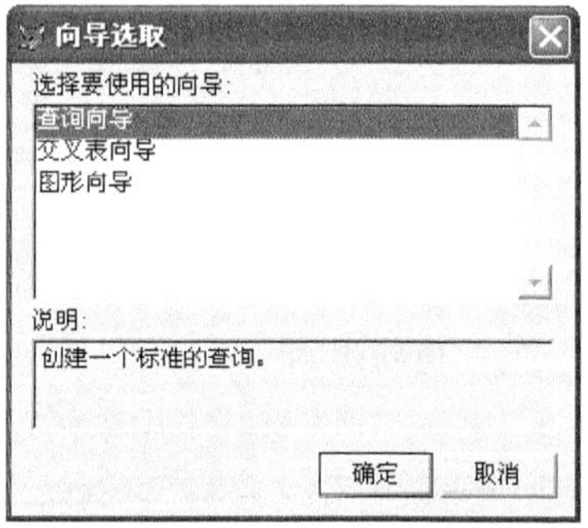

图 6-8 查询向导的选取

步骤 1：字段选取。

选择数据库，数据库中的表和表中的字段。字段选择完成后，单击【下一步】按钮，如图 6-9 所示。

步骤 2：为表建立关系。

如果用户的查询是建立在多个表的基础上，在第一步完成后，即可进入查询向导的第二步——为表建立关系。如果是单表查询，不会出现此步骤。

如果用户建立多个表的查询，则出现如图 6-10 所示的对话框。

在对话框左边的下拉列表中选择建立关系的父表关键字，在右边的下拉列表中选择建立关系的子表关键字，然后单击【添加】按钮，将设定关系添加到关系列表框中。关系设置完成后单击【下一步】进入到步骤 2a——字段选取对话框。

在此对话框中，通过只从两个表中选择匹配的记录或任意一个表中的所有记录，以限制用户的查询。默认情况下，只包含匹配的记录。单击【下一步】进入到步骤 3，如图 6-11 所示。

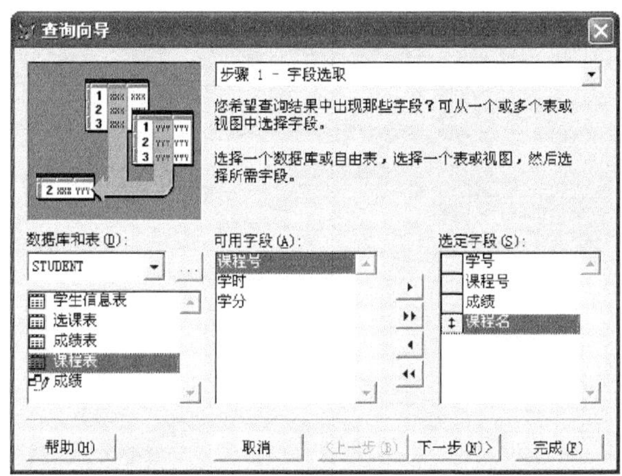

图 6-9　查询向导步骤 1——字段选取

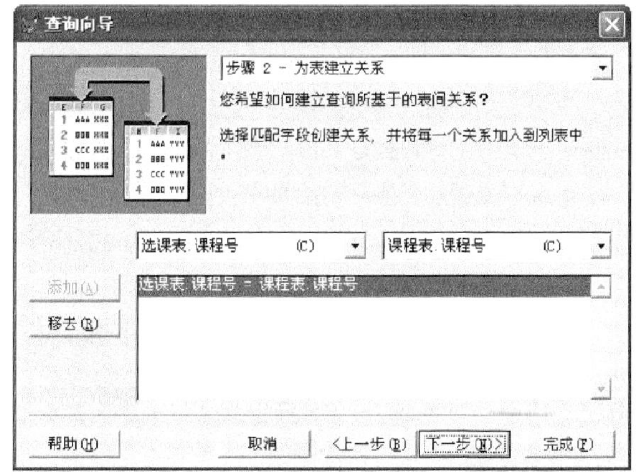

图 6-10　查询向导步骤 2——为表建立关系

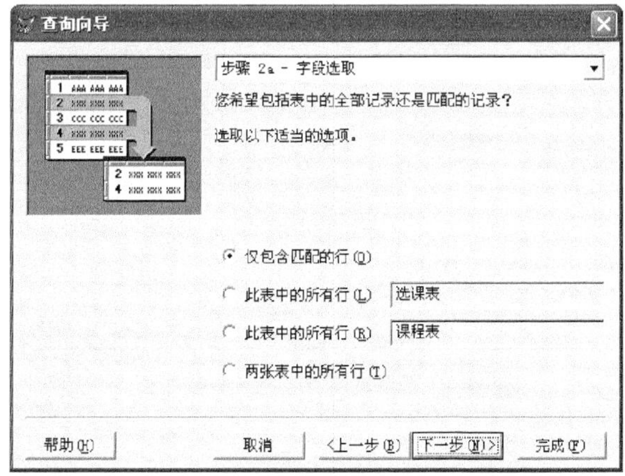

图 6-11　查询向导步骤 2a——字段选取

步骤 3：筛选记录

在此对话框中根据查询条件的要求，在各个项的下拉列表中选择满足查询条件要求的字段、关系运算符和用于筛选表达式的样本值。单击【预览】按钮，可查看基于筛选条件的记录。

用户也可以创建两个表达式，然后用【与】连接返回同时满足两个指定条件的记录， 如果用【或】连接，则返回至少满足其中一个指定条件的记录，如图 6-12 所示。

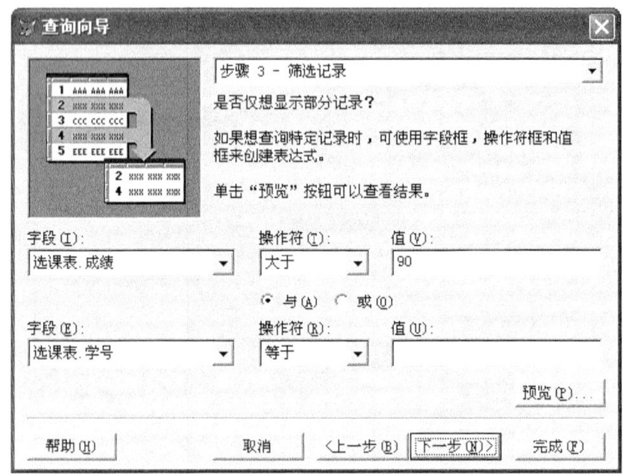

图 6-12　查询向导步骤 3——筛选记录

步骤 4：排序记录

在【可用字段】列表框中选择用于排序的字段，然后单击【添加】按钮，将选定的字段添加到【选定字段】列表中。在查询结果中，记录输出的先后顺序与【选定字段】列表中字段位置有关，排在最前面的字段优先级最高。当然也可单击【移去】按钮，将不需要的排序字段移动到【可用字段】列表中。

【升序】或【降序】单选按钮，确定结果是按升序排序还是按降序排序，如图 6-13 所示。

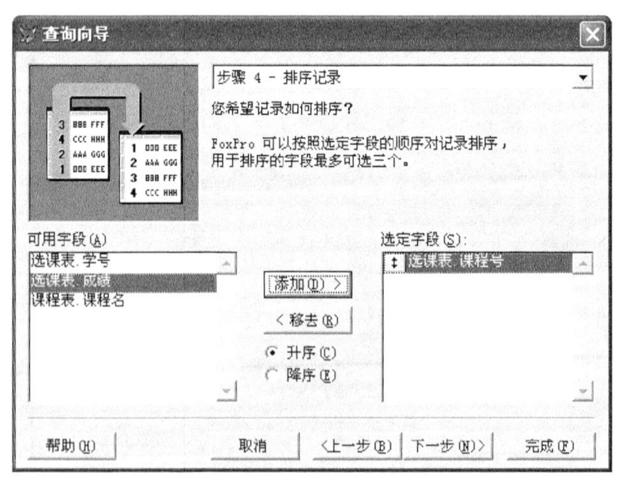

图 6-13　查询向导步骤 4——排序记录

步骤 4a：限制记录

限制记录就是限制查询结果中记录的输出数量。

在【部分类型】栏中，用户根据需要选择要限制的类型。在【数量】栏中确定要输出的记录个数。【预览】按钮可以查看增加限制条件后返回的记录情况，如图 6-14 所示。

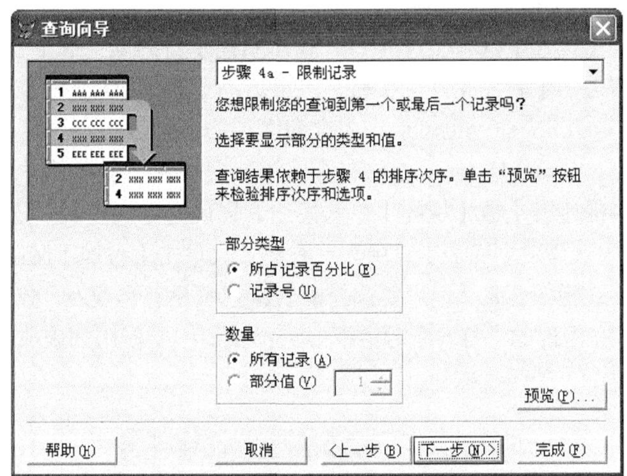

图 6-14　查询向导步骤 4a——限制记录

步骤 5：完成

在此对话框中有 3 种选择：

① 单击【保存查询】单选按钮，将建立的查询文件以文件形式保存在磁盘上。

② 单击【保存并运行查询】单选按钮，则先将建立的查询文件存盘，然后运行该查询文件。

③ 单击【保存查询并修改于查询设计器】单选按钮，先将建立的查询文件存盘，然后将他调入查询设计器，以便用户对其进行修改。

单击完成按钮，结束创建查询的操作，如图 6-15 所示。

图 6-15　查询向导步骤 5——完成

2. 用查询设计器创建查询

（1）打开查询设计器窗口

可以通过以下所提供的多种方法之一来打开查询设计器：

① 从【项目管理器】启动【查询设计器】。

在【项目管理器】中选择【数据】选项卡，再选取【查询】项，单击【新建】按钮，进入查询设计方式选择对话框后单击【新建查询】按钮，则启动【查询设计器】。

② 从【文件】菜单启动查询设计器。

选择系统菜单中的【文件】|【新建】命令，在【新建】对话框中选中【文件类型】下的【查询】单选项，再单击右边的【新建文件】按钮，也可启动【查询设计器】

③ 使用 CREATE QUERY 命令也可启动【查询设计器】对话框。

在创建新的查询时，Visual Foxpro 6.0 将打开【添加表或视图】对话框，如图 6-16 所示。

单击【选定】栏中的【表】或【视图】单选按钮，以确定添加表文件还是视图文件；然后在【数据库中的表】列表中选择数据库表、自由表或视图，再单击【添加】按钮，重复此步操作，可选择多个用于查询的表或视图。如果用户要选择的表或视图没有出现在【数据库中的表】列表中，可单击【其他】按钮，在出现的【打开】对话框中选择查询中要使用的表或视图，并单击【确定】按钮，选择完成后，单击【关闭】按钮。

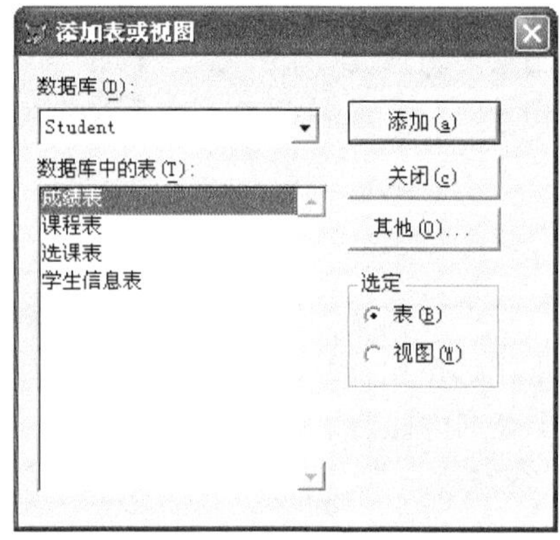

图 6-16　添加表或视图对话框

【查询设计器】窗口，如图 6-17 所示。

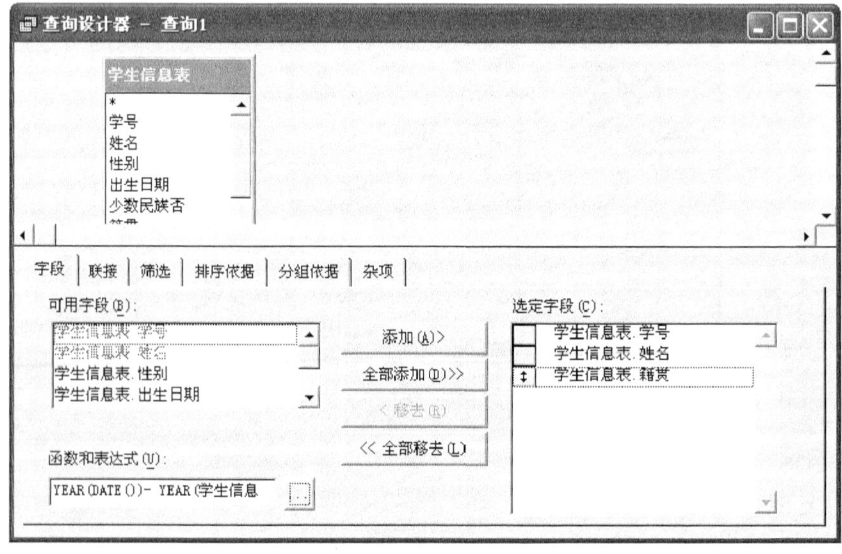

图 6-17　查询设计器窗口

（2）设置查询

① 选定查询字段。根据查询文件的需要，选择查询结果中应包含的字段。操作方法与用向导设计查询的方法相同。在本示例中先在【查询设计器】中选择【字段】选项卡，然后从可用字段列表框中选择相应字段，如图 6-18 所示。

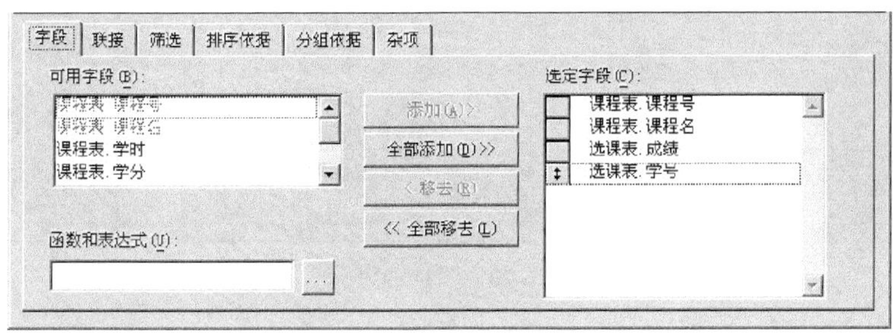

图 6-18　字段选项卡

除表中已有字段可供选择外，在查询设计器中还可根据“函数和表达式”一栏对字段进行计算。如要在查询中显示学生的年龄，则可通过“出生日期”这一字段经过计算得到，如图 6-19 所示。

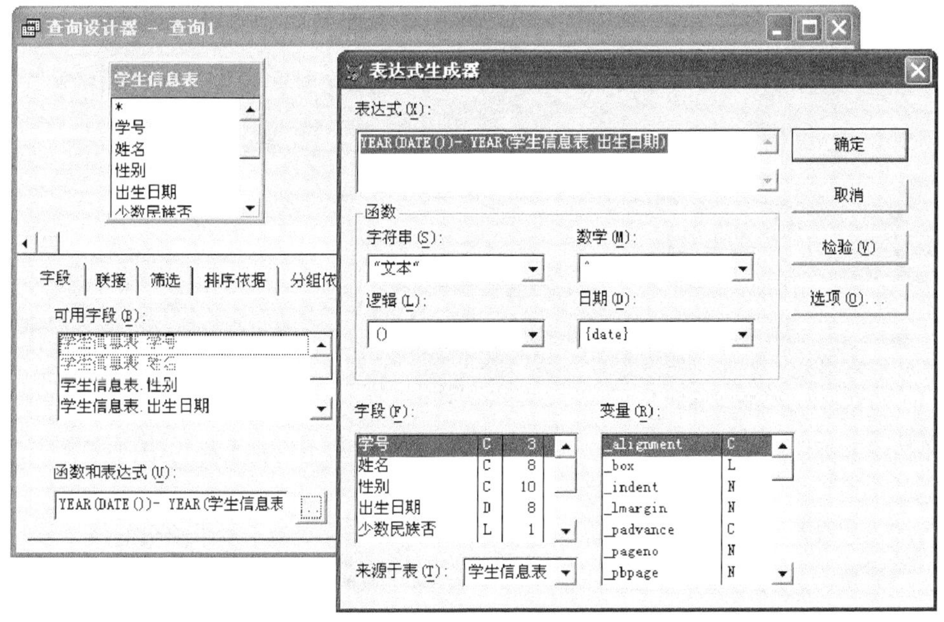

图 6-19　通过表达式生成器设置求学生年龄字段表达式

② 选择联接选项卡。如果建立的查询是基于多表操作，用户可以使用【联接】选项卡设置表之间的联接条件。在 Visual Foxpro 6.0 中表间的联接有四种类型，分别是：

Inner Join：内部联接，是根据关联字段，将满足联接条件的记录输出，此类型是默认的，也是最常用的；

Right Outer Join：右联接，将关联条件右侧表的全部记录输出，以及满足联接条件左侧表中记录输出；

Left Outer Join：左联接，将关联条件左侧表的全部记录输出，以及满足联接条件右侧表中记录输出；

Full Join：完全联接，将所有满足和不满足联接条件的记录都包含在结果中，如图 6-20 所示。

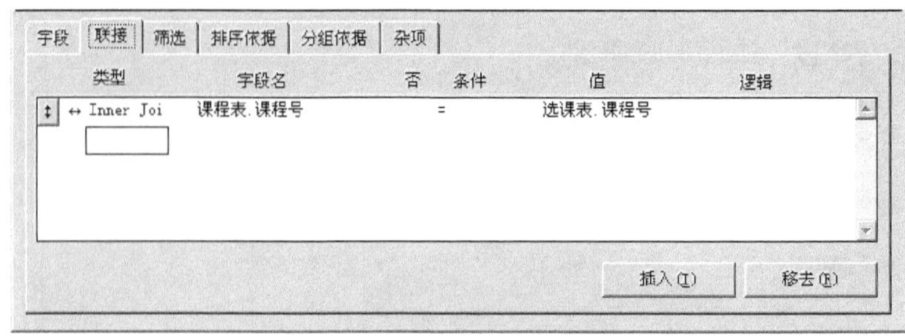

图 6-20　联接选项卡

③ 设置筛选记录。选择表中符合条件的部分记录是查询的重要任务。利用查询设计器中的【筛选】选项卡，可设置选择记录的条件，将满足条件的记录在输出结果中输出，如图 6-21 所示。

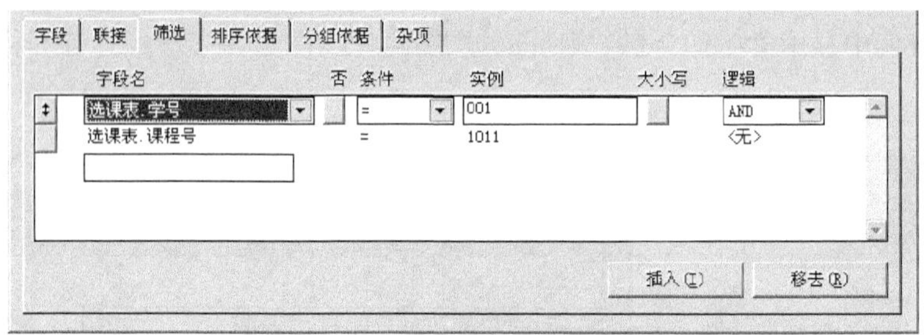

图 6-21　筛选选项卡

【条件】列表中包含如下几项：

=（等于）：指字段值与实例栏中给定的值相等；

LIKE：表示【字段名】栏中给出的字段值与【实例】栏中给出的文本值之间执行不完全匹配，它主要针对字符类型。例如，如设置查询条件为“学生.学号 LIKE S”，那么诸如“学号”字段第一位为 S 的记录都满足该条件；

==（精确匹配）：表示在【字段名】栏中给出的字段值与【实例】栏中给出的文本值之间执行完全匹配检查，它也主要是针对字符类型的；

>（大于）：即为【字段名】栏中给出的字段的值应大于【实例】栏中给出的值；

>=（大于等于）：即为【字段名】栏中给出的字段的值应大于或等于【实例】栏中给出的值；

<（小于）：即为【字段名】栏中给出的字段的值应小于【实例】栏中给出的值；

Is Null：指定字段必须包含 NULL 值；

Between(在中间)：指定输出字段的值应大于或等于【实例】栏中的最小值，而小于或等于【实例】栏中的最大值，【实例】栏中给出最大值和最小值之间应用逗号分开；

In（在…之中）：指定输出字段的值必须是【实例】栏中所给出值中的一个，在【实例】栏中给出的各值之间以逗号分隔。

此外，【联接】选项卡中的【否】列用于指定.NOT.条件，【逻辑】列用于设置各联接条件和筛选条件之间的逻辑关系（无、.AND.和.OR.），【大小写】列用于指定是否区分条件中和实例中的大小写。下方的【插入】和【移去】按钮分别用于增加或移去查询条件。

在设置筛选条件时，我们应注意如下几点：

- 备注字段和通用字段不能用于设置查询条件；
- 逻辑值的前后必须使用句点号，如.T.；
- 只有当字符串与查询的表中字段名相同时，要用引号将字符串括起来，否则不要用引号将字符串括起来；
- 日期不必用花括号括起来。
- 本例中的筛选条件是学号为“001”且选择课程号为“1011”的学生情况。

④ 设置查询结果排序。排序决定了查询输出结果中记录输出的先后顺序，通过【排序依据】选项卡设置查询的排序次序，方法同在用查询向导设计查询一样。首先从【选定字段】框中选定要使用的字段，并把它们移到【排序条件】框中，然后利用【排序选项】（从中选择升序或降序）来设置排序条件。如果还需要添加用于排序的字段，可以重复以上的操作步骤，如图 6-22 所示。

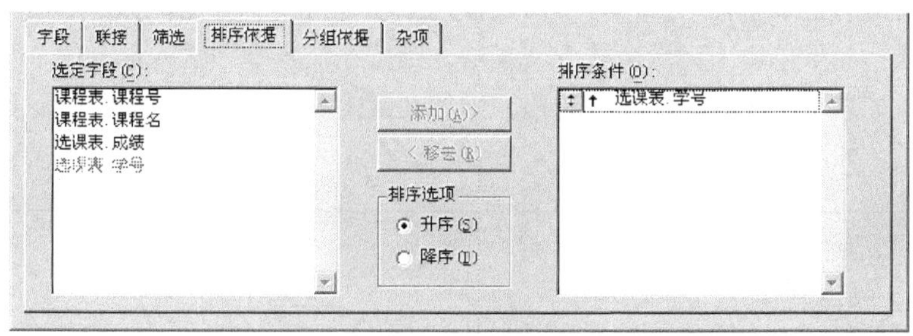

图 6-22　排序依据选项卡

⑤ 设置数据的分组查询。所谓分组，就是将一组相似的记录压缩到一个结果记录中，这样就可完成基于一组记录的计算，如图 6-23 所示。

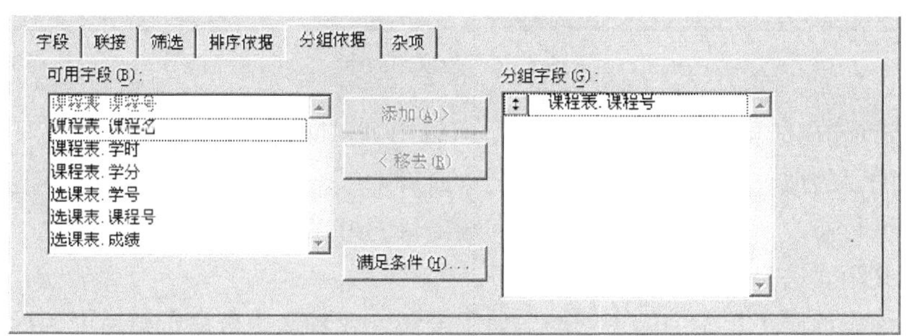

图 6-23　分组依据选项卡

【例 6.4】　利用选课表文件，求出各门课程的平均成绩。

操作步骤如下：

打开查询设计器，添加选课表，在【字段】选项卡中双击课程号，添加到【选定字段】中，再单击【函数和表达式】右边的按钮，出现【表达式】生成器；

在【数学】下拉式列表框中双击 AVG（expN），在【来源于表】下拉框中选择选课表，在【字段】列表框中双击“成绩”，单击【确定】按钮，即在【函数和表达式】框中自动生成了“AVG（选课表.成绩）”这个表达式，用以计算选课表中各门课程成绩的平均值。

单击【添加】按钮，该表达式被添加到【选定字段】列表框中，将来查询结果中就会有一列数据求平均值；

单击【分组依据】选项卡，进入【分组依据】窗口，在【可用字段】中选择选课表.课程号，再单击【添加】按钮，该字段即成为分组字段，运行后结果如图 6-24 所示。

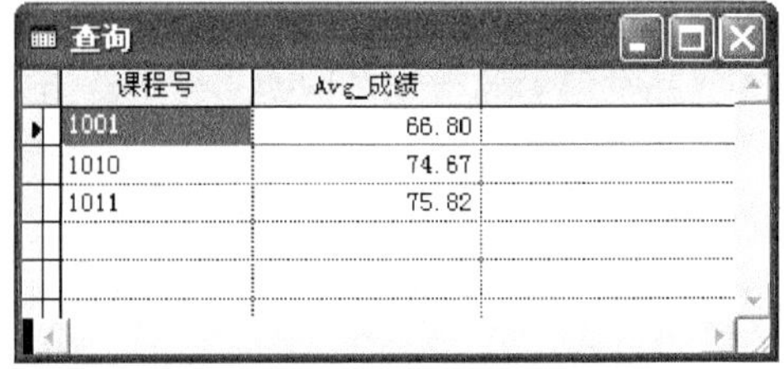

图 6-24　分组查询与 AVG()联合使用运行窗口

⑥ 杂项的设置。经过以上 5 个步骤，基本上已生成了一个比较全面的查询。接下来还可以通过查询设计器中的【杂项】选项卡做最后的处理。

单击【杂项】选项卡，可以看到其间包括【无重复记录】、【交叉数据表】、【全部】、【百分比】这四个复选框和一个微调按钮。

选中【无重复记录】复选框：将清除查询结果中的重复记录。

选中【交叉数据表】复选框：将查询结果以交叉表的格式传递给数据表。

在【列在前面的记录】栏中，用户可以设置记录的数目或百分比。如果单击【全部】复选框则输出全部记录；如果单击【记录个数】文本框，则按在文本框中输入记录的个数，输出列在前面的部分记录。如果单击【百分比】复选框，则按在其上文本框中输入的百分比数值，输出列在前面的部分记录，如图 6-25 所示。

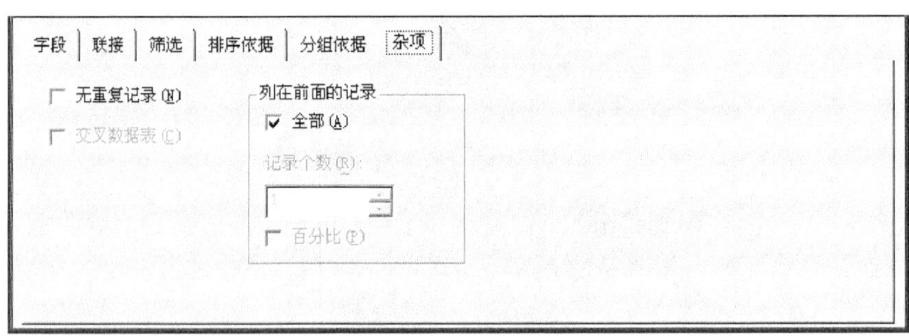

图 6-25　杂项选项卡

⑦ 设置查询输出结果。查询检索的信息，可输出到不同的目的地，以用作不同的用途。如果没有选定输出的目的地，查询结果将显示在浏览窗口中。但应特别注意，用户不能对显示在浏览窗口中的数据进行修改，数据是只读的。查询输出目的可以是浏览窗口、临时表、表、图形、屏幕、报表、标签等。选择结果的去向方法如下：

单击【查询设计器工具】中的【查询去向】按钮，或者从【查询】菜单中选择【查询去向】，可看到如图所示的【查询去向】对话框，如图 6-26 所示。

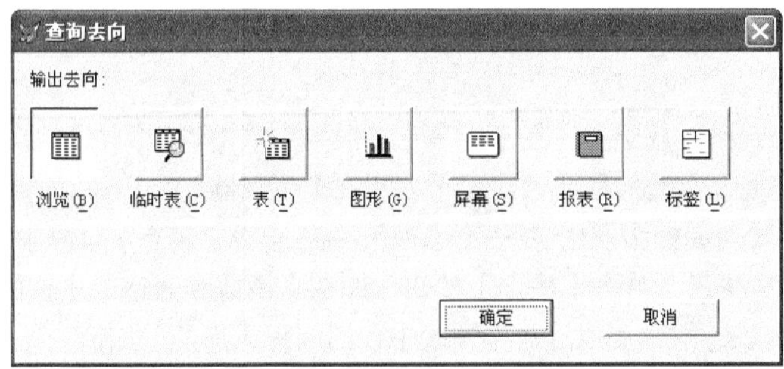

图 6-26　查询去向选卡

对话框中的按钮含义如下：

【浏览】：将查询结果显示在浏览窗口中，这是查询缺省设置；

【临时表】：将查询结果保存在一个由用户命名的临时只读表中。多次查询的结果可放在不同的表内。该表可用于浏览数据，制作报表等，直到用户关闭它们；

【表】：将查询的结果保存在一个由用户命名的（.DBF ）中，此时查询的结果是真正的存放到磁盘上的，多次查询的结果可放在不同的表内；

【图形】：将查询结果以图形格式显示出来；

【屏幕】：将查询结果在 Visual Foxpro 6. 0 主窗口或当前活动输出窗口中显示出来；

【报表】：将查询结果输出送到一个报表文件（.FRX）中；

【标签】：将查询结果输出送到一个标签文件（.LBX）中。

6.3.3　使用查询

在完成了查询的设计工作并指定了结果输出去向后，可通过以下 5 种方式之一运行查询：

① 在查询设计器区域内单击右键，在弹出菜单中选择【运行查询】；

② 在【项目管理器】中选定查询的名称，然后选定【运行】按钮；

③ 在【查询】菜单中选择【运行查询】；

④ 在命令窗口中键入 DO 查询名.qpr。

⑤ 单击系统常用菜单上的【运行】按钮。

6.4　视图的创建与使用

6.4.1　视图简述

视图是从数据库表或视图中导出的“虚表”，数据库中只存放视图的定义而不存放视图对应的数据。视图中的数据仍存放在导出视图的数据表中，因此视图是一个虚表。视图是不能单独存在的，它依赖于数据库以及数据库表而存在，只有打开与视图相关的数据库才能使用视图。通过视图可以从一个或多个相关联的表中提取有用信息。利用视图可以更新数据库表中的数据。如果视图中有取自远程数据源的数据，则该视图称为远程视图，否则为本地视图。

6.4.2　创建视图

创建视图有命令方式和界面操作两种方式。前者可用 CREATE SQL VIEW 命令来实现，后者可用视图向导、视图设计器来完成。

1. 使用命令方式创建视图

格式：
```
CREATE SQL VIEW <视图名> [REMOTE] ;
      [CONNECTION<新建连接名>] [SHARE] |<已连接数据源名>] ;
      [AS SELECT SQL 命令]
```

功能：按照 AS 子句中的 SELECT-SQL 命令的查询要求，创建一个本地或远程 SQL 视图。命令中的<视图名>指定视图的名字。

2. 使用视图设计器创建视图

在启动视图设计器之前，先打开数据库。

方法 1：打开“文件”菜单，单击“新建”命令，打开“新建”对话框。在“新建”对话框中，选中“视图”单选按钮，然后单击“新建文件”按钮。

方法 2：打开“数据库设计器”，单击“数据库”菜单中的“新建本地视图”命令。然后在“新建本地视图”对话框中，单击“新建视图”按钮。

方法 3：打开“项目管理器”，选择“数据库”项，在列表中选定“本地视图”，单击“新建”按钮。

方法 4：使用 CREATE VIEW 命令打开“视图设计器”，建立视图。

3. “视图设计器”的组成

“视图设计器”分上部窗格和下部窗格两部分，上部窗格用于显示表或视图，下部窗格包含“字段”、“联接”、“筛选”、“排序依据”、“分组依据”、“更新条件”、“杂项”等 6 个选项卡及对应功能实现的界面。

“字段”选项卡：“可用字段列表框”列出已打开表的所有字段，供用户选用。当查询输出的不是单个字段信息，而是由字段构成的表达式，用“函数和表达式”文本框来指定表达式；“添加按钮”用于将“字段列表框”或“函数和表达式”中选定项添入“选定字段”列表框；“移去”按钮则用于反向操作；“选定字段列表框”用于列出输出的表达式。

“联接”选项卡：视图的数据源如果来自多表，需将多个表建立联接。该选项用于指定联接条件。

“筛选”选项卡：指定选择记录的筛选条件。

“排序依据”选项卡：指定排序字段或排序表达式，选定排序种类为升序或降序。

“更新”选项卡：用于设置更新条件。

“杂项”选项卡：指定在视图中是否出现重复记录等限制。

【例 6.5】 在数据库“STUDENT.DBC”中，利用学生信息表创建单表本地视图“视图 1”，要求该视图中包含“学号”、“姓名”、“少数民族否”、“籍贯”、“入学成绩”5 个字段的内容。

① 打开数据库“STUDENT.DBC”，进入“数据库设计器”窗口，如图 6-27 所示。

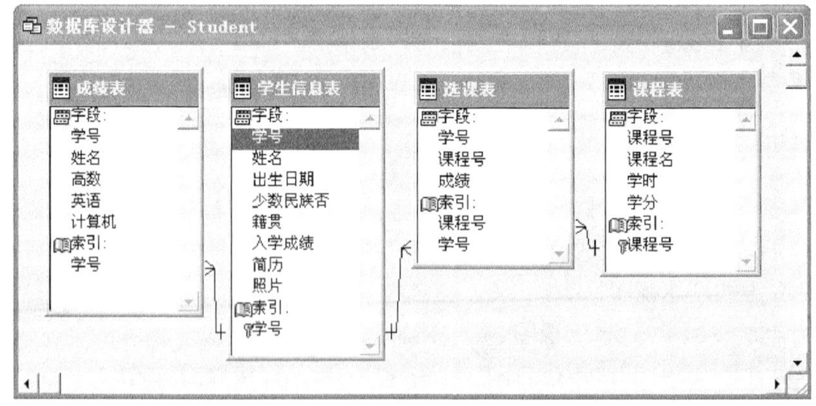

图 6-27 数据库设计器窗口

② 打开“文件”菜单，单击“新建”命令，打开“新建”对话框，选中“视图”单选按钮，如图 6-28 所示。

③ 单击“新建文件”按钮，进入“视图设计器”窗口，同时打开“添加表或视图”对话框，如图 6-29 所示。

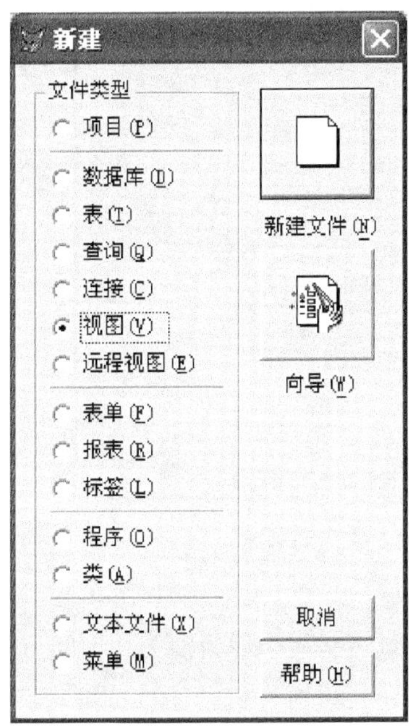

图 6-28　新建视图窗口

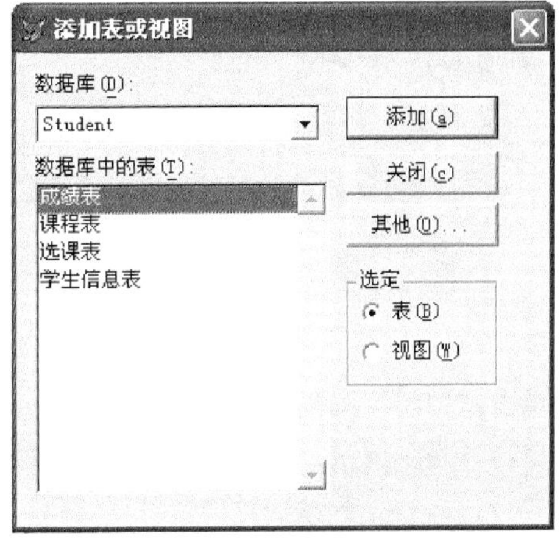

图 6-29　添加表或视图对话框

④ 在“添加表或视图”对话框中，选择表“学生信息表.dbf”，单击“添加”按钮，将学生信息表添加到“视图设计器”窗口中。单击“关闭”按钮，回到“视图设计器”窗口，如图 6-30 所示。

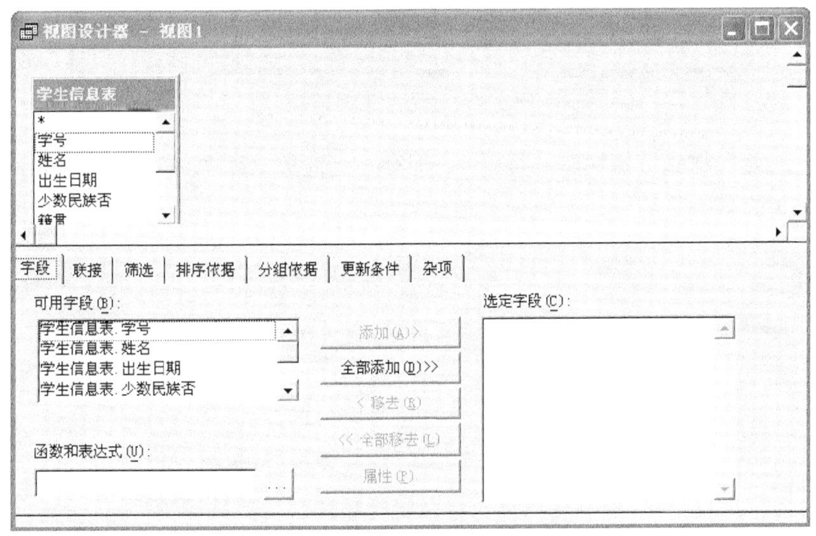

图 6-30　视图设计器窗口

⑤ 单击“字段”选项卡，将“可用字段”列表框内的字段“学生信息表.学号”、“学生信息表.姓名”、“学生信息表.少数民族否”、“学生信息表.籍贯”、“学生信息表.入学成绩”5 个字段添加到“选定字段”列表框中，如图 6-31 所示。

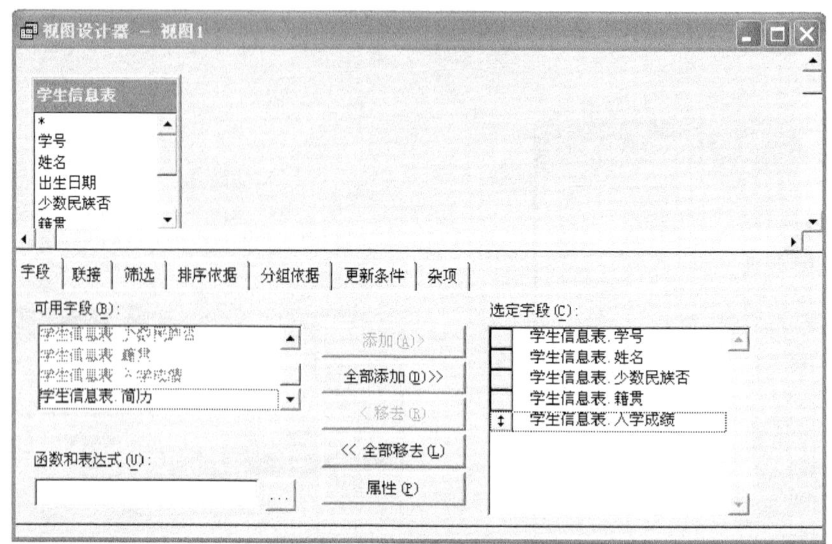

图 6-31　在视图设计器中选定字段

⑥ 单击“关闭”按钮，出现系统信息提示对话框。

⑦ 单击“是”按钮，出现视图“保存”对话框，在“视图名称“栏内输入“视图 1”，如图 6-32 所示。

注意：视图保存在数据库容器中，没有对应的磁盘文件。

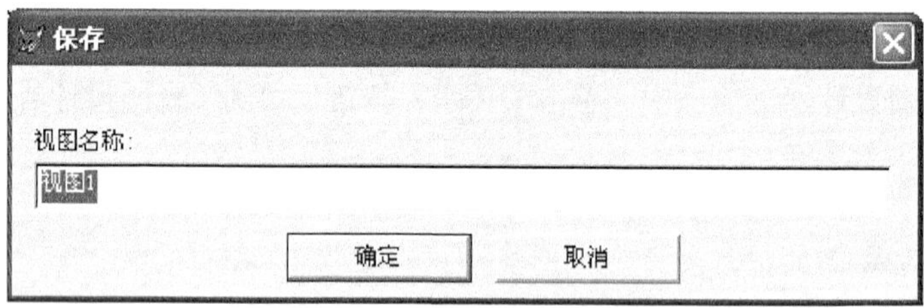

图 6-32　保存更改对话框

⑧ 单击“确定”按钮，将视图“视图 1”保存在当前数据库中，并返回到“数据库设计器”窗口，如图 6-33 所示。

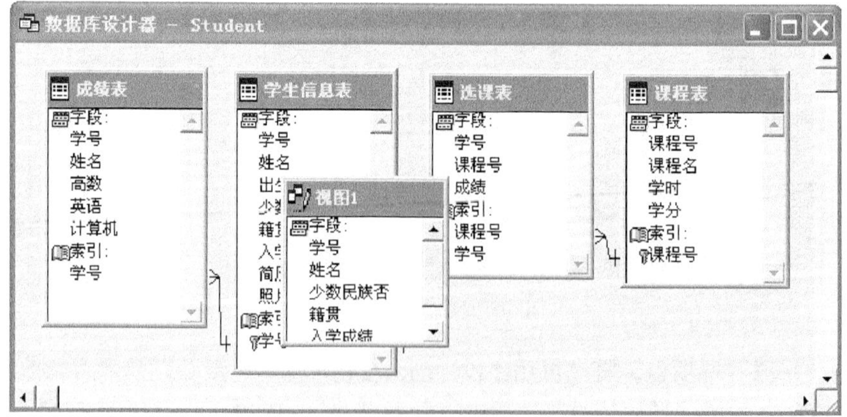

图 6-33　添加了视图的数据库设计器

⑨ 双击数据库中的视图“视图 1”，打开视图的“浏览”窗口，如图 6-34 所示。

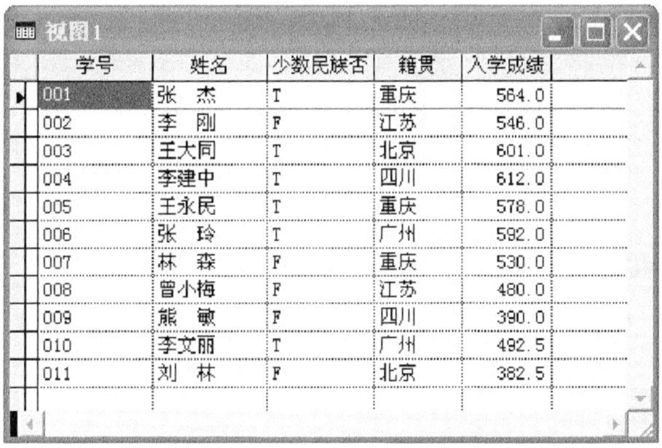

视图1

学号	姓名	少数民族否	籍贯	入学成绩
001	张　杰	T	重庆	564.0
002	李　刚	F	江苏	546.0
003	王大同	T	北京	601.0
004	李建中	T	四川	612.0
005	王永民	T	重庆	578.0
006	张　玲	T	广州	592.0
007	林　森	F	重庆	530.0
008	曾小梅	F	江苏	480.0
009	熊　敏	F	四川	390.0
010	李文丽	T	广州	492.5
011	刘　林	F	北京	382.5

图 6-34　创建完成的视图 1 浏览窗口

6.4.3　使用视图

在 Visual FoxPro 中，通过视图可以更新数据表中的数据，但这种更新是否反映到基本表中，取决于视图更新属性的设置。

【例 6.6】 利用已创建的“视图 1”将学号为“001”的学生姓名由原来的“张杰”修改为“张英杰”。

① 设置筛选条件。单击“筛选”选项卡，在“字段名”输入框中单击，从显示的下拉列表中选取学号字段，从“条件”下拉列表中选择“=”运算符，在“实例”输入框中单击，显示输入提示符后输入“?学号”。

② 设置更新条件。选择“更新条件”选项卡，进行如下操作：

设定学号和姓名为关键字段。方法是在“字段名”列表框下，分别在学号和姓名字段前的“钥匙”符号下单击，将其设置为选中状态。

设定可修改的字段。由于只修改学号和姓名字段的值，因此，在这两个字段前的“铅笔”符号下单击，将其设置为可修改字段。

单击“发送 SQL 更新”复选框，把视图的修改结果返回到源数据表中。单击“使用更新”设置的“SQL UPDATE”单选按钮，即利用 SQL 的修改记录功能，直接修改此记录。

“更新条件”选项卡设置如图 6-35 所示。

③ 保存视图。选择“文件”菜单中的“保存”选项，或单击常用工具栏上的“保存”按钮，保存视图，然后单击“关闭”按钮，关闭视图设计器。

④ 修改数据。打开数据库设计器，双击“视图 1”，在查询参赛输入窗口输入”001”，并在随后的浏览窗口将姓名修改为“张英杰”。单击“关闭”按钮，关闭浏览窗口。

⑤ 观察学生信息表。打开学生信息表的浏览窗口，浏览表中数据。发现表中的数据已经随着视图的更改而自动修改了，如图 6-36 所示。

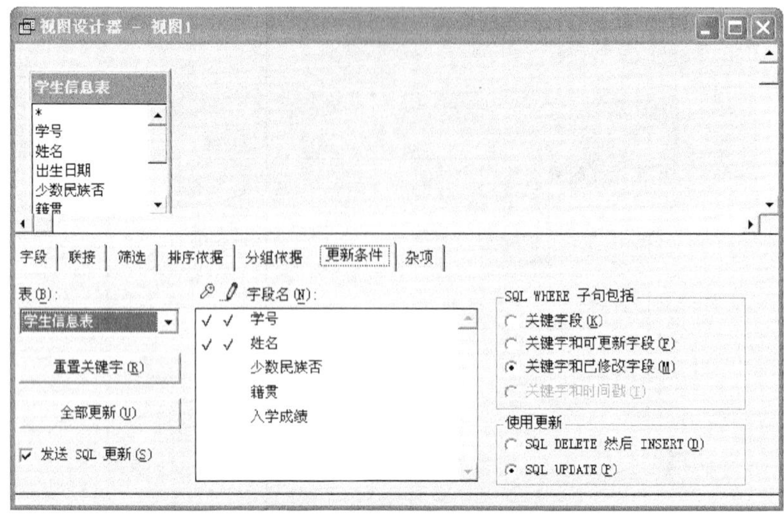

图 6-35 “更新条件”选项卡设置

学生信息表

学号	姓名	出生日期	少数民族否	籍贯	入学成绩	简历	照片
001	张英杰	06/15/88	T	重庆	564.0	memo	gen
002	李 刚	04/30/87	F	江苏	546.0	memo	gen
003	王大同	10/03/88	T	北京	601.0	memo	gen
004	李建中	10/25/87	T	四川	612.0	memo	gen
005	王永民	09/18/88	T	重庆	578.0	memo	gen
006	张 玲	01/06/88	T	广州	592.0	memo	gen
007	林 森	07/23/87	F	重庆	530.0	memo	gen
008	曾小梅	12/03/88	F	江苏	480.0	memo	gen
009	熊 敏	02/20/87	F	四川	390.0	memo	gen
010	李文丽	06/15/88	T	广州	492.5	memo	gen
011	刘 林	06/15/88	F	北京	382.5	memo	gen

图 6-36 利用视图更新后表中的数据

小 结

在数据库应用系统中，简单的数据关系可以用一个表加以描述，复杂的数据关系则要通过多个表来反映，而且这些表之间往往存在固定的联系。Visual Foxpro 把这些有联系的表组织在一起，构成一个数据库。数据库文件的扩展名为.dbc。此数据库文件并不在物理上包含任何数据对象，而只是在其中存储了指向表的路径指针，表或者其他数据对象是独立存放在磁盘上的。在 Visual Foxpro 中，可以建立表间的永久关系，以使相关联的表协同工作，使数据得到更充分的利用。

习 题

6-1 选择题

（1）视图不能单独存在，它必须依赖于（　　）。

A. 视图　B. 数据库　C. 数据表　D. 查询

（2）Visual Foxpro 中参照完整性规则不包括（　　）。

A. 更新规则　B. 删除规则　C. 查询规则　D. 插入规则

（3）在生成参照完整性中，设置更新操作规则时选择了"限制"选项卡后，则（　　）。

A. 在更新父表时，用新的关键字值更新子表中的所有相关记录

B. 在更新父表时，若子表中有相关记录则禁止更新

C. 在更新父表时，若子表中有相关记录则允许更新

D. 允许更新父表，不管子表中的相关记录

（4）在表的索引类型中，主索引可以在（　　）中建立。

A. 自由表　B. 数据库表　C. 任何表　D. 自由表和视图

（5）永久关系建立后，（　　）。

A. 在数据库关闭后自动取消　B. 如不删除将长期保存

C. 无法删除　D. 只供本次运行使用

（6）在视图中不可以创建（　　）。

A. 临时关系　B. 永久关系　C. 字段的默认值　D. 独立索引

（7）不能作为查询的输出类型的是（　　）。

A. 自由表　B. 数组　C. 表单　D. 临时表

（8）在 Visual FoxPro 中，关于视图的正确叙述是（　　）。

A. 视图与数据库表相同，用来存储数据

B. 视图不能同数据库表进行连接操作

C. 在视图上不能进行更新操作

D. 视图是从一个或多个数据库表导出的虚拟表

（9）在建立了永久关系的数据库中，作更新、删除和插入规则是对数据库（　　）完整性设置。

A. 实体　B. 参照　C. 集合　D. 用户自定义

（10）Visual FoxPro 中，视图是一种虚拟表，它保存的位置在（　　）。

A. 项目文件中　B. 数据库文件中

C. 基表的附属文件中　D. 独立保存在文件夹中

（11）下列有关数据库的描述，正确的是（　　）。

A. 数据库是一个 DBF 文件　B. 数据库是一个关系

C. 数据库是一个结构化的数据集合　D. 数据库是一组文件

（12）建立两个数据库表的永久关系，要求（　　）。

A. 两个表都必须索引

B. 两个表都不需要索引

C. 只有父表必须索引，子表可以不需要索引

D. 只有子表必须索引，父表可以不需要索引

（13）“查询设计器”中的“筛选”选项卡的作用是（　　）。

A. 增加或删除查询的表　B. 观察查询生成的 SQL 代码

C. 指定查询记录的条件　D. 选择查询结果的字段组织数据

（14）在 Visual FoxPro 中，如果建立的查询是基于多个表，那么要求这些表之间（　　）。

A. 必须是独立的　　　　B. 必须有联系

C. 不一定有联系　　　　D. 必须是自由表

（15）在数据库设计器中，建立两个表之间的一对多联系是通过以下索引实现的（　　）。

A. "一方"表的主索引或候选索引，"多方"表的普通索引

B. "一方"表的主索引，"多方"表的普通索引或候选索引

C. "一方"表的普通索引，"多方"表的主索引或候选索引

D. "一方"表的普通索引，"多方"表的候选索引或普通索引

（16）主索引可以确保在字段中输入值的（　　）性。

A. 兼容　　B. 多样　　C. 重复　　D. 惟一

（17）创建视图时，首先必须打开（　　）。

A. 查询　　B. 临时表　　C. 视图　　D. 数据库

（18）若要将两个数据库中的数据表按一定的条件联接起来，建立一个新的表文件，可利用（　　）进行。

A. 表设计器　　B. 查询设计器　　C. 视图设计器　　D. 以上都不是

（19）对设置“参照完整性”的两个表，要求是（　　）。

A. 同一个数据库中的两个表　　　　B. 自由表

C. 不同数据库中的两个表　　　　D. 一个是数据库表、一个是自由表

（20）下列关于数据库表和自由表的区别的叙述中，错误的一项是（　　）。

A. 自由表可以使用长表名，表中可以使用长字段名，而数据库表不能使用长表名

B. 可以为数据库中的字段添加标题和注释

C. 可以为数据库表中的字段指定默认值和输入掩码

D. 可以为数据库表中的字段设置主关键字、参照完整性和表间的关系

6-2 填空题

（1）在 Visual Foxpro 文件中，CREATE DATABASE 命令创建一个扩展名为（　　　　）的数据库。

（2）在 Visual Foxpro 中，可以在表设计器中为字段设置默认值的表是（　　　　）表。

（3）使用数据库设计器为两表建立联系，首先应在父表中建立（　①　）索引，在子表中建立（　②　）索引。

（4）在表间建立关系时，子表中的索引类型决定永久关系的类型，如果子表中的索引是主索引或候选索引，则建立的关系是（　　　　）关系。

（5）如果在建立数据库表 stock 时，将“单价”字段的字段有效性规则设为“单价>0”，则通过该设置，能保证数据的（　　　　）。

（6）当数据库打开时，包含在数据库中的所有表都可以使用，但这些表不会自动打开，使用时需要执行（　　　　）命令。

（7）在 Visual Foxpro 中，参照完整性规则包括更新规则、删除规则和（　　　　）规则。

（8）当删除父表中的记录时，若子表中的相关记录也能自动删除，则相应的参照完整性的删除规则为（　　　　）。

（9）在 Visual Foxpro 中通过建立主索引或候选索引来实现（　　　　）完整性约束。

（10）在视图设计器中有的、而查询设计器中没有的选项卡是（　　　　）。

6-3　思考题

（1）什么是永久关系？如何设置表间的永久关系？

（2）字段级规则和记录级规则有何区别？如何设置？

（3）触发器有哪几种？各有什么作用？

（4）查询和视图有何异同？

（5）在“查询去向”对话框中，提供了多少种输出格式？写出其名字和含义。

参考答案：

6-1　选择题

（1）B　（2）C　（3）B　（4）B　（5）B　（6）A　（7）B

（8）D　（9）B　（10）B　（11）C　（12）A　（13）C　（14）B

（15）A　（16）D　（17）D　（18）B　（19）A　（20）A

6-2　填空题

（1）.DBC

（2）数据库表

（3）①主　②普通

（4）一对一

（5）域完整性

（6）USE

（7）插入

（8）级联

（9）实体

（10）更新条件

第7章 SQL的应用

SQL（Structured Query Language，结构化查询语言）是关系数据库标准语言。查询是SQL语言的重要组成部分，但不是全部，SQL还包含数据定义、数据操作和数据控制功能等部分。本章以Visual Foxpro为基础，介绍SQL的历史概况、SQL的数据定义、SQL的数据查询以及SQL的数据操纵功能。

通过本章的学习，读者应掌握SQL在数据定义、数据操纵以及数据查询方面的使用。

7.1 SQL概述

SQL（Structured Query Language，结构化查询语言）是目前使用最为广泛的关系数据库查询语言，它简单易学，功能强大，深受广大用户的欢迎。SQL是20世纪70年代有IBM公司开发出来的；1976年，SQL开始在商品化关系数据库系统中应用；1986年，美国国家标准化组织（American National Standard Institute，ANSI）确认SQL为关系数据库语言的美国标准，1987年该标准被ISO采纳为国际标准；1992年，ANSI/ISO发布了SQL-99标准，习惯称为SQL3。2003年，ANSI/ISO共同推出了SQL2003标准，也称为SQL4。随着数据库技术的发展，将来还会推出更新的标准。

SQL成为国际标准后，各个数据库厂家纷纷推出各自的支持SQL的软件。大多数数据库系统都采用SQL作为共同的数据存取语言和标准接口，使得不同数据库系统间的操作成为可能。

SQL有两种使用方式，既可以作为自含式语言，在数据库管理系统中独立使用，又可以作为嵌入式语言，嵌入到许多高级语言（如C、FORTRAN、COBOL）中使用。尽管使用方式不同，但SQL的语法结构是基本一致的，为数据的交叉管理提供了极大的方便。

Visual Foxpro支持传统的查询命令和方法，同时也嵌入了SQL。但Visual Foxpro不支持全部的SQL，仅支持SELECT、CREATE、ALTER、INSERT、DELETE、UPDATE等几种命令。用SQL进行查询，比用传统的查询命令更加简单和方便，同时还能提高系统的性能。SQL既可以直接以命令方式交互操作，也可以嵌入到VFP程序中使用。

SQL的主要特点包括：

① 综合统一。SQL集数据定义语言（Data Definition Language，DDL）、数据操纵语言（Data Manipulation Language，DML）、数据控制语言（Data Control Language，DCL）的功能于一体，语言风格统一。

② 高度非过程化。SQL 是非过程化的语言，用 SQL 进行数据操作，用户无需了解存取路径，存取路径的选择。SQL 语句的操作过程由系统自动完成。

③ 面向集合的操作方式。SQL 采用集合操作方式，不仅查找结果可以是元组的集合，而且一次插入、删除、更新操作的对象也可以是元组的集合。

④ 以同一种语法结构提供两种使用方式。SQL 既是自含式语言，又是嵌入式语言。在两种不同的使用方式下，SQL 的语法结构基本上是一致的。

⑤ 语言简洁，易学易用。SQL 功能极强，但十分简洁。完成数据定义、数据操纵、数据控制的核心功能只用了 9 个动词，如表 7.1 所示。

表 7.1　SQL 命令

SQL 功能	动　词
数据查询	SELECT
数据定义	CREATE、DROP、ALTER
数据操纵	INSERT、UPDATE、DELETE
数据控制	GRANT、REVOKE

7.2 SQL 的数据定义

关系数据库系统支持三级模式结构，其模式、外模式和内模式中的基本对象有表、视图和索引。因此 SQL 的数据定义功能包括定义表、定义视图和定义索引，相关命令如表 7.2 所示。

表 7.2　SQL 数据定义

操作方式 / 操作对象	创　建	删　除	修　改
表	CREATE TABLE	DROP TABLE	ALTER TABLE
视图	CREATE VIEW	DROP VIEW	无
索引	CREATE INDEX	DROP INDEX	无

7.2.1 创建数据表

1. 创建表的基本的命令

在 SQL 中，使用 CREATE TABLE 命令创建数据表。

命令：CREATE TABLE | DBF <表名> [FREE]

(<字段名 1> <类型>[(宽度 [,小数位数])][,<字段名 2> <类型>[(宽度 [,小数位数])])

[NOT NULL | NULL]

功能：创建一个以<表名>为表的名字、以指定的字段属性定义的数据表。

说明：

① CREATE TABLE 或 CREATE DBF 等价，都是创建表文件。

② FREE 短语用在数据库打开的情况下，指明创建自由表，默认在数据库未打开时创建的是

自由表，在数据库打开时创建的是数据库表。

③ 定义表的各个属性时，需要指明其数据类型及长度。常用数据类型说明见表 7.3。

④ NULL、NOT NULL 短语用来指定该字段是否允许空值。

表 7.3　　数据类型说明

字段类型	定义格式	字段宽度
字符型（Character）	C(n)	N
日期型（Date）	D	系统定义 8
日期时间型（Date Time）	T	系统定义 8
数值型（Numeric）	N(n,d)	长度为 n，小数位数为 d
整型（Integer）	I	系统定义 4
货币型（Currency）	Y	系统定义 8
逻辑型（Logical）	L	系统定义 1
备注型（Memo）	M	系统定义 4
通用型（General）	G	系统定义 4

【例 7.1】　利用 SQL 命名创建一个名为“通讯录”的自由表，含有姓名、手机号码、Emai 地址、生日 4 个字段。

定义此表结构的 SQL 命令如下：

```
CREATE TABLE 通讯录 FREE(姓名 C(8),手机号码 C(11),Email 地址 C(30),生日 D)
```

2. 创建表的同时定义完整性规则

对于数据库表，在创建表的时候，可通过以下命令格式对表的完整性规则进行定义。

格式：
```
CREATE TABLE|DBF <表名> (<字段名 1> <类型>[(宽度 [,小数点位数])]
[CHECK<逻辑表达式 1>][ERROR<文本信息 1>]
[DEFAULT<表达式 1>]
[PRIMARY KEY|UNIQUE]
[REFERENCES<表名 2>][TAG<标识名 1>]
[,<字段名 2>…]
[,PRIMARY KEY <表达式 2> TAG <标识名 2>
|,UNIQUE <表达式 3> TAG <标识名 3>]
[,FOREIGN KEY<表达式 4> TAG <标识名 4>
REFERENCES <表名 3>[TAG <标识名 5>]]
[,CHECK <逻辑表达式 2>] [ERROR <文本信息 2>]])
|FROM ARRAY<数组名>
```

说明：

① CHECK<逻辑表达式>短语用来为字段的取值指定约束条件，ERROR<文本信息>短语用来指定不满足约束条件时显示的出错提示信息。

② DEFAULT<表达式>短语用来指定该字段的默认值。

③ PRIMARY KEY 短语指定以当前字段为关键字建立主索引，UNIQUE 短语指定以当前字段为关键字建立候选索引。注意，指定为主索引或候选索引的字段都不允许出现重复值，这称为对字段值的唯一性约束。

④ [REFERENCES<表名 2>][TAG<标识名 1>]短语用来指定以<表名 2>为父表，与当前表建立永久关系，缺省[TAG<标识名 1>]时，使用父表的主索引建立此关系。

⑤ FOREIGN KEY<表达式 4> TAG <标识名 4>REFERENCES <表名 3>[TAG <标识名 5>]短语用来建立一个以<表达式 4>为外部关键字的非主索引，<标识名 4>为其索引标识，并与名为<表名 3>的父表建立永久关系，<标识名 5>为父表的索引标识，省略<标识名 5>时将以父表的主索引建立此关系。

⑥ FROM ARRAY<数组名>短语用来指定用给出的数组内容创建数据表。

有此可见，SQL 的 CREATE TABLE 命令不仅能够完成在表设计器中所能完成的各种设置，而且还可以设置外部关键字并以此创建数据库表之间的永久关系。下面举例说明本命令的应用。

【例 7.2】 创建一个名为 Student 的数据库，再在其中创建一个“学生信息表”，包含学号、姓名、出生日期、少数民族否、籍贯、入学成绩、简历、照片 8 个字段，并以“学号”字段为关键字创建一个主索引。

```
CREATE DATABASE Student
CREATE TABLE 学生信息表(学号 C(8) PRIMARY KEY,姓名 C(8),出生日期 D,;
少数民族否 L,籍贯 C(6),入学成绩 N(5,1),简历 M,照片 G)
```

说明：在上面的 SQL 命令中，指定以“学号”字段为关键字创建一个主索引。运行此命令之后，一个命名为“学生信息表”的数据库表就会在“Student”数据库中建立起来，且处于打开状态。此时，若选择“显示”菜单下的表设计器或者在命令窗口执行“MODIFY STRUCTURE”命令，即可在弹出的“表设计器”对话框中见到这个“学生信息表”的结构，如图 7-1 所示。

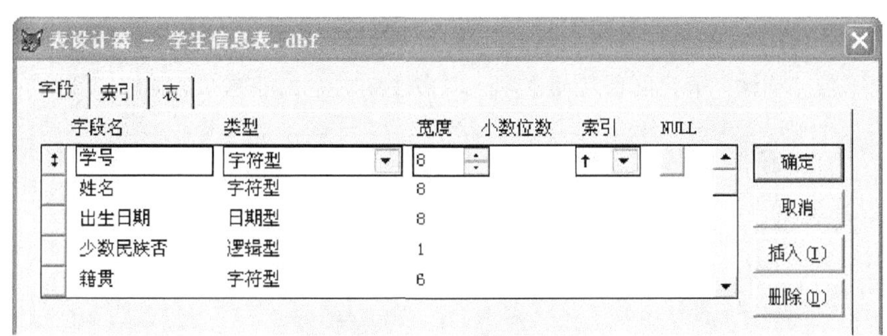

图 7-1　创建的“学生信息表”结构

【例 7.3】 在“Student”数据库中创建一个“选课”表，包含学号、课程号、成绩 3 个字段，为“成绩”字段建立一个取值范围，并在超出该取值范围时显示提示出错信息“成绩值的范围应为 0～100!”，并为其设定一个默认值，再以上面已经创建的“学生信息表”为父表通过共有的“学号”字段为关键字建立两表之间的永久关系。

```
OPEN DATABASE Student
CREATE TABLE 选课(学号 C(8),课程号 C(4),;
成绩 I CHECK(成绩>=0 AND 成绩<=100);
```

```
ERROR "成绩值的范围应为 0～100! " DEFAULT 60,;
        FOREIGN KEY 学号 TAG 学号 REFERENCES 学生信息表)
```

说明：在上面创建“选课”表的 SQL 命令中，设定用 CHECK 字段说明了有效性规则，用 ERROR 字段说明了提示出错信息，用 DEFAULT 字段设置了默认值。用短语“FOREIGN KEY 学号 TAG 学号 REFERENCES 学生”说明了选课表与学生表的联系。其中“FOREIGN KEY 学号”为该表的“学号”字段建立了一个普通索引，通过引用学生信息表的主索引“学号”（TAG 学号 REFERENCES 学生）与学生表建立了永久联系。

运行这个 SQL 命令之后，“选课”表即被建立起来，若打开“表设计器”可见到如图 7-2 所示的“选课表”结构。

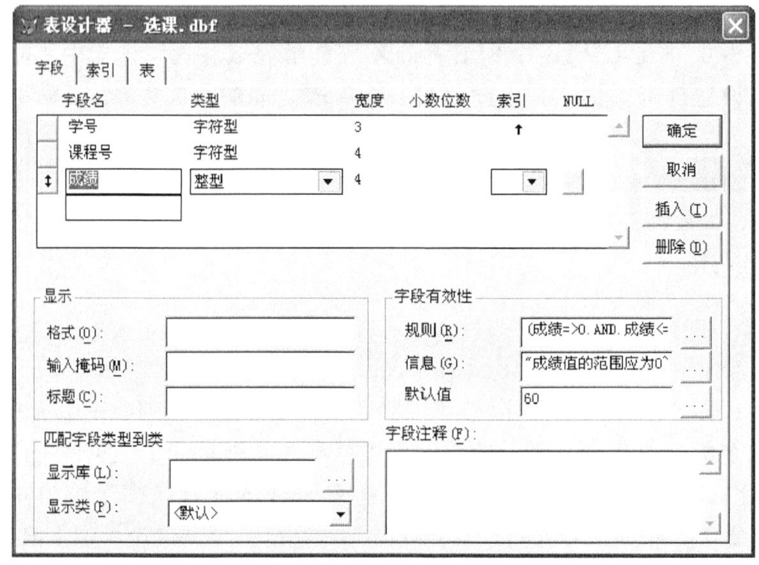

图 7-2　创建的“选课”表结构

此时，若再执行“MODIFY DATABASE”命令，则可在弹出的“数据库设计器”窗口中看到“学生信息表”与“选课”表之间已经建立起一对多永久关系，如图 7-3 所示。

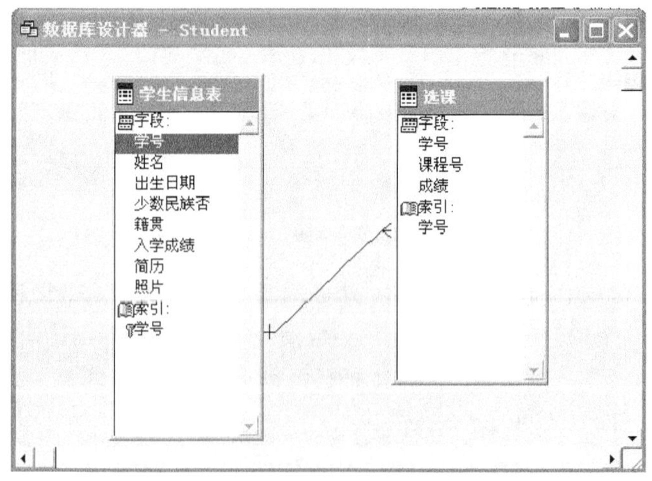

图 7-3　“学生信息表”与“选课”表的关系

7.2.2 修改表的结构

在 SQL 中，使用 ALTER TABLE 命令修改表的结构，包括增加字段、删除字段、修改字段。对于数据库表，可以使用 ALTER TABLE 命令增加数据完整性规则、删除数据完整性规则和修改数据完整性规则。

1. 增加字段

格式：ALTER TABLE <表名> ;

ADD [COLUMN] <字段名 1> <类型>[(宽度 [,小数点位数])] ;

ADD [COLUMN] <字段名 2> <类型>[(宽度 [,小数点位数])]…

功能：在表中增加新字段，并定义字段的属性。

2. 修改字段

格式：ALTER TABLE <表名> ;

ALTER [COLUMN] <字段名 1> <类型>[(宽度 [,小数点位数])] ;

ALTER [COLUMN] <字段名 2> <类型>[(宽度 [,小数点位数])]…

功能：修改表中字段的属性。

【例 7.4】 为例 7-1 创建的“通讯录”表添加一个宽度为 16 的“家庭住址”字段，并将其“姓名”字段的宽度改为 10。

```
ALTER TABLE 通讯录 ADD 家庭住址 C(16)
ALTER TABLE 通讯录 ALTER 姓名 C(10)
```

3. 删除字段

格式：ALTER TABLE <表名> ;

DROP [COLUMN]<字段名 1> ;

[DROP [COLUMN] <字段名 2>]…

功能：删除表中指定的字段

4. 修改字段名

格式：ALTER TABLE <表名> RENAME [COLUMN]<字段名 1> TO <字段名 2>

功能：将表中<字段名 1>的名字修改为<字段名 2>。

【例 7.5】 在例 7-1 创建的“通讯录”表中，删除“家庭住址”字段，并将其“手机号码”字段更名为“移动电话”。

```
ALTER TABLE 通讯录 DROP COLUMN 家庭住址
ALTER TABLE 通讯录 RENAME COLUMN 手机号码 TO 移动电话
```

5. 定义或修改数据完整性

ALTER TABLE 语句操作数据库表的数据完整性的命令格式主要有两种。

（1）在增加字段的时候定义数据完整性

命令：ALTER TABLE <表名> ADD [COLUMN]<字段名> ;

[NOT NULL|NULL][PRIMARY KEY] ;

[DEFAULT 表达式] [CHECK 逻辑表达式] ;

[ERROR 字符串表达式]

功能：在表中增加新的字段，并且定义新字段的完整性规则。

【例 7.6】 为例 7-1 创建的“学生信息表”增加一个整数类型的年龄字段

```
ALTER TABLE 学生信息表 ADD 年龄 I CHECK(年龄>=0) ERROR "年龄应该大于 0! "
```

（2）在修改字段的时候定义数据完整性

命令：
```
ALTER TABLE <表名> ALTER [COLUMN]<字段名> ;
[NOT NULL|NULL][PRIMARY KEY] ;
[SET DEFAULT 表达式] ;
[SET CHECK 逻辑表达式] ;
[ERROR 字符串表达式]
```

功能：在表中修改字段的数据完整性规则。

【例 7.7】 设置“学生信息表”中“少数民族否”字段的默认值为.F.。

```
ALTER TABLE 学生信息表 ALTER 少数民族否 SET DEFAULT .F.
```

7.2.3 删除数据表

在 SQL 中，删除表的命令是 DROP TABLE。

命令：`DROP TABLE 表名`

功能：直接从磁盘上删除指定的表文件。如果删除的是数据库表，则需要打开相应的数据库，然后使用 DROP TABLE 命令删除数据库表。

【例 7.8】 从磁盘上删除表“选课.dbf”。

```
OPEN DATABASE Student
DROP TABLE 选课
```

7.2.4 定义/删除视图

1. 定义视图

命令：`CREATE SQL VIEW <视图名>[(字段名 1[,字段名 2]…)] AS SELECT <查询语句>`

功能：根据 SELECT 查询语句查询的结果，定义一个视图。

说明：

① AS 短语中的 SELECT 语句可以是任意的 SELECT 查询语句，当未指定所创建视图的字段名时，则视图的字段名与 SELECT 查询语句中指定的字段同名。

② 创建的视图定义将被保存在数据库中，因而需要事先打开数据库。

【例 7.9】 根据一个数据表创建视图示例。在数据库“STUDENT.DBC”中定义一个“少数民族学生信息”的视图，由“学生信息表”中的少数民族学生记录构成。

```
CREATE SQL VIEW 少数民族学生信息 AS SELECT * FROM 学生信息表;
WHERE 少数民族否=.T.
```

说明：SELECT 短语中的“*”表示输出所有字段。有关 SELECT 命令的格式和功能将在本章 7.3 节详细介绍。执行以上语句后，在数据库“STUDENT.DBC”中创建了一个新视图“少数民族学生信息”，它可以像数据表一样用 USE 命令打开、用 LIST 或 BROWSE 命令浏览。

【例 7.10】 根据多个数据表创建视图示例。在数据库“STUDENT.DBC”中创建一个视图“成绩”，视图中包括“学生信息表”中的学号、姓名，“选课表”中的课程号、成绩。

```
CREATE SQL VIEW 成绩表 AS;
SELECT 学生信息表.学号, 学生信息表.姓名, 选课表.课程号, 选课表.成绩;
FROM 学生信息表,选课表 WHERE 学生信息表.学号=选课表.学号
```

执行以上语句后，在数据库“STUDENT.DBC”中创建了一个新视图“成绩”，此时打开的“数据库设计器”窗口如图 7-4 所示。

2. 删除视图

命令：`DROP VIEW 视图名`

功能：删除数据库中指定的视图。

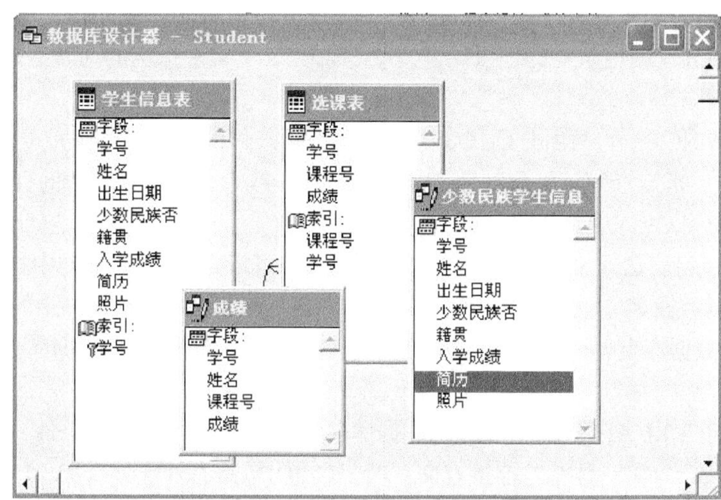

图 7-4　数据库中新创建的视图

【例 7.11】　删除数据库“STUDENT.DBC”中的视图“少数民族学生信息”。

```
OPEN DATABASE Student
DROP VIEW 少数民族学生信息
```

7.3　SQL 的数据查询

数据查询是对数据库中的数据按指定条件和顺序进行检索输出。使用数据查询可以对数据源进行各种组合，有效地筛选记录、统计数据，并对结果进行排序；使用数据查询可以让用户以需要的方式显示数据表中的数据，并控制显示数据表中的某些字段、某些记录及显示记录的顺序等。

数据查询是数据库的核心操作。虽然 SQL 的数据查询只有一条 SELECT 语句，但是该语句却是用途最广泛的一条语句，具有灵活的使用方法和丰富的功能。

7.3.1　SELECT 语句的格式

命令：
```
SELECT [ALL|DISTINCT] ;
    [TOP <表达式> [PERCENT]][<别名>.]<列表达式> ;
    [AS <栏名>][,[<别名.>]<列表达式>[AS <栏名>]…] ;
    FROM [<数据库名!>]<表名>[,[<数据库名!>]<表名>…] ;
    [INNER|LEFT|RIGHT|FULL JOIN [<数据库名!>]<表名> ;
    [ON <连接条件>…]] ;
    [[INTO TABLE<新表名>]|[TO FILE <文件名>|TO PRINTER|TO SCREEN]] ;
```

```
[WHERE <连接条件>[AND <连接条件>…] ;
[AND|OR<筛选条件>[AND|OR<筛选条件>…]]] ;
[GROUP BY <列名>[,<列名>…]][HAVING <筛选条件>] ;
[ORDER BY <列名>[ASC|DESC][,<列名>[ASC|DESC]…]]
```

功能：实现数据查询。

说明：

① SELECT 语句的执行过程为：根据 WHERE 子句的连接和检索条件，从 FROM 子句指定的基本表或视图中选取满足条件的记录，再按照 SELECT 子句中指定的列表达式，选出记录中的字段值形成结果表。

② ALL|DISTINCT：此两项分别代表显示全部满足条件的记录或消除重复的记录。TOP<表达式>[PERCENT]：指定查询结果包括特定数目的行数，或者包括全部行数的百分比。使用 TOP 子句时必须同时使用 ORDER BY 子句。

③ [<别名>.]<列表达式>[AS <栏名>]：<列表达式>可以是 FROM 子句中指定数据表（可用<别名>引用）中的字段名，也可以是表达式。AS <栏名>表示可以给查询结果的列名重新命名。

④ FROM [<数据库名!>]<表名>：列出查询要用到的所有数据表。<数据库名!>指定包含该表的非当前数据库。

⑤ INNER|LEFT|RIGHT|FULL JOIN [<数据库名!>]<表名> [ON <连接条件>…]：INNER JOIN 是内连接查询；LEFT JOIN 是左外连接查询；RIGHT JOIN 是右外连接查询；FULL JOIN 是全外连接查询；ON <连接条件>指定表的连接条件。

⑥ [INTO TABLE<新表名>]|[TO FILE <文件名>|TO PRINTER|TO SCREEN]：指定查询结果存放的地方。INTO TABLE<新表名>用来输出到数据表；TO FILE <文件名>用来输出到文本文件；TO PRINTER 用来输出到打印机，TO SCREEN 用来在屏幕上显示。

⑦ WHERE <连接条件>[AND <连接条件>…][AND|OR<筛选条件>[AND|OR<筛选条件>…]]：在多表查询时，WHERE <连接条件>用于指定数据表之间联结的条件；WHERE <筛选条件>指定查询结果中的记录必须满足的条件。

⑧ GROUP BY <列名>[,<列名>…] [HAVING <筛选条件>]：GROUP 子句将查询结果按照指定一个列或多个列上相同的值进行分组；HAIVING 指定查询结果中各组应满足的条件。

⑨ ORDER BY <列名>[ASC|DESC][,<列名>[ASC|DESC]…]：指定一个或多个字段数据作为排序的基准，ASC 为升序；DESC 为降序，默认为升序。没有此项，查询结果不排序。

应指出的是：一条 SQL 查询命令通常都比较长，在分为多行书写或输入时，应该在每一行的末尾（最后一行除外）添加一个分号“;”作为续行符；在使用本命令对数据表进行查询时，数据表可以不必事先打开。

SELECT-SQL 命令可以实现对数据表的选择、投影和联接 3 种关系操作，SELECT 短语对应投影操作，WHERE 短语对应选择操作，而 FROM 短语和 WHERE 短语配合则可实现多表之间的联接操作。因而用 SELECT-SQL 命令可以实现对关系型数据库的任意查询要求。下面将结合 SQL 查询的实际应用，分别就投影查询、条件查询、统计查询、分组查询、查询排序、连接查询、嵌套查询和集合查询进行介绍。

7.3.2 投影查询

投影查询是指从表中查询全部列或部分列。

1. 查询部分字段

如果用户只需要查询表的部分字段，可以在 SELECT 之后列出需要查询的字段名，字段名之间以英文逗号“,”分隔。

【例 7.12】 从数据库表“学生信息表.dbf”查询。

```
SELECT 学号,姓名,入学成绩 FROM 学生信息表
```

2. 查询全部字段

如果用户需要查询表的全部字段，可在 SELECT 之后列出表中所有字段，也可在 SELECT 之后直接用星号“*”来表示表中所有字段，而不必逐一列出。

【例 7.13】 查询“课程表.dbf”的全部数据。

```
SELECT * FROM 课程表
```

以上查询等价于下面的查询语句：

```
SELECT 课程号，课程名，学时，学分 FROM 课程表
```

3. 取消重复记录

在 SELECT 语句中，可以使用 DISTINCT 来取消查询结果中重复的记录。

【例 7.14】 查询学生信息表中有哪些籍贯的学生（不显示重复的籍贯）。

```
SELECT DISTINCT 籍贯 FROM 学生信息表
```

4. 查询经过计算的表达式

在 SELECT 语句中，查询的列，可以是字段，也可以是计算表达式。

【例 7.15】 从成绩表中查询学生学号、姓名和相应的三科总成绩。

```
SELECT 学号,姓名,高数+英语+计算机 AS 总成绩 FROM 成绩表
```

说明：AS 用来修改查询结果中指定列的列名。AS 可以省略。

7.3.3　条件查询

若要在数据表中找出满足某些条件的行时，则需使用 WHERE 子句来指定查询条件。

表 7.4　　WHERE 子句中的条件运算符

运　算　符	含　　义	举　　例
=、>、<、>=、<=、!=、<>	比较运算	成绩>=60
NOT、AND、OR	多重条件	成绩>=60 AND 成绩<=75
BETWEEN AND、NOT BETWEEN AND	确定范围	成绩 BETWEEN 75 AND 85
IN、NOT IN	确定集合	课程号 IN(“1001”,”1011”)
LIKE、NOT LIKE	字符匹配	姓名 LIKE “刘%”
IS NULL、IS NOT NULL	空值查询	照片 IS NOT NULL

1. 比较大小

【例 7.16】 从学生信息表中查询少数民族学生信息。

```
SELECT *FROM 学生信息表 WHERE 少数民族否
```

说明：条件“WHERE 少数民族否”等价于“WHERE 少数民族否=.T.”。

【例 7.17】 从学生信息表中查询籍贯为重庆的学生学号、姓名、籍贯和入学成绩。

```
SELECT 学号,姓名,籍贯,入学成绩 FROM 学生信息表 WHERE 籍贯="重庆"
```

【例 7.18】 从学生信息表中查询入学成绩高于 600 的学生的学号、姓名、籍贯、入学成绩和简历。

```
SELECT 学号,姓名,籍贯,入学成绩,简历 FROM 学生信息表 WHERE 入学成绩>600
```

2. 多重条件查询

当 WHERE 子句需要指定一个以上的查询条件时，则需要使用逻辑运算符 AND 和 OR 将其连接成复合逻辑表达式，AND 的运算优先级高于 OR。用户可使用括号改变优先级。

【例 7.19】 从学生信息表中查询入学成绩在 560 分到 600 分之间的学生信息。

```
SELECT 学号,姓名,入学成绩 FROM 学生信息表 WHERE 入学成绩>=560 AND 入学成绩<=600
```

【例 7.20】 从学生信息表中查询北京籍和上海籍的学生信息。

```
SELECT 学号,姓名,籍贯 FROM 学生信息表 WHERE 籍贯="北京" OR 籍贯="上海"
```

3. 确定范围

确定范围的子句是：

```
BETWEEN 下界表达式 AND 上界表达式
```

其含义是“在下界表达式和上界表达式之间，且包含上界表达式的值和下界表达式的值”。

确定不在某个范围的子句是：

```
NOT BETWEEN 下界表达式 AND 上界表达式
```

其含义是“不在下界表达式和上界表达式之间的值”。

【例 7.21】 从学生信息表中查询入学成绩在 560 分到 600 分之间的学生信息。

```
SELECT 学号,姓名,入学成绩 FROM 学生信息表 WHERE 入学成绩 BETWEEN 560 AND 600
```

【例 7.22】 从学生信息表中查询入学成绩不在 560 分到 600 分之间的学生信息。

```
SELECT 学号,姓名,入学成绩 FROM 学生信息表 WHERE 入学成绩 NOT BETWEEN 560 AND 600
```

等价于下列 SELECT 语句：

```
SELECT 学号,姓名,入学成绩 FROM 学生信息表 WHERE 入学成绩 <=560 OR 入学成绩>=600
```

4. 确定集合

利用 IN 操作可以查询字段值属于指定集合的记录，利用 NOT IN 操作可以查询字段值不属于指定集合的记录。

【例 7.23】 从学生信息表中查询学号为 001，003，005 的学生信息。

```
SELECT * FROM 学生信息表 WHERE 学号 IN('001','003','005')
```

等价于下列 SELECT 语句：

```
SELECT * FROM 学生信息表 WHERE 学号='001' OR 学号='002' OR 学号='003'
```

【例 7.24】 从学生信息表中查询非北京籍和广东籍的学生信息。

```
SELECT 学号,姓名,籍贯 FROM 学生信息表 WHERE 籍贯 NOT IN('北京','广州')
```

5. 部分匹配查询

当用户不知道完全精确的查询条件的时候，可以使用 LIKE 或 NOT LIKE 进行字符串匹配查询（也称模糊查询）。

LIKE 定义的一般格式为：<字段名> LIKE <字符串常量>

说明：字段类型必须为字符型。字符串常量的字符可以包含如下 2 个特殊符号：

“%”表示任意长度的字符串。

“_”表示任意一个字符。注意：在 Visual FoxPro 中，一个汉字用一个字符“_”表示。

【例 7.25】 从学生信息表中查询所有的姓王的学生信息。

```
SELECT * FROM 学生信息表 WHERE 姓名 LIKE "王%"
```

等价于下面的查询语句：

```
SELECT * FROM 学生信息表 WHERE AT("王",姓名)=1
```

或等价于下面的查询语句：

```
SELECT * FROM 学生信息表 WHERE LEFT(姓名,2)= "王"
```

【例 7.26】 从学生信息表中查询姓名中第二个汉字是“大”的记录。

```
SELECT * FROM 学生信息表 WHERE 姓名 LIKE "_大%"
```

等价于下面的查询语句：

```
SELECT * FROM 学生信息表 WHERE SUBSTR(姓名,3,2)="大"
```

6. 涉及空值查询

在 SELECT 语句中，使用 IS NULL 和 IS NOT NULL 来查询某个字段的值是否为空值。这里，IS 不能用用等号“=”代替。

【例 7.27】 从成绩表中查询成绩不为空的记录。

```
SELECT * FROM 选课表 WHERE 成绩 IS NOT NULL
```

7.3.4 统计查询

在实际应用中，往往不仅要求将表中的记录查询出来，还需要在原有数据的基础上，通过计算来输出统计结果。SQL 提供了许多统计函数，增强了检索功能，一些常用函数如表 7.5 所示。在这些函数中，可以使用 DISTINCT 或 ALL。如果指定了 DISTINCT，在计算时取消指定列中的重复值；如果不指定 DISTINCT 或 ALL，则取默认值 ALL，不取消重复值。

表 7.5　　SQL 中的统计函数

函 数 名 称	功　　能
AVG	按列计算平均值
SUM	按列计算值的总和
COUNT	按列统计个数
MAX	求一列中的最大值
MIN	求一列中的最小值

【例 7.28】 计算学生信息表中所有学生入学成绩的最高分、最低分和平均分。

```
SELECT MAX(入学成绩) AS 最高分,MIN(入学成绩) AS 最低分,AVG(入学成绩) AS 平均分 FROM 学生信息表
```

【例 7.29】 从课程表中，统计课程的门数。

```
SELECT COUNT(*) AS 课程门数 FROM 课程表
```

注意：COUNT(*)用来统计记录的个数，不消除重复行，不允许使用 DISTINCT。

【例 7.30】 统计选课表中已选课程的门数。

```
SELECT COUNT(DISTINCT 课程号) AS 选课门数 FROM 选课表
```

思考：这里的 DISTINCT 为什么不能省略？

7.3.5 分组查询

1. 分组查询

GROUP BY 子句可以将查询结果按照某个字段值或多个字段值的组合进行分组，每组在某个字段值或多个字段值的组合上具有相同的值。

如果没有对查询结果分组，使用统计函数是对查询结果中的所有记录进行统计。对查询结果分组以后，使用统计函数是对相同分组的记录进行统计。

【例 7.31】 从学生信息表中分别统计少数民族学生和非少数民族学生的人数

```
SELECT 少数民族否,COUNT(少数民族否) FROM 学生信息表 GROUP BY 少数民族否
```

2. 限定分组查询

如果查询要求分组满足某些条件，则需要使用 HAVING 子句来限定分组。HAVING 子句总是在 GROUP BY 子句之后，不可以单独使用。

【例 7.32】 从选课表中统计成绩平均分小于 80 分的课程号。

```
SELECT 课程号,AVG(成绩) FROM 选课表 GROUP BY 课程号 HAVING AVG(成绩)<70
```

7.3.6 查询的排序

当用户需要对查询结果排序时，可用 ORDER BY 子句对查询结果按一个或多个查询列的升序（ASC）或降序（DESC）排列，默认值为升序。ORDER BY 之后可以是查询列，也可以是查询列的序号。

1. 单列排序

使用 ORDER BY 子句可对查询结果按一个查询列进行排序。

【例 7.33】 从学生信息表中查询入学成绩大于 570 的学生学号、姓名、籍贯和入学成绩，将查询结果按成绩降序排列。

```
SELECT 学号,姓名,籍贯,入学成绩 FROM 学生信息表 WHERE 入学成绩>570;
ORDER BY 入学成绩 DESC
```

【例 7.34】 从选课表中查询每名学生的总成绩，并按照总成绩升序排序。

```
SELECT 学号,SUM(成绩) AS 总成绩 FROM 选课表 GROUP BY 学号 ORDER BY 总成绩
```

说明：这里“ORDER BY 总成绩”可以用“ORDER BY 2”代替（2 表示查询列的列序号），但不能用“ORDER BY SUM(成绩)”代替。

2. 多列排序

使用 ORDER BY 子句可以对查询结果按照多个查询列进行排序。多列排序的格式如下：

```
ORDER BY 列名 1 [ASC|DESC][, 列名 2 [ASC|DESC]…]
```

多列排序的含义是：将查询结果首先按<列名 1>排序，在<列名 1>的值相同的情况下，按<列名 2>排序。

【例 7.35】 对学生信息表，按籍贯顺序列出学生的学号、姓名、出生日期、籍贯及入学成绩，籍贯相同的再先按出生日期后按成绩由高到低排序。

```
SELECT 学号,姓名,出生日期,籍贯,入学成绩 FROM 学生信息表 ORDER BY 籍贯,出生
日期,入学成绩 DESC
```

3. 查询前面部分记录

在排序的基础上，可以使用 TOP N [PERCENT]子句查询满足条件的前面部分记录，其中 N

是数值型表达式。如果没有 PERCENT，数值型表达式是 1 到 32767 之间的整数，表示显示前面 N 个记录；如果有 PERCENT，数值型表达式是 0.01 到 99.99 之间的实数，则显示前面百分之 N 的记录。

【例 7.36】　从学生信息表中查询年龄最小的 3 名学生的信息。

```
SELECT * TOP 3 FROM 学生信息表 ORDER BY 出生日期 DESC
```

【例 7.37】　从学生信息表中查询入学成绩在后 10%的学生信息。

```
SELECT * TOP 10 PERCENT FROM 学生信息表 ORDER BY 入学成绩
```

7.3.7　内连接查询

内连接查询是多个表中满足连接条件的记录才出现在结果表中的查询。在 Visual FoxPro 中，实现两个表的内连接查询的格式有两种：

① SELECT 查询列 FROM 表 1，表 2 WHERE 连接条件 AND 查询条件

② SELECT 查询列 FROM 表 1 [INNER JOIN] 表 2 ON 连接条件 WHERE 查询条件

说明：INNER 可以省略。常用的连接条件是：表 1.公共字段=表 2..公共字段。

Visual Foxpro 在执行连接查询的过程是：首先在表 1 中找到第 1 个记录，然后从表头开始扫描表 2，逐一查找满足条件的记录，找到后，就将该记录和表 1 中的第 1 个记录进行拼接，形成查询结果中的一个记录；表 2 中的记录全部查找以后，再找表 1 中的第 2 个记录，然后再从头开始扫描表 2，逐一查找满足连接条件的记录，找到后，将该记录和表 1 中的第 2 个记录进行拼接，形成查询结果中的一个记录。重复上述操作，直到表 1 中的记录全部处理完毕。

【例 7.38】　从学生信息表和选课表中，查询各学生所选课程号为“1001”的课程的成绩情况，要求显示学号、姓名、课程号和成绩。

分析：查询中涉及学生信息表和选课表 f，两个表之间通过公共字段“学号”建立连接。实现查询的命令如下：

```
SELECT 学生信息表.学号,姓名,选课表.课程号,成绩 FROM 学生信息表,选课表;
WHERE 学生信息表.学号=选课表.学号 and 课程号='1001'
```

说明：查询表中不同表同名字段，需要用别名或表名加以限定。

命令执行结果如图 7-5 所示。

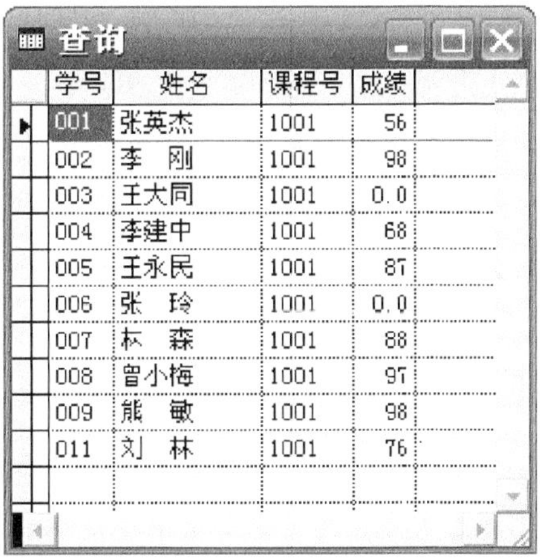

查询

学号	姓名	课程号	成绩
001	张英杰	1001	56
002	李　刚	1001	98
003	王大同	1001	0.0
004	李建中	1001	68
005	王永民	1001	87
006	张　玲	1001	0.0
007	杨　森	1001	88
008	曾小梅	1001	97
009	熊　敏	1001	98
011	刘　林	1001	76

图 7-5　学生所选“1001”课程的成绩查询结果

【例 7.39】 从学生信息表、选课表和课程表中查询少数民族学生的选课情况。

分析：该查询要使用学生信息表、选课表和课程表三个表，学生信息表和选课表之间通过公共字段“学号”建立连接，选课表和课程表之间通过公共字段“课程号”建立连接。

实现查询的命令如下：

```
SELECT 学生信息表.学号,姓名,少数民族否,选课表.课程号,课程名,学分;
FROM 学生信息表,选课表,课程表;
WHERE 学生信息表.学号=选课表.学号 AND 选课表.课程号=课程表.课程号;
AND 少数民族否=.T.
```

命令执行结果如图 7-6 所示。

查询

学号	姓名	少数民族否	课程号	课程名	学分
001	张　杰	T	1001	高数	4
001	张　杰	T	1010	英语	3
001	张　杰	T	1011	计算机	2
003	王大同	T	1001	高数	4
003	王大同	T	1010	英语	3
003	王大同	T	1011	计算机	2
004	李建中	T	1001	高数	4
004	李建中	T	1010	英语	3
004	李建中	T	1011	计算机	2
005	王永民	T	1001	高数	4
005	王永民	T	1010	英语	3
005	王永民	T	1011	计算机	2
006	张　玲	T	1001	高数	4
006	张　玲	T	1010	英语	3
006	张　玲	T	1011	计算机	2
010	李文丽	T	1001	高数	4
010	李文丽	T	1010	英语	3
010	李文丽	T	1011	计算机	2

图 7-6　少数民族学生选课查询结果

7.3.8 自连接查询

SQL 还支持将同一个表与其自身进行连接，这种连接查询称为自连接查询。在自连接查询中，必须将查询涉及的表名定义为别名。在查询涉及的字段前面，用别名加以限定。

定义表的别名的语法是：<表名>.<别名>。

【例 7.40】 查询选修计算机课程号为“1011”的学生中成绩大于学号为“007”的学生该门课成绩的那些学生的学号及成绩。

```
SELECT A.学号,A.成绩 FROM 选课表 A,选课表 B WHERE A.课程号=B.课程号;
AND B.课程号="1011" AND B.学号="007" AND A.成绩>B.成绩
```

7.3.9 修改查询去向

SELECT 语句默认的输出去向是在浏览窗口中显示查询结果。可以使用特殊的子句来修改 SELECT 语句的查询结果的输出去向。

1. 将查询结果存放到永久表中

使用子句 INTO DBF | TABLE <表名>，可以将查询结果存放到永久表中（.DBF 文件）。查询

语句执行结束后，永久表自动打开，成为当前文件。

【例 7.41】 查询学生所学课程和成绩，输出学号、姓名、课程名和成绩，并将结果保存在表 TEST.DBF 中。

```
SELECT A.学号,姓名,课程名,成绩 FROM 学生信息表 A,选课表 B,课程表 C;
WHERE A.学号=B.学号 AND B.课程号=C.课程号 INTO TABLE TEST ORDER BY A.学号
```

执行该 SELECT 语句后，将在当前目录中生成一个永久表 TEST.DBF

【例 7.42】 使用 SELECT 语句将表 TEST.DBF 复制到表 TEST1.DBF 中。

```
SELECT * FROM test INTO TABLE test1
```

执行该 SELECT 语句后，生成表 TEST1.DBF，该表的结构和记录与 TEST.DBF 完全相同。

2. 将查询结果存放在临时文件中

使用子句 INTO CURSOR <临时表文件名>，将查询结果存放到临时数据表文件中。该子句生成的临时文件是一个只读的.DBF 文件，当查询结束后，该临时文件是当前文件，可以像一般的.DBF 文件一样使用（当然是只读）。当关闭查询相关的表文件时，该临时文件自动删除。

3. 将查询结果存放到文本文件中

使用子句 TO FILE <文本文件名>[ADDITIVE]，可将查询结果存放到文本文件（默认扩展名是.txt）。如果使用 ADDITIVE，结果将追加到原文件的尾部，否则将覆盖原有文件。

【例 7.43】 将例 7.38 的查询结果保存到 TEST.TXT 文本文件中。

```
SELECT A.学号,姓名,课程名,成绩 FROM 学生信息表 A,选课表 B,课程表 C;
WHERE A.学号=B.学号 AND B.课程号=C.课程号 ORDER BY A.学号 TO FILE TEST
```

4. 将查询结果存放到数组中

可以使用子句 INTO ARRAY <数组名>，将查询结果存放到<数组名>指定的数组中。一般将存放查询结果的数组作为二维数组来使用，数组的每行对应一个记录，每列对应于查询结果的一列。查询结果存放在数组中，可以非常方便地在程序中使用。注意：SELECT 语句不能将查询结果保存到一个简单变量中。

5. 将查询结果直接输出到打印机

使用子句 TO PRINTER [PROMPT]，将查询结果输出到打印机。如果增加 PROMPT 选项，在开始打印之前，系统会弹出打印机设置对话框。

7.3.10　嵌套查询

在 SELECT 语句中，一个 SELECT-FROM-WHERE 语句称为一个查询块。一个查询块（子查询）嵌套在另一个查询块（父查询）中的 WHERE 条件或 HAVING 子句的查询称为嵌套查询。系统在处理嵌套查询时，首先查询出子查询的结果，然后将子查询的结果用于父查询的查询条件中。

1. 带比较运算符号的子查询

在嵌套查询中，当子查询的结果是一个单值（只有一个记录，一个字段值），可以用>、<、>=、<=、<>等比较运算符来生成父查询的查询条件。

【例 7.44】 查询入学成绩大于学号为“007”的学生的学号，姓名和入学成绩。

```
SELECT 学号,姓名,入学成绩 FROM 学生信息表 WHERE 入学成绩>;
(SELECT 入学成绩 FROM 学生信息表 WHERE 学号="007")
```

说明：因为学生信息表中，学号没有重复，因此子查询的结果是一个单值，可以使用比较运算符号。

2. IN 谓词子查询

在嵌套查询中，子查询的结果一般是一个集合，因此在外层查询中，可以用 IN 谓词来作为查询条件。IN 谓词的使用格式是：

父查询 WHERE 字段 IN （子查询）

【例 7.45】 查询选修了课程号为“1010“的所有学生的学号。

```
SELECT 学号 FROM 选课表 WHERE 课程号 IN (SELECT 课程号 FROM 选课表; WHERE 课程号="1010")
```

3. 带有 ANY、ALL 或 SOME 量词的子查询

ANY、ALL 或 SOME 是量词，其中 ANY 和 SOME 是相同的，其用法如表 7.6 所示。

表 7.6　　SQL 中的量词运算

量 词 运 算	含　　义
>[=]ANY	大于或等于子查询结果中的某个记录的值
>[=]ALL	大于或等于子查询结果中所有记录的值
<[=]ANY	小于或等于子查询结果中的某个记录的值
<[=]ALL	小于或等于子查询结果中所有记录的值

【例 7.46】 对 STUDENT 数据库，列出选修课程“1001”的学生中，比选修课程“1010”的最高成绩还要高的学生的学号和成绩。

```
SELECT 学号,成绩 FROM 选课表 WHERE 课程号="1001" AND 成绩>ALL;
(SELECT 成绩 FROM 选课表 WHERE 课程号="1010")
```

该查询的含义是，首先找出选修课程“1010”的所有学生的成绩（如结果为 78、81 和 65），然后再在选修“1001”课的学生中选出其成绩中高于选修课程“1010”的所有成绩（即高于 81 分）的那些学生。

【例 7.47】 对 STUDENT 数据库，列出选修“1001”课的学生中成绩比选修“1010”的最低成绩高的学生的学号和成绩

```
SELECT 学号,成绩 FROM 选课表 WHERE 课程号= “1001” AND 成绩>ANY;
(SELECT 成绩 FROM 选课 WHERE 课程号= “1010”)
```

该查询必须做两件事，首先找出选修课程“1010”的所有学生的成绩（如结果为 78、81 和 65），然后在选修课程“1001”的学生中找出其成绩高于选修“1010”课的任何一个学生的成绩（即低于 65 分）的那些学生。

7.3.11　集合查询

SELECT 语句的查询结果是记录的集合，因此多个 SELECT 语句的查询结果可以进行集合操作。这里主要介绍集合的并操作 UNION。参加 UNION 操作的各个查询的结果的字段数目必须相同，对应的数据类型也必须相同。

【例 7.48】 查询入学成绩大于 600 或小于 400 的学生信息。

```
SELECT * FROM 学生信息表 WHERE 入学成绩>600;
UNION ;
SELECT * FROM 学生信息表 WHERE 入学成绩<400
```

本查询可以使用运算符 OR 来实现，其查询语句如下：

```
SELECT * FROM 学生信息表 WHERE 入学成绩>600 OR 入学成绩<400
```

【例 7.49】 查询选修了“1001”或“1010”课程的学生学号。

```
SELECT 学号 FROM 选课表 WHERE 课程号="1001";
UNION;
SELECT 学号 FROM 选课表 WHERE 课程号="1010"
```

说明：使用 UNION 进行多个查询的并运算时，系统会自动取消重复的记录。

7.4 SQL 的数据操纵功能

SQL 的数据操纵也称为数据更新，主要包括插入数据、修改数据和删除数据 3 种语句。

7.4.1 插入记录

插入数据是把新的记录插入到一个存在的表中。插入数据使用语句 INSERT INTO。

命令：INSERT INTO <表名>[(<字段名 1>[,<字段名 2>…])] ;

VALUES(<值 1>[,<值 2>…])

功能：将新记录插入到指定的表中，分别用值 1、值 2 等为字段名 1、字段名 2 等赋值。

说明：<表名>指定要插入新记录的表；<字段名>是可选项，指定待添加数据的列；VALUES 子句指定待插入记录的各个字段的值。

INSERT 语句中字段的排列顺序不一定要和表结构中字段的顺序一致。但当指定字段名时，VALUES 子句值的排列顺序必须和指定字段名的排列顺序一致，个数相等，数据类型一一对应。

INTO 语句中没有出现的字段名，新记录在这些字段上将取空值(如果在表定义时说明了 NOT NULL 的字段可以取空值)。如果 INTO 子句没有带任何字段名，则插入的新记录的字段的值顺序必须在和表结构的字段顺序一致，而且必须在每个字段上均有值。

【例 7.50】 在课程表中插入一条新的记录("2001","Visual Foxpro 程序设计",48,2)。

```
INSERT INTO 课程表 VALUES("2001","Visual Foxpro 程序设计",48,2)
```

注意：各列名和数据必须用逗号分开，字符型数据要用字符定界符括起来。

【例 7.51】 在学生信息表中插入新记录("012","向洁")。

```
INSERT INTO 学生信息表(学号,姓名) VALUES("012","向洁")
```

7.4.2 更新记录

可以使用 UPDATE 语句对表中的一个或多个记录的某些列值进行修改。

命令：UPDATE <表名> ;

SET <字段名 1>=<表达式> [,<字段名 2>=<表达式>]… [WHERE <条件>]

功能：对表中的一个或多个记录的某些字段值进行修改。

说明：<表名>指定要修改的表；SET 子句给出要修改的字段及其修改以后的值；WHERE 子句指定需要修改的记录应当满足的条件，WHERE 子句省略时，则修改表中所有记录。

【例 7.52】 将学生信息表中熊敏同学的籍贯改为重庆。

```
UPDATE 学生信息表 SET 籍贯="重庆" WHERE 姓名="熊敏"
```

7.4.3 删除记录

使用 DELETE 语句可逻辑删除表中的一个或多个记录。

命令：DELETE FROM<表名> [WHERE <条件>]

功能：逻辑删除表中的一个或多个记录。

说明:<表名>指定要删除数据的表。WHERE 子句指定待删除的记录应当满足的条件。WHERE 子句省略时，则删除表中的所有记录。

【例 7.53】 逻辑删除学生信息表中所有非重庆籍学生的记录。

```
DELETE FROM 学生信息表 WHERE 籍贯!="重庆"
```

此命令执行后，学生信息表的浏览结果如图 7-7 所示。

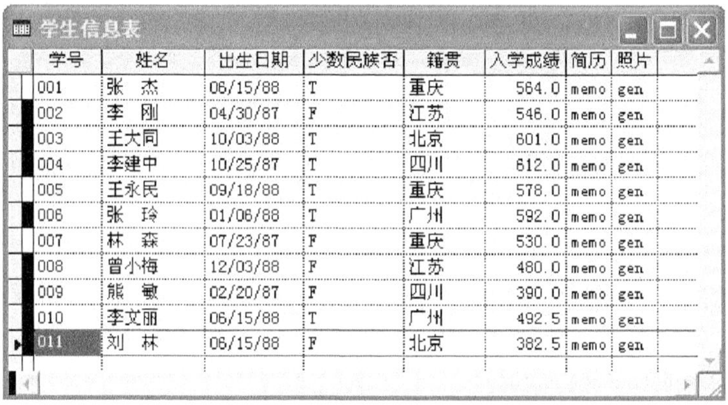

学生信息表

学号	姓名	出生日期	少数民族否	籍贯	入学成绩	简历	照片
001	张 杰	06/15/88	T	重庆	584.0	memo	gen
002	李 刚	04/30/87	F	江苏	546.0	memo	gen
003	王大同	10/03/88	T	北京	601.0	memo	gen
004	李建中	10/25/87	T	四川	612.0	memo	gen
005	王永民	09/18/88	T	重庆	578.0	memo	gen
006	张 玲	01/06/88	T	广州	592.0	memo	gen
007	林 森	07/23/87	F	重庆	530.0	memo	gen
008	曾小梅	12/03/88	F	江苏	480.0	memo	gen
009	熊 敏	02/20/87	F	四川	390.0	memo	gen
010	李文丽	06/15/88	T	广州	492.5	memo	gen
011	刘 林	06/15/88	F	北京	382.5	memo	gen

图 7-7 逻辑删除非重庆籍学生后的学生信息表

注意：使用 DELETE 语句只能逻辑删除表中的记录。若要物理删除表中的记录，需要执行 PACK 命令。

小 结

SQL 是 Structured Query Language（结构化查询语言）的缩写。查询是 SQL 的重要组成部分，但不是全部，Visual Foxpro 支持 SQL 的数据定义、数据查询和数据操纵功能，但在具体实现上与其他的数据库应用开发工具相比也存在一些差异。另外，由于 Visual Foxpro 自身在安全控制方面的缺陷，所以它没有提供数据控制功能。

习 题

7-1 选择题

（1）SQL 的核心是（ ）。

A. 数据定义 B. 数据查询 C. 数据操纵 D. 数据控制

（2）SQL 是（ ）。

A. 高级语言　　B. 结构化查询语言　　C. 第三代语言　　D. 宿主语言

（3）下列 SQL 语句中，用于修改表结构的是（　　）。

A. ALTER　　B. CREATE　　C. UPDATE　　D. INSERT

（4）SQL 语句中删除表的命令是（　　）。

A. DROP TABLE　　B. DELETE TABLE

C. ERASE TABLE　　D. DELETE DBF

（5）在 SQL 查询时，使用 WHERE 子句指出的是（　　）。

A. 查询目标　　B. 查询结果　　C. 查询条件　　D. 查询视图

（6）在 SQL 的查询语句中，实现投影操作的短语为（　　）。

A. SELECT　　B. FROM　　C. WHERE　　D. JOIN ON

（7）在 SQL SELECT 语句中，DISTINCT 用于表示（　　）。

A. 查询结果中无重复记录　　B. 查询结果不分组

C. 查询函数　　D. 查询不同的表

（8）在 SQL 语句中，与表达式“工资 BETWEEN 1200 AND 1300”功能相同的表达式是（　　）。

A. 工资>=1200 AND 工资<=1300　　B. 工资>1200 AND 工资<1300

C. 工资<1200 AND 工资>1300　　D. 工资<=1200 AND 工资>=1300

（9）下列语句中,查询显示库区移民学生的数学成绩低于 60 分的学生的学号、姓名，正确的是（　　）。

A. SELETE 学号，姓名 FROM XS FOR 数学<60 OR 库区移民 = .T.

B. SELETE 学号，姓名 FROM XS WHERE 数学<60 AND 库区移民 = .T.

C. SELETE 学号，姓名 FROM XS FOR 数学<60 AND 库区移民 = .T.

D. SELETE 学号，姓名 FROM XS WHERE 数学<60 OR 库区移民 = .T.

（10）查询订购单号首字符是“P”的订单信息，应该使用命令（　　）。

A. SELECT*FROM 订单 WHERE HEAD（订购单号，1）=”P”

B. SELECT*FROM 订单 WHERE LEFT（订购单号，1）=”P”

C. SELECT*FROM 订单 WHERE “P”$订购单号

D. SELECT*FROM 订单 WHERE RIGHT（订购单号，1）=”P”

（11）有语句：SELECT*FROM STOCK WHERE 单价 BETWEEN 12.76 AND 15.20。与该语句等价的是（　　）

A. SELECT*FROM STOCK WHERE 单价<=15.20.AND.单价>=12.76

B. SELECT*FROM STOCK WHERE 单价<15.20.AND.单价>12.76

C. SELECT*FROM STOCK WHERE 单价>=15.20.AND.单价<=12.76

D. SELECT*FROM STOCK WHERE 单价<>15.20.AND.单价<12.76

（12）在 Visual FoxPro 的查询设计器中，“排序依据”选项卡对应的 SQL 短语是（　　）。

A. INTO　　B. ORDER BY　　C. WHERE　　D. GROUP BY

（13）下面有关 HAVING 子句描述错误的是（　　）。

A. HAVING 子句必须与 GROUPBY 子句同时使用，不能单独使用

B. 使用 HAVING 子句的同时不能使用 WHERE 子句

C. 使用 HAVING 子句的同时可以使用 WHERE 子句

D. 使用 HAVING 子句的作用是限定分组的条件

（14）SQL 实现分组查询的短语是（　　）。

A. ORDER BY　B. GROUP BY　C. HAVING　D、ASC

（15）SQL 的数据操作语句不包括（　　）。

A. INSERT　B. UPDATE　C. SELECT　D. ClIANE

（16）删除“职工”表中没有写入工资的记录，应该使用的命令是（　　）。

A. DELETE FROM 职工 WHERE 工资=NULL

B. DELETE FROM 职工 WHERE 工资 IS NULL

C. DELETE FROM 职工 WHERE 工资!=NULL

D. DELETE FROM 职工 WHERE 工资 IS NOT NULL

（17）SQL 的数据操纵语句包括 SELECT、INSERT、UPDATE 和 DELETE 等。其中最重要的，也是使用最频繁的语句是（　　）。

A. SELECT　B. INSERT　C. UPDATE　D. DELETE

（18）SQL 是具有（　　）的功能。

A. 关系规范化、数据操纵、数据控制　B. 数据定义、数据操纵、数据控制

C. 数据定义、关系规范化、数据控制　D. 数据定义、关系规范化、数据操纵

（19）下列描述中，错误的是（　　）。

A. SQL 中的 DELETE 语句可以删除一条记录

B. SQL 中的 DELETE 语句可以删除多条记录

C. SQL 中的 DELETE 语句可以用子查询选择要删除的行

D. SQL 中的 DELETE 语句可以删除子查询的结果

（20）在 SQL 的 SELECT 语句中，用于增加字段长度的子句是（　　）。

A. ADD　B. INTO　C. JOIN　D. DESE

7-2 填空题

（1）在 SQL 的 CREATE TABLE 语句中，为属性说明取值范围的是（　　　）短语。

（2）SQL 插入记录的命令是 INSERT，删除记录的命令是（　①　），修改记录的命令是（　②　）。

（3）从职工数据库表中计算工资合计的 SQL 语句是：SELECT（　　　）FROM 职工。

（4）将学生表 STUDENT 中的学生年龄（字段名是 AGE）增加 1 岁，应该使用的 SQL 命令是：UPDATE STUDENT（　　　）。

（5）在 Visual Foxpro 中，使用 SQL 的 ALTER TABLE 命令给学生表 STUDENT 增加一个 Email 字段，长度为 30，命令是：ALTER TABLE STUDENT（　　　）Email C(30)。

（6）设有学生选课表 SC（学号，课程号，成绩），用 SQL 检索每门课程的课程号及平均分的语句是：SELECT 课程号，AVG(成绩) FROM SC（　　　）。

（7）为“学生”表增加一个“平均成绩”字段的正确命令是：ALTER TABLE 学生 ADD（　　　）平均成绩 N(5,2)。

（8）～（10）题使用如下三个数据库表：

金牌榜.DBF　国家代码 C（3），金牌数 I，银牌数 I，铜牌数 I

获奖牌情况.DBF　国家代码 C（3），运动员名称 C（20），项目名称 C（30），名次 I

国家.DBF　国家代码 C（3），国家名称 C（20）

"金牌榜"表中一个国家一条记录；"获奖牌情况"表中每个项目中的各个名次都有一条记录，名次只取前 3 名，例如：

国家代码	运动员名称	项目名称	名次
001	刘翔	男子 110 米栏	1
001	李小鹏	男子双杠	3
002	菲尔普斯	游泳男子 200 米自由泳	3

（8）为表"金牌榜"增加一个字段"奖牌总数"，同时为该字段设置有效性规则；奖牌总数〉=0，应使用 SQL 语句：

ALTER TABLE 金牌榜（　①　）奖牌总数 I（　②　）奖牌总数>=0

（9）使用"获奖牌情况"和"国家"两个表查询"中国"所获金牌（名次为 1）的数量，应使用 SQL 语句：

SELECT COUNT(*) FROM 国家 INNER JOIN 获奖牌情况；

（　　　）国家.国家代码=获奖牌情况.国家代码；

WHERE 国家.国家名称="中国" AND 名次=1

（10）将金牌榜.DBF 中的新增加的字段奖牌总数设置为金牌数、银牌数、铜牌数 3 项的和，应使用 SQL 语句：

（　①　）金牌榜（　②　）奖牌总数=金牌数+银牌数+铜牌数

7-3　思考题

（1）简述 SQL 的功能及特点。

（2）SQL 的数据定义功能有哪些？

（3）SELECT 语句的功能是什么？可以实现哪些查询？

（4）利用 SELECT 语句进行条件查询时，在其 WHERE 子句中可适用哪些运算符？

（5）SQL 的数据操纵主要有哪些功能？

参考答案：

7-1　选择题

（1）B　（2）B　（3）A　（4）A　（5）C　（6）A　（7）A

（8）A　（9）B　（10）B　（11）A　（12）B　（13）B　（14）B

（15）D　（16）B　（17）A　（18）B　（19）D　（20）B

7-2　填空题

（1）CHECK

（2）① DELETE　② UPDATE

（3）SUM（工资）

（4）SET AGE=AGE+1

（5）ADD

（6）GROUP BY 课程号

（7）COLUMN

（8）① ADD　② CHECK

（9）ON

（10）①UPDATE　② SET

第 8 章 结构化程序设计

前面几章学习了 Visual FoxPro 的交互操作方式，这只是 Visual FoxPro 系统的一部分，Visual FoxPro 系统还提供了一整套功能完善的程序语言系统，即结构化程序设计和面向对象可视化程序设计工具。程序方式是数据库管理的另外一种重要的操作方式，结构化程序设计是面向对象的程序设计的基础。

通过本章的学习，读者应该掌握程序设计的基本概念、结构和流程，并掌握创建功能强大、灵活方便应用程序的方法。

8.1 程序设计概述

8.1.1 程序设计的概念

1. 命令执行方式

在 Visual FoxPro 环境下，命令有以下两种执行方式：

（1）单命令方式

单命令方式也称交互操作方式，即在命令窗口中输入命令后，按回车键，命令就立即被执行，在屏幕上就会显示该命令的执行结果，在第 1 章 1.6 节命令窗口时有所介绍。这种方式的特点是：简单、直观，但效率低下，不便于反复执行。

（2）程序方式

程序方式也称为批命令方式，这种方式是将多条 Visual FoxPro 命令按一定的顺序存放在一个文件中，执行该文件，则文件中的命令就被自动依次执行。该方式的特点是：文件可被反复执行，且极大地降低了用户的介入程度。

2. 程序设计的概念

什么是程序设计？对于初学者来说，往往把程序设计简单理解为只是编写一个程序，这是不全面的。程序设计应包含多方面的内容，它应反映了利用计算机解决问题的全过程，而编写程序只是其中的一个方面。使用计算机解决实际问题，通常是先要对问题进行分析并建立数学模型，然后考虑数据的组织方式和算法，并用某一种程序设计语言编写程序，最后调试程序，使之运行后能产生预期的效果。这个过程称为程序设计。

在拿到一个实际问题之后，应对问题的性质和要求进行深入分析，从而确定求解问题的数学模型或方法，接下来进行算法设计，并画出流程图，最后根据流程图，再编写程序。所谓算法即是解决问题的方法步骤，在实际应用中，常用流程图来描述，流程图很多如控制流程图、N-S 流程图等。

在 Visual FoxPro 中，完成特定功能的多条 Visual FoxPro 命令按一定的结构顺序存储在磁盘上，这个文件就称为程序文件。程序设计的方法包括结构化程序设计和面向对象的程序设计。

8.1.2 结构化程序设计方法

结构化程序设计方法是被普遍采用的一种程序设计方法，自 20 世纪 60 年代由荷兰学者 E.W.Dijkstra 提出后，在实践中不断发展和完善，成为软件开发的重要方法。结构化程序设计采用自顶向下、逐步求精和模块化的分析方法。

自顶向下是指对设计的系统有一个全面的理解后，从问题的全局入手，把一个复杂问题分解成若干个相互独立的子问题，然后对每个子问题再进一步的分解，如此重复，直到每个问题都容易解决为止。逐步求精是指程序设计时，先把一个子问题用一个程序模块来描述，再把每个模块的功能逐步分解细化为一系列的具体步骤，以致能用某种程序设计语言的基本控制语句来实现。逐步求精总是和自顶向下结合使用，一般把逐步求精看作是自顶向下设计的具体体现。模块化是结构化程序的重要原则，即把大程序按照功能分为较小的程序。一般来讲，一个大的应用程序是由一个主程序和若干模块的子模块（子程序）组成。主程序用来完成某些公用操作及功能选择，子模块用来完成某些特定的功能，而子模块又可以分解成若干较简单的子问题即子模块来解决。

结构化程序设计的过程就是将问题求解自抽象逐步具体化的过程。

结构化程序设计注重程序的流程，通过组织命令序列编写程序。任何复杂的程序都由顺序结构、选择结构和循环结构三种基本控制结构组成。通常用控制流程图（也称程序框图）来表示三种基本的控制结构。

（1）基本图符

圆弧框——表示一个问题处理的开始和结束（见图 8-1（a））。

矩形框——表示处理，对应于一条或者多条顺序执行的程序命令（见图 8-1（b））。

菱形框——表示判断，对应于程序中的分支命令（见图 8-1（c））。

流程线——表示执行的次序（见图 8-1（d））。

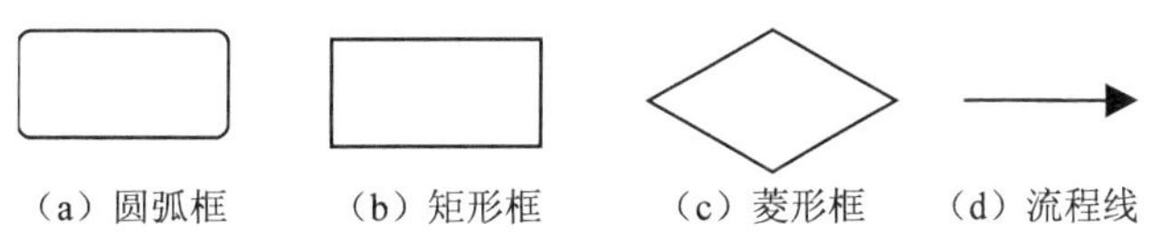

图 8-1 控制流程图基本图符

（2）控制结构

所谓控制结构是指在程序中控制各命令按一定顺序执行。Visual FoxPro 有三种基本控制结构，分别为顺序结构（如图 8-2（a）所示）、分支结构（如图 8-2（b）所示、循环结构（当型循环如图 8-2（c）所示，直到型循环如图 8-2（d）所示）。

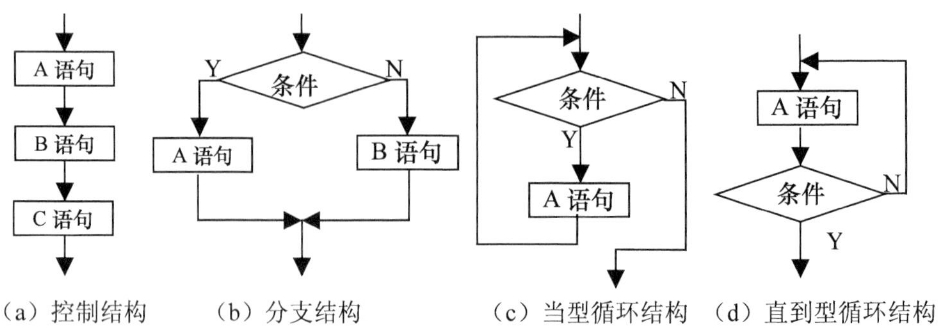

图 8-2　几种控制结构

8.1.3　Visual FoxPro 程序的语法成分

一个 Visual FoxPro 程序一般由以下几部分构成：

（1）前言

多为一组注释语句，用以指出程序的名称、功能、编制者以及编辑修改的有关信息。

（2）设置区

该区在前言之后，用以设置程序的运行环境。一般以 SET 命令设置程序运行时的系统状态和参量初值。

（3）程序体

是程序的核心，包含实现程序功能的所有命令序列，如数据的输入、输出、处理以及结果的输出等有关命令。

（4）整理部分

每个程序在完成其预定任务之后，都需要作一些整理工作，如关闭各种文件，使系统状态恢复到其标准设定值。

（5）结束

程序在做完整理工作后，返回系统的命令窗口状态或操作系统状态。

例如，下面的程序是逐条显示学生数据库的学生信息表中姓名为“李刚”的所有记录。

```
* 本程序将显示学生数据库的学生信息表中 “李刚”的信息
SET TALK OFF  &&关闭人机对话，即不在 VFP 环境中显示 VFP 命令执行的状态
CLEAR     &&清除屏幕上所有显示内容
OPEN DATABASE 学生  &&打开学生数据库
USE 学生信息表     &&打开学生信息表
DO  WHILE .NOT. EOF()
    IF 姓名="李刚"
      DISPLAY
      EXIT
    ELSE
      SKIP
    ENDIF
ENDDO
CLOSE DATABASE          &&关闭数据库
SET TALK ON             &&打开人机对话
RETURN                  &&返回主程序
```

说明：在本程序中，第 1 行是一条说明语句，在程序执行时，该语句不执行，第 2～3 行为设

置区，用以设置程序的运行环境，第 4～12 行为程序体，是程序的核心部分，第 13～14 行是整理部分，主要是关闭各种文件，使系统状态恢复到其初始设定值，第 15 行是结束部分，该语句的作用是返回主程序。

8.1.4　程序的书写规则

编写 Visual FoxPro 程序时，应注意以下书写规则:

① 程序中的每一行只能书写一条命令，每条命令都以回车键结束；

② 一条命令可以分成多行书写，可在行末键入续行标志“;”，然后按回车键；

③ 为了提高程序的可读性，可在程序的行首加入注释语句，以注释符“*”开头，说明程序的功能；也可以在每一条命令的行尾添加注释，以注释符“&&”开头，注明每条语句的功能及含义；

④ 程序结尾可加上结束语句，如 RETURN、QUIT、CANCEL 等。

- RETURN：结束程序执行，返回调用它的上级程序，若无上级程序就返回命令窗口。
- QUIT：结束程序执行并退出 Visual FoxPro 系统，返回操作系统。
- CANCEL：终止程序运行，清除所有的私有变量，返回命令窗口。

8.2　程序文件的基本操作

8.2.1　程序文件的建立和编辑

Visual FoxPro 程序文件，是一个以.prg 为扩展名的文本文件。任何可以建立、编辑文本文件的工具，都可以创建和编辑 Visual FoxPro 程序文件。这些文本编辑工具，可以是 Visual FoxPro 系统提供的内部编辑器，也可以是其他常用文本编辑软件。在文本编辑环境下，不仅可以对程序文件进行输入和修改，还可以实现字符串查找、替换、删除和编辑功能。

在 Visual FoxPro 系统环境下，建立、编辑程序文件可以使用以下两种方法。

1. 命令方式

格式：`MODIFY COMMAND` <程序文件名>

功能：在程序文件编辑窗口，创建或修改以<程序文件名>命名的程序文件。

<程序文件名>由用户指定，默认的扩展名为.prg。用户在命令窗口输入该命令并按回车键后，便可以创建或打开程序文件。

说明：

① <程序文件名>前也可用路径指定文件的存放位置，默认的存放位置为当前目录。

② 若指定位置没有<程序文件名>所指程序文件，将会打开一个程序编辑窗口，供用户输入新程序，如图 8-3 所示。

③ 若指定位置有文件名所指程序文件，则在打开的程序编辑窗口显示之，供用户修改编辑，同时会在磁盘上产生一个同名，同内容的.bak 文件。

2. 菜单方式

用菜单方式建立、编辑程序文件。操作步骤如下：

（1）打开“文件”菜单，选择“新建”，进入“新建”对话框。

（2）在“新建”对话框中选择“程序”，再选择“新建文件”，进入“新建文件”编辑窗口。

（3）在“程序文件”编辑窗口，可以输入新的程序文件，或修改已有的程序文件。

（4）保存程序文件。

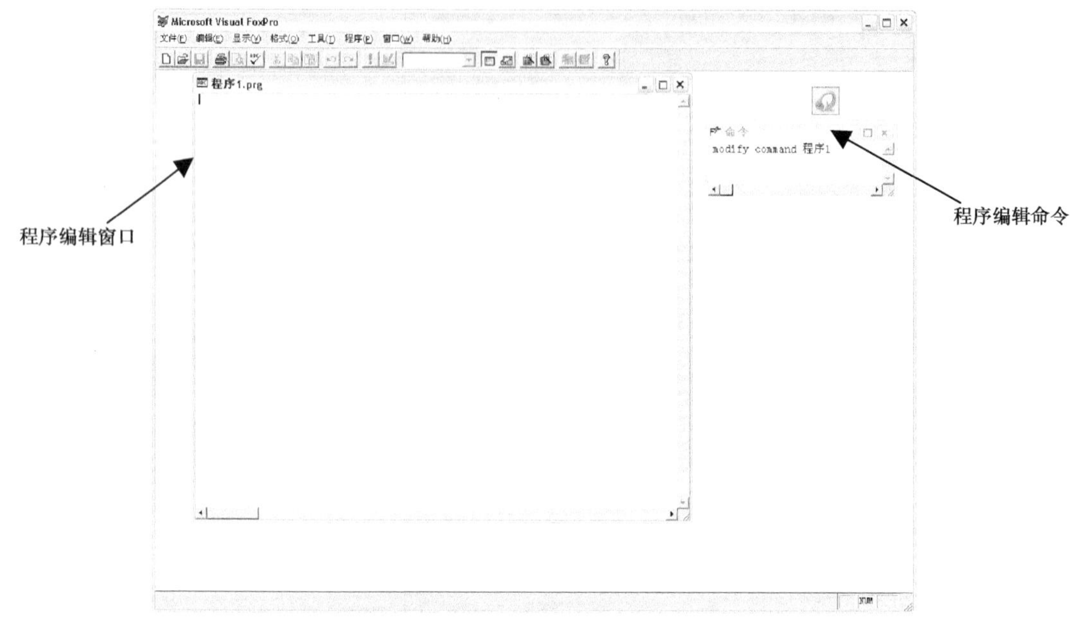

图 8-3　程序编辑窗口

8.2.2　程序文件的运行

在 Visual FoxPro 系统中，运行程序文件有很多方法，在这里仅介绍其中两种方法。

1. 使用 DO 命令方式

格式：`DO` <程序文件名>

功能：运行以<程序文件名>为名的程序文件或其他文件。

说明：如果文件名不带扩展名，则 Visual FoxPro 按下列顺序寻找并执行这些文件：可执行文件（.exe）、应用程序（.app），编译后的目标程序文件（.fxp）和程序文件（.prg）。

2. 使用菜单方式

操作步骤如下：

① 打开“程序”菜单，选择“运行”选项，进入“运行”对话框。

② 在“运行”对话框中，找到或输入要运行的程序文件名。

8.3　常用命令的使用

8.3.1　输入命令

1. ACCEPT 命令

格式：`ACCEPTU`［<提示信息>］ `TO` <内存变量名>

功能：接受字符串数据输入，当命令执行时，在屏幕上显示提示信息，等待用户从键盘输入数据，再把输入数据赋值给指定的内存变量。

说明：ACCEPT 命令只能接受字符型常量，输入时不需加定界符。

【例 8.1】　编写程序，要求用户从键盘上输入用户名，并把输入的用户名显示出来。

```
CLEAR
ACCEPT "请输入你的用户名" TO NAME
? NAME
```

2. INPUT 命令

格式：INPUT ［<提示信息>］ TO <内存变量名>

功能：接受所有数据类型的数据输入，当该命令执行时，在屏幕上显示提示信息，等待用户从键盘输入数据，再把输入数据赋值给指定的内存变量。

说明：INPUT 命令能接受任何类型的表达式，其中：

① 输入 C 型数据时，要使用"或 ""作为定界符；

② 输入 L 型数据时，.T.和.F.，两边的“.”不能省；

③ 输入 D 型数据时，要用{ } 或 CTOD( ) 将字符串转成日期型变量。

【例 8.2】　编写程序，要求用户输入学生姓名、年龄、出生日期等信息。

```
INPUT "请输入学生姓名" TO NAME     &&输入 C 型数据加定界符，如"李平"
INPUT "请输入学生年龄" TO AGE      &&输入 N 型数据，如 19，AGE =19
INPUT "请输入学生出生日期" TO CSRQ  &&输入 D 型数据，如{^1990/06/01}
```

3. WAIT 命令

格式：WAIT ［<提示信息>］ TO <内存变量名> [NOWAIT][TIMEOUT <数值表达式>]

功能：接受一个字符的输入，并将字符存入指定的内存变量中。

说明：该命令可暂停程序的运行，等待用户输入一个字符或按下任意键后程序继续执行。其各子句说明如下：

① TO <内存变量名>用来存放输入的字符，如果不选 TO 子句，则输入的字符不予保存。

② 若直接敲回车键或其他不可打印键，则将空串存放在 TO 后的内存变量中。

③ 如果省略<提示信息>，则屏幕显示“按任意键继续…”提示信息。

④ 若使用 NOWAIT 选项，系统将不等用户按键，立即往下执行。

⑤ TIMEOUT 子句用来设定等待时间（秒数），一旦超时将自动往下执行。

【例 8.3】　用 WAIT 语句完成给变量 N 输入数据，并显示。

```
WAIT "请选择（1-5）" TO N
?N
```

当执行到 WAIT 语句时，先在屏幕上显示“请选择（1-5）”，等待用户通过键盘给 N 输入数据，当输入字符 2（注意直接输入 2，不加定界符）时，程序继续执行。

4. 格式输入语句

格式：

```
@ <行，列> SAY <提示信息> GET <变量名>
  [RANGE <数值表达式 1>，<数值表达式 2>]
  READ
```

功能：在屏幕指定的坐标位置上显示提示信息和<变量名>的初值，如果有 READ 子句，将等待用户输入数据。

说明：

① 标准屏幕是 25 行 80 列，左上角定点是（0，0），右下角坐标为（24，79），行，列可为表达式，还可以是小数。

② <变量名> ：该变量应在其前面定义过。

③ READ 一般与 GET 联合起来用，当有 READ 时，GET <变量名> 的内容可以从键盘上修改，没有 READ 时，GET 后的变量只能显示内容，不能修改。

④ RANGE 子句表示输入数据的取值范围。

一个 READ 可以修改它前面的多个 GET 项的内容，但也可以由 CLEARGETS 命令隔断。

【例 8.4】 用@命令显示“学生信息表”中姓名为“张玲”的学生信息。

源程序清单如下：

```
USE 学生信息表
LOCATE  FOR 姓名="张玲"
@5,10 SAY "学号:" GET 学号
@5,30 SAY "姓名:" GET 姓名
@6,10 SAY "出生日期:"GET 出生日期
@6,30 SAY "籍贯:"  GET 籍贯
USE
```

学号:006　　　　姓名:张　玲
出生日期:01/06/88　　籍贯:广州

图 8-4　程序执行情况

该程序执行后，屏幕上显示张玲的基本信息，如图 8-4 所示。

本程序用 SAY 子句来显示提示信息，GET 子句用于为变量输入新值，由于没 READ 命令来激活当前的 GET 变量，故只能显示各变量的值，不能进行修改。

【例 8.5】 用@命令显示“学生信息表”中姓名为“张玲”的学生信息，并修改其信息。

源程序清单如下：

```
USE 学生信息表
LOCATE  FOR 姓名="张玲"
@5,10 SAY "学号:" GET 学号
@5,30 SAY "姓名:" GET 姓名
@6,10 SAY "出生日期:"GET 出生日期
@6,30 SAY "籍贯:"  GET 籍贯
READ
USE
```

当增加了 READ 命令后，所有的 GET 变量的值被激活，该程序执行后，屏幕上显示张玲的基本信息，用户且可修改其信息。

8.3.2 输出命令

1. 非格式输出语句

格式 1： ? <内存变量名表>

格式 2： ? ? <内存变量名表>

功 能：显示内存变量、常量或表达式的值。

说明：格式 1，在光标所在行的下一行开始显示变量值；

格式 2，则在当前光标位置开始显示变量值。

2. 格式输出语句

格式： @ <行，列> SAY <表达式>

[FUNCTION <功能符>][PICTURE <格式符>]

功能：在指定的坐标位置上输出表达式的值

注：若选用 PICTURE、FUNCTION 子句，则按一定的格式输出。

① FUNCTION 子句中常用功能符含义为：

A 只允许字母字符 A～Z 或 a～z

B 数字左对齐，只允许用于数值型数据

C 在正数之后添加一个 CR，仅用于数值数据，而且仅用于 SAY 子句

D 根据当前 SET DATE 设置的日期格式，将字符型数据和数值型数据编辑为日期型

I 编辑字段中的文本中心对齐

J 编辑字段中的文本右对齐

K 光标移到一个字段时，以整个字段作为编辑对象

L 数值型字段中显示前导零（而不是空格）

M<表列> 在字符型数据的输入中，通过<表列>给出多个可能的值（字符串），各可选字符串之间以分号分隔，从而建立弹出式的选择输入方式。

X 在负数之后添加一个 DB，只用于数值数据，而且仅用于 SAY 子句

Z 如果数值是零，则显示空字符串，只能用于数值型数据将字符型数据中的小写字母转化成大写以科学汁数法显示数值型数据

$ 钱币号

② PICTURE 子句中常用格式符含义为：

A 只允许字母字符

L 只允许逻辑值

N 只允许字母和数字

X 允许任意字符

Y 只允许逻辑值 Y、y、N、n，且一律转化为大写

9 对字符型数据只允许数字字符，对数值型数据允许数字及正负号

允许数字、空格、正负号和小数点

! 小写字母转化为大写字母

$ 数值前加钱币符号

* 数值前加“*”号和“$”符号用以检产数值

. 指定小数点的位置

, 小数点左边整数数位用逗号分隔

【例 8.6】 PICTURE、FUNCTION 的应用实例

```
SET TALK OFF
Clear
USE 学生信息表
Appe blank
@1,5 SAY "学 号:"GET 学号 PICTURE"99999999"
@2,5 SAY "姓 名:" GET 姓名 MESSAGE"请输入你的姓名"
@3,5 SAY "入学成绩:" GET 入学成绩 PICTURE"#####.##"
num1=-99.55
num2= 2. 00
num3=0
@8,5 GET num1 PICTURE "999.99"
```

```
@10,5 GET num2 PICTURE"@Z" DISABLE
@12,5 GET num3 PICTURE "##,###.##" FUNCTION "Z"
READ
SET TALK ON
```

8.3.3 其他常用命令

1. 注释语句

程序的前言部分往往要对本程序的名称、功能作一些说明，或程序体中对某些语句作一些注释，以帮助读者了解程序的结构及语句的功能、变量的含义等，从而提高程序的可读性。

格式 1：NOTE <注释内容>

格式 2：* <注释内容>

格式 3：&& <注释内容>

功能：用以对程序或程序行进行说明。

说明： 一般 NOTE 、*语句作行注释，&&语句作语句后的注释。

【例 8.7】 编写程序完成园面积的计算。

```
* 本程序用于求圆的面积
INPUT "请输入的半径" TO R &&
S=3.14159*R*R   && 变量 S 用于存储圆的面积
```

2. 清屏语句

语句格式： CLEAR

功能 ：清除屏幕上所有显示内容，光标回到屏幕左上角。

3. 终止程序执行语句

（1）CANCEL 语句

功能：终止程序执行，关闭所有打开的命令文件，返回命令窗口状态。

（2）QUIT 语句

功能：终止程序执行，关闭所有打开的命令文件，返回操作系统状态。

4. 关闭文件语句

格式：CLEAR ALL

功能：关闭所有文件，释放所有变量，清除所有用户自定义的菜单和窗口，并将当前工作区置为 1 区。

8.4 程序的控制结构

8.4.1 顺序结构

顺序结构程序按照命令的书写顺序从头到尾依次执行，其控制结构图如图 8-5 所示。它是结构化程序设计中最基本、最简单的结构。顺序结构的程序中只需要能够完成相应的处理功能的命令本身，因而其设计较为简单。

例 8.5 就是一个顺序结构的例子。

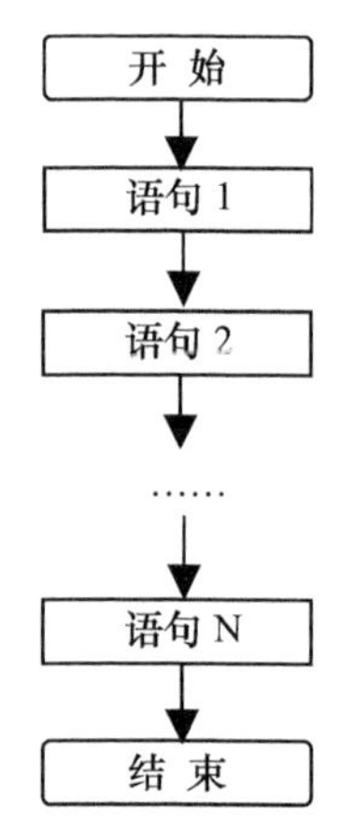

图 8-5 顺序结构

8.4.2　分支结构

分支结构程序能根据条件成立与否决定程序的执行流程。分支结构有单分支、双分支和多分支三种，都需要对应的语句予以实现。

1．单分支结构

格式：IF <条件表达式>

<语句序列>

ENDIF

功能：当<条件表达式>为真时，执行<语句序列>，然后再执行 ENDIF 后面的语句；当<条件表达式>的值为假时，直接执行 ENDIF 后面的语句。

说明：

① 选择语句只能在程序中使用，正因为只能在程序中使用，一般称为语句，而不叫做命令。以后其他语句也是这样。

② <条件表达式>可以为关系表达式、逻辑表达式或其他逻辑量。

③ IF、ENDIF 必须各占一行。每一个 IF 都必须有一个 ENDIF 与其对应，即 IF 和 ENDIF 必须成对出现。

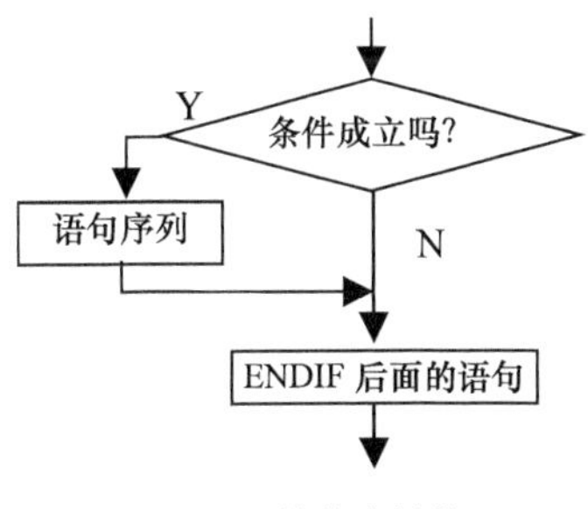

图 8-6　单分支结构

【例 8.8】　将键盘上输入的两个数按由小到大的顺序显示。

源程序清单如下：

```
CLEAR
SET TALK OFF
INPUT "请输入第一个数：" TO A
INPUT "请输入第二个数：" TO B
IF A>B
  T=A
  A=B
  B=T
ENDIF
? "这两个数排序的结果是："
? ? A,B
```

程序的执行结果如下：

请输入第一个数：20

请输入第二个数：10

这两个数排序的结果是：10 20

说明：在程序中，当条件满足 A>B 时，执行其中的 3 个命令：T=A　A=B B=T。它们的作用是交换变量 A 和变量 B 的值，交换的结果是 A 小于 B，然后执行 ENDIF 后命令，输出结果。

当条件不满足 A>B 时，即 A≤B 时，直接执行 ENDIF 后的命令，即执行输出信息的语句。

【例 8.9】　在“学生信息表”中查找姓名为“张玲”的学生，若找到，显示她的基本信息。

源程序清单如下：

```
CLEAR
SET TALK OFF
USE 学生信息表
LOCATE FOR 姓名="张玲"    &&在学生信息表中查找记录
```

```
IF FOUND()
DISPLAY
ENDIF
USE
```

说明：在程序中，当找到姓名为“张玲”的记录，FOUND()函数的值为.T.，则执行 DISPLAY 语句，显示该记录，否则直接执行 ENDIF 之后的语句。

2. 双分支结构

格式：IF<条件表达式>

```
      <语句序列 1>
    ELSE
      <语句序列 2>
    ENDIF
```

功能：条件为真（.T.）时，执行<命令序列 1>；否则执行<命令序列 2>。

执行命令时，首先判断<条件表达式>的值，其值为.T.时，执行<命令序列 1>，然后执行 ENDIF 后面的语句；当<条件表达式>为.F.时，执行<命令序列 2>，然后执行 ENDIF 后面的语句。

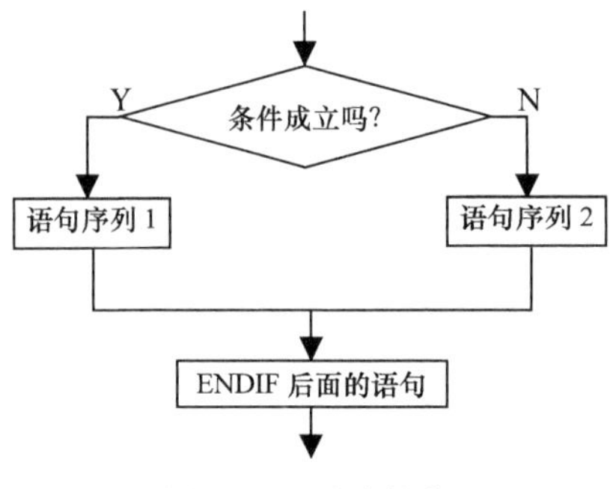

图 8-7　双分支结构

【例 8.10】 根据输入的学生姓名，在“学生信息表”中查找，若找到，输出他的基本信息，否则输出“该生不存在”

源程序清单如下：

```
CLEAR
SET TALK OFF
USE 学生信息表
ACCEPT "请输入要查找的学生姓名" TO NAME
LOCATE FOR 姓名=NAME            &&在学生信息表中查找记录
IF FOUND()
DISPLAY
ELSE
? "该生不存在"
ENDIF
USE
```

说明：当输入的学生姓名在数据表中存在时，FOUND（）函数返回.T.，即条件成立，将执行 DISPLAY 语句显示学生信息，最后执行 USE 语句；如果要找的学生不在数据表中，FOUND（）函数返回.F.，即条件不成立，执行 ELSE 后的语句即输出 "该生不存在"信息，最后执行 USE 语句。

3. 多分支

用 IF 语句能方便地描述两分支的选择结构，但在实际应用中也会遇到更多分支的情况，这时有多个条件和多个操作可供选择，按条件表达式的值选取其中之一执行。当然可以用嵌套的 IF 语句来实现多分支选择结构，但是编写的程序会比较长，程序的清晰度会降低。Visual FoxPro 系统给我们提供了 DO CASE 命令，来实现多分支选择结构，极为方便。

格式：
```
DO CASE
    CASE <条件表达式 1>
    <语句序列 1>
    CASE <条件表达式 2>
    <语句序列 2>
    …
    CASE <条件表达式 n>
    <语句序列 n>
    [OTHERWISE]
    <语句序列 n>
  ENDCASE
```

功能：执行多个分支中能使条件为.T.的一个分支所对应的语句序列。

执行该命令时，依次检查每个 CASE 项中的条件的值，如果遇到某个条件为.T.，则执行其下面的命令序列，执行完后，继续执行 ENDCASE 后面的命令。如果所有的条件都为.F.，且有 OTHERWISE 项，则执行 OTHERWISE 项中的命令序列，然后执行 ENDCASE 后的命令，若无 OTHERWISE 项，则不执行任何命令序列，直接执行 ENDCASE 后的命令。

说明：

① DO CASE 和 ENDCASE 必须成对出现且各占一行。

② 如果条件为.T.的情况多于一个，则仅仅执行第一个条件为.T.者。

③ DO CASE 与第一个 CASE 项之间不应有任何命令，即使有也永远不会执行。

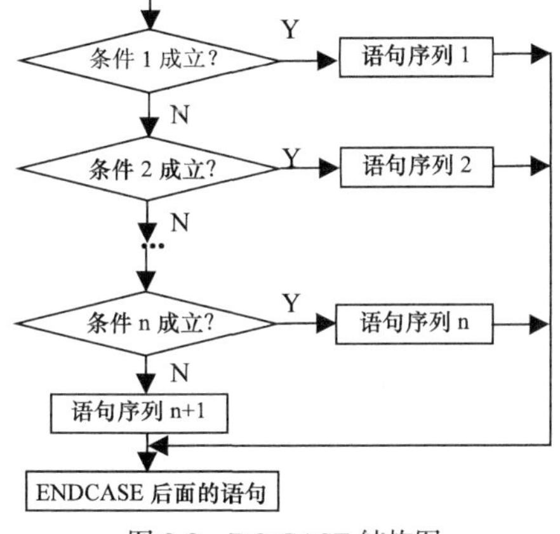

图 8-8　DO CASE 结构图

【例 8.11】　将学生的考试成绩分为以下 5 个等级。

$$等级=\begin{cases}不及格，& 成绩<60\\ 及格，& 60\leqslant 成绩<70\\ 中，& 70\leqslant 成绩<80\\ 良，& 80\leqslant 成绩<90\\ 优，& 90\leqslant 成绩<100\end{cases}$$

由于学生成绩有五种可能，所以选 ENDCASE 语句实现多分支。

源程序清单如下：

```
CJ=0
INPUT "请输入学生成绩"  TO CJ
DO CASE
   CASE CJ<60
       DJ="不及格"
   CASE CJ<70
       DJ="及格"
    CASE CJ<80
       DJ="中"
    CASE CJ<90
       DJ="良"
    OTHERWISE
      DJ= "优"
ENDCASE
? "等级为："
??DJ
```

当用户从键盘输入 78 分时，由于满足第 3 个 CASE 语句的条件，所以执行 DJ=“中”，然后执行 ENDCASE 语句后的语句输出“等级为中”。

4. 分支的嵌套

所谓分支的嵌套，是指在一个分支结构内又包含了另外一个完整的分支结构。前面所讲的三种分支，可以自我嵌套，也可以相互嵌套。

【例 8.12】 根据键盘输入的 X 值求 Y 的值：当 X>0 时，Y=1；当 X=0 时，Y=0；当 X<0 时，Y=−1。

源程序清单如下：

```
CLEAR
INPUT "X=" TO X
IF X>0
  Y=1
ELSE
  IF X=0
     Y=0
  ELSE
    Y=-1
  ENDIF
ENDIF
?Y
```

在这种嵌套形式中，要求每一层的 IF、 ELSE 及 ENDIF 必须一一对应。为了便于阅读和调试程序，在书写程序时，还应按照嵌套的层次，一层一层书写成锯齿结构，这样程序的包含结构比较清晰，且容易查错。

注意：嵌套不能交叉，应一个分支层完全包含另一个分支层。

8.4.3 循环结构

循环结构是指反复执行程序中的某一段语句序列。被反复执行的语句序列称为循环体，实现循环体的语句称为循环语句或循环命令，包括循环起始语句或循环结束语句。Visual FoxPro 为用户提供了三种不同的循环语句，用于实现当型循环、计数型循环、扫描循环。

1. 当型循环

格式：
```
DO WHILE <条件表达式>
      <语句序列>
      [EXIT]
      [LOOP]
    ENDDO
```

功能：当<条件表达式>的值为真时，执行 DO WHILE 和 ENDDO 之间的语句序列，语句序列执行完毕后，程序自动返回到 DO WHILE 语句，再一次判断 DO WHILE 语句中的条件是否为真，如果其值仍然为真，则再次执行语句序列，如果<条件表达式>的值为假，则结束循环，转去执行 ENDDO 之后的语句。

DO WHILE 语句的执行过程如图 8-9 所示。

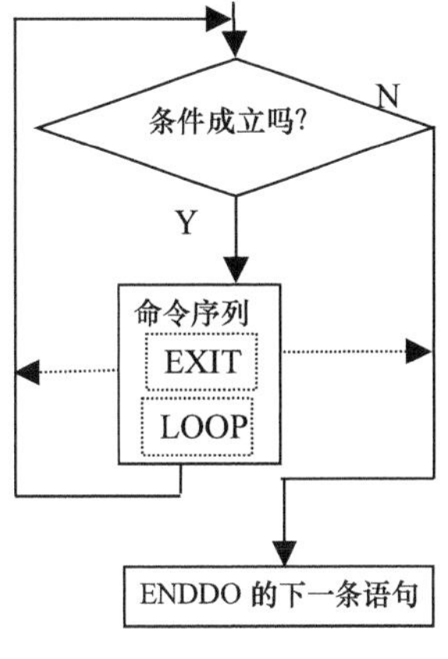

图 8-9　WHILE 循环结构图

说明：

① EXIT 语句控制从循环体内跳出，转去执行 ENDDO 后的第一条语句。

② LOOP 语句称为无条件循环命令，作用是控制直接转回到 DO WHILE 语句，而不再执行 LOOP 和 ENDDO 之间的命令，它只能在循环结构中使用。

注意：为使程序最终能退出循环，命令序列中至少有一个语句对条件产生影响，否则程序将退不出循环，这种情况称为无限循环或死循环。在程序中要避免出现死循环。

【例 8.13】 试编一程序，显示“学生信息表”中所有重庆籍同学的信息。

源程序清单如下：

```
CLEAR
SET TALK OFF
USE 学生信息表
DO WHILE .NOT. EOF()
IF 籍贯="重庆"
DISPLAY
ENDIF
SKIP
ENDDO
USE
RETURN
```

在该程序中，SKIP 语句的作用是让记录指针下移，最后指针将达到表的尾部，此时 EOF()的值为.T.，.NOT.EOF()就为假，循环结束。

【例 8.14】 试编写一程序，求 1 到 100 之间的全部偶数和。

源程序清单如下：

```
CLEAR
SET TALK OFF
N=0
S=0
DO WHILE  N<100
   N=N+1
   IF INT(N/2)<>N/2
    LOOP
```

```
    ENDIF
    S=S+N
ENDDO
  ?S
SET TALK ON
```

本程序同时也说明了 LOOP 语句的作用。当 N 为奇数时，将不执行 LOOP 与 ENDDO 之间的语句，而直接执行下一次循环。

【例 8.15】 对“学生信息表”按学号进行查找，如果找到就显示该记录，否则显示“查无此人”。要求可实现多次查找。

源程序清单如下：

```
SET TALK OFF
USE 学生信息表
DO WHILE .T.
CLEAR
ACCEPT "请输入要查找的学号" TO XH
LOCATE ALL FOR 学号 = XH
IF  FOUND()
DISPLAY
ELSE
? "查无此人"
ENDIF
ACCEPT "是否继续查找（Y/N）" TO CX
IF CX="N"
  EXIT
ENDIF
ENDDO
USE
```

本程序中，由于查询次数不确定，所以程序中的循环条件永远为真，当不继续查询时，即用户从键盘上输入 N 时，将执行 EXIT 语句，退出循环。该实例中的这种循环也称为永真循环。

2. 计数型循环

格式：

```
FOR <循环变量>=<初值> TO <终值> [STEP <步长值>]
          <语句序列>
            [EXIT]
            [LOOP]
   ENDFOR|NEXT
```

功能：重复执行 FOR...NEXT 之间的语句序列 N 次。其中 N=INT((终值-初值+1)/步长)，<步长值>的默认值是 1.

语句执行时，首先计算初值、终值和步长值，并将初值赋给循环变量，再将循环变量的值与终值比较，如果循环变量的值在初值与终值范围内，则执行 FOR 与 ENDFOR 之间的语句，然后循环变量按步长增加或减少，再重新比较，直到循环变量的值不在初值与终值范围内，结束循环，转去执行 ENDFOR 后面的第一条语句。FOR 语句的执行过程如图 8-10 所示。

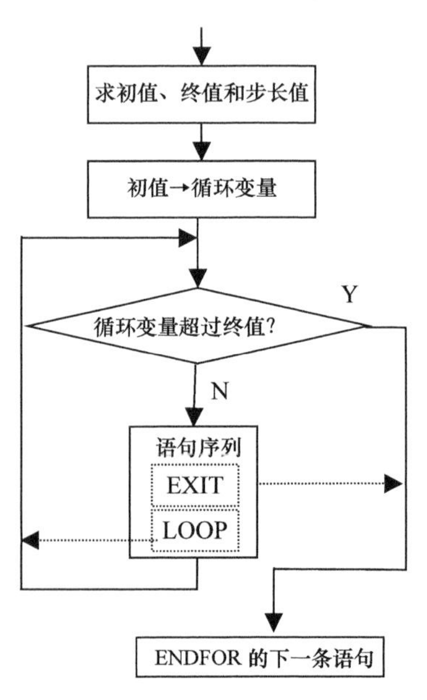

图 8-10 FOR 循环结构图

【例 8.16】 编程计算 N!

源程序清单如下：

```
P=1
INPUT "请输入 N 的值" TO N
FOR I=1 TO N
  P=P*I
ENDFOR
? "其阶乘为:",P
```

当用户从键盘上输入的值假设为 5，首先将初值 1 赋给循环变量 I，再将循环变量与终值 5 比较，循环变量的值没超过终值，则执行 FOR 与 ENDFOR 之间的语句，计算 P 的值，然后循环变量按步长 1 增加 1，循环变量的值变成 2，2 与终值重新比较，没超过终值，故继续计算 P 的值为 2，然后循环变量按步长 1 增加 1，循环变量的值变成 3，以此类推，当循环变量的值变成 5 时，5 与终值比较，仍没超过终值，故继续计算 P 的值为 120,循环变量再按步长 1 增加 1，循环变量的值变成 6，6 与终值比较，已经超过终值，循环结束，转去执行 ENDFOR 后面的第一条语句，输出“其阶乘为:120”。

3. 扫描循环

格式：

```
SCAN[<范围>][FOR<条件 1>[WHILE<条件 2>]
          语句序列
          [EXIT]
          [LOOP]
       ENDSCAN
```

功能：在当前数据表中，针对每个符合指定条件的记录，执行指定的命令序列。

SCAN 语句执行时，首先将表记录指针移动到指定范围内的第一条记录，然后判断记录指针是否超过指定范围以及该记录是否满足 WHILE 子句所描述的条件，若记录指针超过指针范围或该记录不满足 WHILE 子句所描述的条件，则结束扫描循环，执行 ENDCASE 后面的语句。若记录指针未超过指定范围且记录满足 WHILE 子句所描述的条件，则判断该记录是否满足 FOR 子句所描述的条件，若不满足，记录指针移到下一条记录，进行下一轮循环判断；否则执行命令序列后，记录指针下移一条记录，再进行下一轮循环判断。SCAN 循环语句的执行过程如图 8-11 所示。

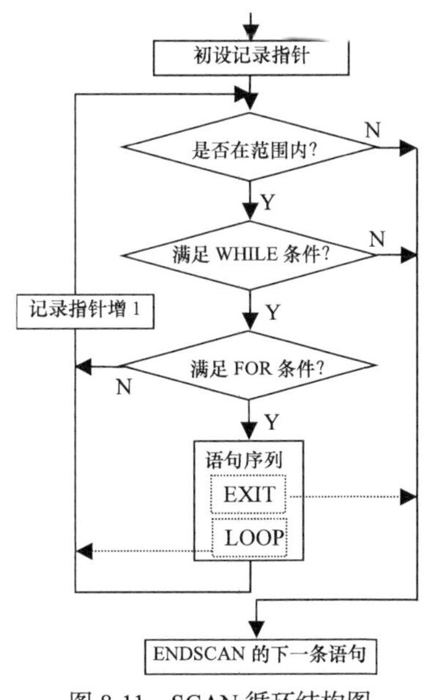

图 8-11　SCAN 循环结构图

【例 8.17】 编程对学生信息表分别统计少数民族男、女学生的人数。

源程序清单如下：

```
SET TALK OFF
STORE 0 TO x,y
USE 学生信息表
SCAN FOR 少数名族否
   IF 性别="男"
     x=x+1
   ELSE
     y=y+1
   ENDIF
ENDSCAN
? "少数民族男生有: " +STR(x,2)+ "人"
? "少数民族女生有: " +STR(y,2)+ "人"
USE
```

8.5 模块化程序设计

结构化程序设计方法要求将一个大的系统分解为若干子系统，每个子系统就构成一个程序模块。采用模块化的程序结构使得程序的编写与调试、系统的维护都很方便，也容易扩充。程序的模块化在具体实现上就是采用子程序技术，具体形式有三种：子程序、过程和函数。

8.5.1 子程序

1. 子程序

（1）子程序的结构

在 Visual FoxPro 程序文件中，可以通过 DO 命令调用另一个程序，此时，被调用的程序称为子程序。子程序的结构与一般的程序一样，也是用 MODIFY COMMAND 来建立子程序文件，扩展名也是.PRG。

子程序与其他程序的唯一区别是其末尾或返回处必须加返回语句。

返回语句的格式：

```
RETURN[TO MASTER|TO <程序文件>]
```

功能：终止一个程序的执行，返回上一级调用程序、最高级调用程序、另外一个程序或者命令窗口。默认返回上一级调用程序。

说明：①若程序被另外一个子程序调用，遇到 RETURN 时，则自动返回到上一级调用程序，如果是在最高一级程序中，遇到 RETURN 时，则返回到命令窗口。

② 选用 TO MASTER 子句时，则返回到最高一级调用程序，即在命令窗口下调用的第一个主程序。

③ 在程序最后，如果没有 RETURN 语句，则程序执行完后，将自动默认执行一个 RETURN 语句，但过程文件除外。

④ 执行 RETURN 语句时，将释放本程序所建立的局部变量，恢复用 PRIVATE 隐藏起来的内存变量。

⑤ TO <程序文件>表示将程序控制权交给指定的程序。

（2）子程序的调用

子程序调用命令与主程序执行命令相同，其格式是：

DO <程序文件名> [WITH <参数表>]

说明：<参数表>中的参数可以是表达式，但若为内存变量必须具有初值。调用子程序时参数表中的参数要传送给来接受参数和回送参数值。

PARAMETERS 的语句格式：

PARAMETERS　<参数表>

说明：

① PARAMETERS 必须是被调用程序的第一个语句。

② 语句中的参数被 Visual FoxPro 默认为 PRIVATE 变量，返回时送参数值后即被清除。PRIVATE 变量的概念参阅 8.5.4 小节。

③ 语句中的参数依次与调用语句 WITH 子句中的参数相对应，故两者参数个数必须相同。

【例 8.18】　设计一个计算圆面积的子程序，并要求在主程序中带参数调用它。

源程序清单如下：

```
YMJ=0
INPUT "请输入圆的半径"  TO bj
DO js WITH bj,YMJ
? "园面积为", YMJ
RETURN

子程序 js.PRG:
PARAMETERS R,S
S=PI()*R*R
RETURN
```

上述程序中，在调用子程序之前，调用语句中的参变量都赋了值，在调用子程序时，调用语句的 bj 值赋给子程序的参数 r，子程序计算面积后返回 S 的值给参变量 YMJ。

（3）子程序的嵌套

主程序可以调用子程序，子程序还可以调用另外的子程序，这就是子程序的嵌套调用。所谓主程序和子程序都是相对的，任何一个程序都可以调用其他程序，也可以被其他程序所调用。

一个程序或子程序遇到调用子程序命令就转去执行子程序，而本程序余下部分要等到从子程序返回后才得以执行，图 8-12 是子程序嵌套示意图。

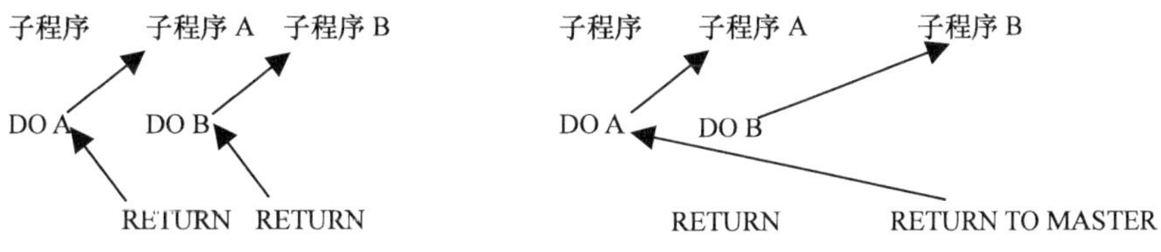

图 8-12　子程序嵌套示意图

8.5.2　自定义函数

Visual FoxPro 除提供众多的内部函数外，还允许用户根据需要定义各种运算和操作的函数，这些函数被称为自定义函数。

（1）自定义函数的结构

一个自定义函数实际上就是一个子程序，唯一的区别是在 RETURN 语句后带有表达式，以指出函数的返回值。

自定义函数的格式是：

```
FUNCTION <函数名>
[PARAMETERS <参数表>]
   <语句序列>
RETURN <表达式>
```

说明：

① FUNCTION 是函数的标识符，后面是函数名，使用命令 MODIFY COMMAND<函数名>来建立或编辑该自定义函数。

② 自定义函数的函数名不能和 Visual FoxPro 系统的内部函数名同名，如果同名，系统只承认内部函数。

③ 若自定义函数中包含自变量，程序的第一行必须是参数定义语句 PARAMETERS。

④ 自定义函数的数据类型取决于 RETURN 语句中“表达式”的数据类型，如果省略“表达式”，则返回.T. 。

（2）自定义函数的调用

自定义函数的调用格式：

<函数名>（<自变量表>）

其中，自变量可以是任何合法的表达式，自变量的个数必须与自定义函数中 PARAMETERS 语句里的变量个数相等，自变量的数据类型也应该符合自定义函数的要求。

【例 8.19】 定义一个判断 n 是否素数的函数，然后调用该函数求 2～300 以内的全部素数。

分析：所谓素数，即只能被 1 和它本身整除的数。要判断 N 是否是素数，只需要把 2 到 N-1 拿来除它，如果有一个数可以被 N 整除，那么这个数 N 就不是素数。在实际中其实只需要把 2～SQR(N)拿来除就可以，本例中用到了一个标记变量 flag，一开始它的值为.T.，一旦 2～SQR(N)中某个数可以被 N 整除，flag 就变成.F.。

```
*prime.prg 判断 n 是否是素数的自定义函数
FUNCTION  prime
PARAMETERS  n
flag=.T.
k=INT(SQRT(n))
j=2
DO WHILE j<=k .AND. flag
   IF MOD(n,j)=0
      flag=.F.
   ENDIF
   j=j+1
ENDDO
RETURN flag
*main.prg 调用该函数求 2～300 以内的全部素数
FOR  m=2 to 300
   IF prime(m)
        ?m
   ENDIF
ENDFOR
```

8.5.3　过程与过程文件

如果将多模块程序中的每个模块(主程序、子程序和自定义函数)分别保存为一个.PRG 文件，则每执行一个模块就要打开一次文件，势必增加总的运行时间。为此 Visual FoxPro 允许在一个.PRG 文件中设置多个程序模块，并将主程序以外的每个模块定义为一个过程。

1. 过程的结构

过程的格式如下：

```
PROCEDURE <过程名>
[PARAMETERS <参数表>]
<语句序列>
[RETURN]
```

说明：

① 每个过程均以 PROCEDURE 开始，以 RETURN 结束。每个过程实际上就是一个独立的子程序或自定义函数。

② PROCEDURE <过程名>必须放在过程的第一条语句，它标识了每个过程的开始，同时定义了过程的名字。

【例 8.20】　将例 8.17 的程序改为过程调用。

```
*源程序清单如下，将过程和主程序放到一个.prg 文件中
ymj=0
INPUT "请输入圆的半径" TO bj
DO js WITH bj,ymj        &&调用过程 js
? "圆面积为", ymj
RETURN
PROCEDURE js             &&过程 js 开始语句
PARAMETERS r,s
S=PI()*r*r
RETURN                   &&过程 js 结束语句
```

2. 过程文件

一个过程可以以文件形式单独存在，也可以将多个过程合并到一个文件中，这个文件称为过程文件。在过程文件中，每个过程仍然是独立的，可以单独调用。

过程文件也是程序文件，同其他程序文件一样，可以用 MODIFY COMMAND 命令或其他文字编辑软件进行编辑。

【例 8.21】　假设有 3 个过程：P1,P2,P3,把它们组织到过程文件 proc.prg。

```
* proc.prg
PROCEDURE p1
? "过程 p1"
RETURN
PROCEDURE p2
? "过程 p2"
RETURN
PROCEDURE p3
? "过程 p3"
RETURN
```

将每个子程序的前面加上一个 PROCEDURE 命令，再集中到一个命令文件中，就组成了一个

过程文件。

3. 过程文件的打开与关闭

在过程文件被打开之前，过程文件中所包含的过程是不能被任何程序调用的，因此，在调用过程前，先要打开过程文件。

命令格式：

```
SET PROCEDURE TO [<过程文件名>]
```

功能：打开一个过程文件。

说明：

① 任何时候只能有一个被打开的过程文件，因此，每次打开过程文件时自动关闭先前打开的过程文件。过程文件被打开后，它所包括的过程便可被其他程序调用，调用时与子程序一样，仍使用 DO 命令。

② 打开过程文件命令在主程序中使用，应放在调用过程文件中过程命令前。

③ 过程文件使用完后，要及时关闭，以释放它们占用的内存空间。关闭过程文件可以使用下列命令：SET PROCEDURE TO 或 CLOSE PROCEDURE

8.5.4 内存变量的作用域和参数传递

一个大的应用系统通常有许多子程序组成，这些子程序必然会用到许多变量，即内存变量，每个变量都有一个生存期，决定它的作用范围，超出作用范围的变量就失去意义。根据变量的作用范围不同，变量分为全局变量、私有变量和局部变量三类。

1. 全局变量

全局变量也称公共变量，生存期是整个应用程序，即全局变量在所有过程中均有效，当程序执行完后，其值仍然保存。若欲清除这种变量，必须用 RELEASE 命令或 CLEAR ALL 命令。定义全局变量的命令格式为：

```
PUBLIC <变量名列表>|ALL|ALL LINK<通配符>|ALL EXCEPT<通配符>
```

说明：

① <变量名列表>中可以包含普通变量，也可以包含数组变量。

② 任何全局变量必须先定义，后赋值。

③ 定义后尚未赋值的全局变量其值为逻辑值.F.

④ 使用 ALL 选项时，定义所有变量；使用 ALL LINK<通配符>时，定义所有的变量名与<通配符>匹配的变量；使用 ALL EXCEPT<通配符>时，定义所有变量名不与通配符匹配的变量。通配符中允许用？和*。

⑤ 在命令窗口中建立的所有变量或数组自动定义为全局变量。

⑥ 在程序中已被定义成全局变量的变量也可以在下一级子程序中进一步利用 PRIVATE 命令定义成局部变量，待本子程序结束返回上一级程序后，恢复它们全局变量的特性和内容。

2. 私有变量

私有变量也称模块级变量，生存期是应用程序的某个模块及其以下子模块，故私有变量在所属模块的所有过程中均有效，也就是说私有变量所属的过程及其子过程均可以引用私有变量。定义私有变量的命令为：

```
PRIVATE <变量列表>|ALL|ALL LINK<通配符>|ALL EXCEPT<通配符>
```

说明：私有变量也是 Visual FoxPro 系统的默认变量，即不加任何关键字说明的变量都是私有变量。

3. 局部变量

局部变量也称过程级变量，生存期是应用程序的某个过程，故局部变量只在所属的过程中有效，也就是说只有局部变量所属的过程才可以引用局部变量。定义局部变量的命令为：

```
LOCAL [<变量列表>]
```

说明：全局变量、私有变量以及局部变量同名冲突时，局部变量优先，其次是私有变量。在对变量无任何定义时系统默认为私有变量。

因此，在应用程序中，可使用全局变量在多个过程之间共享数据，也可使用私有变量在被调用的过程中共享数据，但除此以外，一般均使用局部变量，以减少计算机的内存资源消耗。

举例：

```
PUBLIC na, cb  &&定义全局变量
PRIVATE nk, dt  &&定义私有变量
LOCAL la, ck, yt  &&定义局部变量
```

【例 8.22】 变量的作用域实例

```
SET  TALK OF
CLEAR
A=1
? "主程序中 A 原来的值是：",A
DO Pro1
? "调用过程 Pro1 后 A, B 的值是：",A,B
RETURN
*****过程模块的 pro1****
PROCEDURE  pro1
PRIVATE A      &&私有变量 A 为模块 pro1 定义，作用域为本模块及下属模块
PUBLIC  B       &&全局变量 B 在所有模块中都有效
A=5
B=10
?"在过程 pro1 中 A,B 的值是："A,B
ENDPROC
```

程序的运行结果是：

主程序中 A 原来的值是：1

在过程 pro1 中 A,B 的值是：5 10

调用过程 Pro1 后 A，B 的值是：1 10

4. 参数传递

在调用过程子程序或自定义函数时，有时需要将数据传递到调用程序中，有时需要从调用程序中传给被调用程序，这种数据传递可以通过参数传递实现。

（1）参数传递语句

格式：DO <程序文件名> [WITH <参数表>]

功能：实现对参数的传递。将 WITH<参数表>的数据传递到<过程名>的程序中。

（2）接受参数语句

格式：PARAMETERS <内存变量名表>

功能：用于接受 DO…WITH<参数表>语句传递到 PARAMETERS<内存变量表>中的数据。

说明：

① <内存变量名表>是用于被调用程序中需要接受的参数，一般放在子程序或过程的首行。

② 参数接受语句中所定义的<内存变量名表>称为形式参数，而过程调用 DO 语句的<参数表>称为实际参数，形式参数的取值是从上级程序 DO 语句中的实际参数传递过来的值。

③ 子程序中的形式参数与主程序的实际参数是一一对应的，形式参数和实际参数的个数和类型必须匹配，否则出现错误。

④ DO...WITH 中的参数可以是常量、变量、表达式、函数等，在进行传递时将它们的值传递到被调用的子程序或过程中。

小　　结

本章主要介绍了 Visual FoxPro 程序设计的基本概念及构成程序的各种控制结构和程序设计的方法。

在 Visual FoxPro 中可以用 MODI CONMAND 命令来建立、修改程序。

任何复杂的程序都由三种基本控制结构组成，它们是顺序结构、选择结构和循环结构。在 Visual FoxPro 中提供了两种实现选择结构的语句：IF 语句和 DO CASE 语句，分别用于实现双分支选择结构和多分支选择结构；提供了 DO WHILE、FOR、SCAN 等三种循环语句实现循环。

在 Visual FoxPro 中程序设计的方法包括结构化程序设计和面向对象的程序设计，结构化程序设计方法要求将一个大的系统分解为若干个子系统，每个子系统就构成一个程序模块。程序的模块化在具体实现上就采用了子程序技术，具体形式有三种：子程序、过程和函数。

一个大的应用系统通常有许多子程序组成，这些子程序必然会用到许多变量，即内存变量，每个变量都有一个生存期，决定它的作用范围，超出作用范围的变量就失去意义。根据变量的作用范围不同，变量分为全局变量、私有变量和局部变量三类。

习　　题

8-1　选择题

（1）下列能够退出 VisualFoxPro 系统，返回操作系统的命令是（　　）。

A. CANCEL　　B. DO　　C. RETURN　　D. QUIT

（2）在 DO WHILE 循环语句中，如果条件永远为真，则利用下列（　　）语句可以退出此循环。

A. LOOP　　B. EXIT　　C. CLOSE　　D. QUIT

（3）VisualFoxPro 中的 DO CASE…ENDCASE 语句属于（　　）。

A. 顺序结构　　B. 分支结构　　C. 循环结构　　D. 模块结构

（4）VisualFoxPro 循环结构程序设计中，在指定范围内扫描表文件，查找满足条件的记录并执行循环体中的操作命令，应使用的循环语句是（　　）。

A. FOR　　B. WHILE　　C. SCAN　　D. 以上都可以

（5）下面程序的运行结果是（　　）

```
SET TALK OFF
```

```
DIMENSION a(6)
FOR K=1 TO 6
  A(K)=30-3*K
ENDFOR
K=5
DO WHILE K>=1
A(K)=A(K)-A(K+1)
K=K-1
ENDDO
?A(2),A(4),A(6)
SET TALK ON
RETURN
```

A. 12 15 18　　B. 18 12 15　　C. 18 15 12　　D. 15 18 12

（6）有如下程序：

```
S=1
DO WHILE S<50
   S=S*3
   ??S
ENDDO
```

程序运行的结果是（　　）。

A. 3 9 27　　B. 9 3 27　　C. 9 27 81　　D. 3 9 27 81

（7）使用的数据如下：当前盘当前目录下有数据库 db-stock,其中数据表 stock.dbf 中有以下几条记录。

股票代码	股票名称	单价	交易所
601333	广深铁路	3.78	上海
600600	青岛啤酒	8.56	上海
600880	博瑞传播	17.83	上海
600470	六国化工	14.78	上海
000001	深发展	18.52	深圳
000002	深万科	8.89	深圳

执行下列程序以后，内存变量 a 的内容是（　　）。

```
a=0
USE stock
Go top
DO WHILE .NOT.EOF()
  IF 单价 >10
   a=a+1
  ENDIF
  SKIP
ENDDO
```

A. 1　　B. 3　　C. 5　　D. 7

（8）在某个程序模块中用 PRIVATE 语句定义的内存变量（　　）。

A. 可以在该程序的所有模块中使用

B. 只能在定义该变量的模块中使用

C. 只能在定义该变量的模块及其上层模块中使用

D. 只能在定义该变量的模块及其下属模块中使用

（9）将内存变量定义为全局变量的 Visual FoxPro 命令是（　　）。

A. LOCAL　　B. PRIVAT　　C. PUBLIC　　D. GLOBAL

（10）只能被本层模块的下层模块程序调用，而不能被上层模块程序调用变量类型是（　　）。

A. 局部变量　　B. 公共变量　　C. 私有变量　　D. 以上都不对

（11）执行下列命令：

INPUT "请输入日期" TO RQ

应在闪动光标键入（　　）

A. {^2010-07-09}　　B. "2010-07-09"　　C. 2010-07-09　　D. 07/09/10

（12）设有如下程序：

```
CLEAR
PUBLIC a(5)
FOR I=1 TO 5
a(I)=INT(RAND()*100)
ENDFOR
FOR I=1 TO 5
   FOR J=I+1 TO 5
   IF A(I)>A(J)
       Q=A(I)
      A(I)=A(J)
      A(J)=Q
    ENDIF
 ENDFOR
ENDFOR
FOR I=1 TO 5
   ??A(I)
ENDFOR
```

该程序执行的功能是（　　）

A. 输出任意 5 个 0 到 100 之间的数

B. 输出任意 5 到 10 之间的数

C. 将任意 5 个 0 到 100 之间的数进行由小到大排序

D. 将任意 5 个 0 到 100 之间的数进行由大到小排序

（13）设有如下程序：

```
A=10
B=20
C=40
IF A>B
   IF C>A
      C=A+B
   ELSE
      C=A-B
   ENDIF
ENDIF
?C
```

执行该程序，显示的结果为（　　）

A. 30　　B. −10　　C. 10　　D. 40

（14）有如下程序：

```
CLEAR
A=55
```

```
B=60
DO WHILE B>=A
  B=B-1
ENDDO
?B
```

执行该程序时，要执行（　　）次循环。

A. 55　　B. 6　　C. 60　　D. 5

（15）若将过程或函数放在过程文件中，可以在应用程序中使用（　　）命令打开过程文件

A. SET PROCEDURE TO <文件名>　　B. SE FUNCTION TO <文件名>

C. SET PROGRAM TO <文件名>　　D. SET PROCEDURE <文件名>

（16）以下程序执行后的显示结果是（　　）

```
**主程序:AAA.PRG
SET TALK OFF
X=20
Y=30
DO BBB
?X,Y
RETURN
**子程序: BBB.PRG
PRIVATE Y
X=40
Y=50
RETURN
```

A. 20 30　　B. 40 50　　C. 30 40　　D. 40 30

（17）有如下程序：

```
***main.prg
CLEAR
SET TALK OFF
A=0
Z=FS(5,A)
?Z
RETURN
***自定义函数: fs.prg
PARAMETERS X,Y
Y=X*X+15
RETURN Y
```

主程序的运行结果时（　　）

A. 100　　B. 41　　C. 40　　D. 50

（18）下列程序执行时，在键盘上输入 8，则屏幕上的显示结果是（　　）

```
INPUT  "X= "TO X
DO CASE
  CASE X>10
   ? "OK1 "
  CASE X>20
   ? "OK2 "
  OTHERWISE
   ? "OK3 "
ENDCASE
```

A. "OK1"　　B. OK1　　C. OK2　　D. OK3

（19）在下列程序中，如果要程序继续循环变量 M 的输入值应为（ ）

```
DO WHILE .T.
WAIT  "M= "TO M
   IF UPPER(M)$ "YN "
      EXIT
ENDIF
ENDDO
```

A. Y 或 y　　B. N 或 n　　C. Y,y 或 N,n　　D. Y,y,N,n 之外的任意字符

（20）设表 STU.DBF 中有“学号、姓名、性别、出生日期、班级”等字段，有程序如下：

```
SET TALK OFF
USE  stu
STORE  space(6)TO xm
INDEX ON 学号 TO xh
DO WHILE .T.
ACCEPT "输入姓名：" TO  xm
LOCATE FOR  姓名=xm
IF .NOT.EOF()
DISPLAY
ELSE
?'查无此人'
ENDIF
WAIT "继续吗?" TO  yn
IF  upper(yn)='N'
EXIT
ELSE
LOOP
ENDIF
ENDDO
USE
SET TALK OFF
```

① 程序中“LOCATE FOR　姓名=xm”如该用 FIND 命令，应为（ ）。

A. FIND xm　　B. FIND &xm

C. FIND 姓名=xm　　D. 无法使用 FIND 命令

② 在什么情况下结束程序运行（ ）。

A. 输入姓名后　　B. 显示完一条记录后

C. 给变量 yn 赋以'n'或'N'　　D. 给变量 yn 赋以'y'或'Y'

8-2 填空题

（1）在 VisualFoxPro 中，源程序的扩展名是（ ）。

（2）在程序中插入注释，可以用（ ）和（ ）开头的代码作为注释。

（3）清除主窗口屏幕的命令是（ ）

（4）在 DO WHILE…ENDDO 循环语句中，用短语（ ① ）转回到 DO WHILE 处重新判断条件，用短语（ ② ）结束语句的执行，转去执行 ENDDO 后面的语句。

（5）下面程序段的输出结果是（ ）。

```
CLEAR
I=0
DO WHILE I<10
I=I+3
```

```
ENDDO
?I
RETURN
```

（6）设 X 是变量，执行如下程序：

```
SET TALK OFF
STORE 0 TO X
FOR N=1 TO 5
X=X+2*N
ENDFOR
?X
SET TALK ON
```

则程序的运行结果是（　　　　）

（7）下列程序用于逐条显示“学生表.DBF”中所有记录,试请程序补充完整。

```
USE  学生表.DBF
N=1
DO WHILE(    ①  )
DISPLAY
(     ②     )
WAIT "按任意键显示下一条记录"
N=N+1
ENDDO
USE
```

（8）有下面的程序段：

```
CLEAR
FOR I=1 TO 10
?I
ENDFOR
?I
```

执行该程序后，最后显示 N 的值是（　　　　）。

（9）有如下程序：

```
CLEAR
A=55
B=60
DO WHILE B>=A
B=B-1
ENDDO
?B
```

执行该程序时，要执行（　　　　）次循环。

（10）运行下面的程序，在屏幕上显示的运行结果是（　　　　）

```
SET TALK OFF
STORE 4 TO N
?S(N)
FUNCTION S
PARAMETERS X
Y=1
P=0
FOR J=1 TO X
Y=Y*J
P=P+Y
ENDFOR
RETURN P
```

（11）已知图书库存表.DBF 有“书名”等字段，且已按“书名”建立索引，下面程序的功能是：根据输入的书名查找一本书，若找到，则显示该本书的信息，否则，显示“对不起，没有你要找的书”。请完善该程序。

```
CLEAR
USE  图书库存表.DBF
ACCEPT  "请输入书名 "  TO sm
SEEK sm
IF (       )
DISPLAY
ELSE
? "对不起，没有你要找的书 "
USE
RETURN
```

（12）求 0—100 间偶数之后的程序如下，将程序中的空白填上。

```
SET TALK OFF
  X=0
  Y=0
DO WHILE X<100
   X=X+1
     IF (      ①          )
     (      ②         )
     ELSE
       Y=Y+X
     ENDIF
  ENDDO
  ? "0-100 之间的偶数之和为：", Y
  SET TALK ON
```

（13）按照注释在括号中填上适当的语句。

```
SET TALK OFF
ACCEPT "输入表名:" TO KM
USE &KM
*显示最前面 5 条记录
(       ①           )
WAIT
GO BOTTOM
*显示最后 4 条记录
(         ②          )
DISP NEXT 4
USE
```

（14）下列程序是计算 1～30 之间能够被 3 整除的奇数的阶乘和，请填空。

```
**主程序
SET TALK OFF
S=0
FOR I=1 TO 3 STEP 2
  IF(    ①    )
    ( ②      )
    S=S+N
  ENDIF
  ENDFOR
```

```
? "1～30 之间能够被 3 整除的奇数的阶乘和为：" + (  ③  )
SET TALK ON
RETURN
**过程 P1. PRG
  PARAMETERS M
  (  ④  )
N=1
FOR J=1 TO M
   N=N*J
NEXTFOR
RETURN
```

（15）阅读下列程序判断 300 以内的素数，并将程序填写完整。

```
SET TALK OFF
FOR N=2 TO 300
   K=0
   J=2
   DO WHILE J<N
      IF MOD(N,J) (  ①  )
        (  ②  )
         LOOP
      ELSE
         K=1
         EXIT
      ENDIF
   ENDDO
   IF K=0
   ? (  ③  ) + "是素数"
   ENDIF
ENDFOR
SET TALK ON
RETURN
```

8-3　思考题

（1）三种交互命令有何异同？如何根据程序要求选取？

（2）什么是子程序？子程序如何调用，如何返回？

（3）什么是过程？什么是过程文件？如何打开和关闭过程文件？

（4）内存变量可分哪几种作用域？各自有哪些特点？

（5）在程序中调用子程序、过程或函数时，如何进行参数传递？

参考答案：

8-1　选择题

（1）D　（2）B　（3）B　（4）C　（5）C　（6）D　（7）B　（8）D　（9）C　（10）C

（11）A　（12）C　（13）D　（14）B　（15）A　（16）D　（17）D　（18）d　（19）

D　（20）①D ②C

8-2　填空题

（1）.PRG　（2）①NOTE　②*　（3）CLEAR　（4）①LOOP　②EXIT　（5）12

（6）30　（7）① .NOT. EOF()　②SKIP　（8）11

（9）6　（10）33　（11）FOUND()或.NOT. EOF()

（12）①INT（X/2）<>X/2　②LOOP

（13）① DISP NEXT 5　②SKIP -3

（14）①MOD(I,3)=0　② DO P1 WITH I　③STR(S)　④PUBLIC　N

（15）①<>0　②J=J+1　③STR(N)

第 9 章 面向对象程序设计基础

本章主要内容有：面向对象程序设计的基本知识；Visual FoxPro 中的类、属性、事件与方法程序等基本概念；对象的操作。

通过本章的学习，读者应了解面向对象程序设计的基本概念，掌握面向对象的程序设计方法，即类的定义方法以及对象的操作方法。

9.1 面向对象程序设计基础

9.1.1 对象与类

1. 对象

现实生活中，对象随处可见，一名学生、一辆自行车、一只小狗、一台计算机，它们都可视为对象。对象是状态（属性）和行为的结合体，属性是对象的性质、特征描述，对象的属性用数据表示，例如，学生对象就具有学号、姓名、性别和出生日期等属性，显然对象的属性就决定了一个对象是该对象而不是另外一个对象，同一类对象都具有相同的属性，只是属性值不同而已。对象的行为是指可以对对象施加的操作，例如，学生对象，它具有的行为就是上课、学习等。

在计算机中所研究的对象是对具体的或概念性的事物进行抽象化模型化的表示，把具体事物对象的数据和行为抽象为对象的属性和方法来描述。

2. 类

类是一组具有公共属性和公共方法的对象的集合。

例如，汽车可以定义为一个对象，这个对象包括卡车、轿车、拖车、吊车等，为了将这个对象描述清楚，要定义很多属性，如车型、载客人数、载重量、最高时速、最大起吊重量等，显然这个对象包含的范围太大，而对于一辆吊车来说不应该有载客人数这个属性。

对于这个问题，较好的方法就是定义一个汽车类，其具有的属性和方法应该是所有汽车都具有的，如最高时速、空重、颜色等，而吊车类可以从汽车类中衍生出来，即吊车类属于汽车类的子类，具有汽车的所有属性和方法，但它有自己的特性：最大起重重量、吊起重物等，因此在汽车类的基础上加上一些新的属性和方法就构成了一个新类。因此引入类的主要目的是简化对象的定义。

类具有封装性、继承性和多态性三个特点。

（1）封装性

类的封装性意味着类的内部信息对用户是隐蔽的。在类的引用过程中，用户只看到封装界面上的信息，类的内部信息则是隐藏的，只是程序开发者才了解类的内部信息。

（2）继承性

类的继承性意味着可以在一个现有的类（称为父类）的基础上增加一些新的行为和属性，从而生成一个新的类（称为子类），子类就有父类的所有属性与行为。体现了面向对象设计方法的共享机制。

（3）多态性

类的多态性意味着许多对象都具有某种方法，而不同的对象对同一方法的响应是不同的，即相同的操作可作用于多种类型的对象上，并获得不同的结果。

9.1.2 事件与方法

1. 事件

对象的事件是指在程序运行过程中，用户和程序之间，程序与系统之间不断地发生各种交互动作，如在对象上单击鼠标、按下键盘等，这些能被对象识别并作出反应的动作都是事件。在 Visual FoxPro 中主要有三类事件：用户事件（如用户单击鼠标）、系统事件（如定时器）以及应用程序中对象进行交互时产生的事件。在 Visual FoxPro 中不同的对象能够识别的事件是不同的，不同对象对同一事件的响应也可能不同。表 9.1 列出了一些与复选框控件相关的常用事件。

表 9.1 复选框控件的常用事件

事　件	说　明
Click	用户单击复选框时发生
GotFocus	当复选框获得焦点时发生
LostFocus	当复选框失去焦点时发生

2. 方法

方法是指对象能够执行的动作，对应一段程序代码。在 Visual FoxPro 中方法可以分为两大类，一类是事件处理程序，与对象的事件相关联，由事件激发程序的执行，表 9.2 列出了复选框控件相关的方法；另一类是一般的方法程序，由方法程序调用指令完成。

表 9.2 复选框控件的常用方法

方　法	说　明
Refresh	复选框值更新后执行该方法，可以得到变化后的数据
SetFocus	执行该方法，复选框将获得焦点

9.2 Visual FoxPro 中的类与对象

9.2.1 Visual FoxPro 的基类

在 Visual FoxPro 中，类就像一个模板，对象都是由它生成的，类定义了对象的所有属性、事件和方法，从而决定了对象的属性和它的行为。Visual FoxPro 为用户提供了 20 多个基类，可以从中创建对象。要想更好地使用类，必须了解基类的类型和基类的属性。

基类可以分成容器类（Container）和控件类（Control）两种。

容器类是可以容纳其他对象，并允许访问所包含的对象的类。如表单(Form)，它本身是一种对象，又可以把按钮、编辑框、文本框等放在其中，控件类不能容纳其他对象，它没有容器类灵活。如文本，自身是一个对象，在文本中不可以放其他对象。由控件类创建的对象，是不能单独使用和修改的，它只能作为容器类中的一个元素，通过由容器类创建的对象修改或使用。Visual FoxPro 的基类如表 9.3 所示。

表 9.3　　Visual FoxPro 的基类

控　件　类	容　器　类	
	名　　称	可包含对象
标签（Label）	表单集（FormSet）	表单、工具栏
文本框（TextBox）	表单（Form）	任何控件、页框、容器
编辑框（EditBox）	页框（PageFrame）	页面
列表框（ListBox）	页面（Page）	任何控件和容器
组合框（ComboBox）	表格（Grid）	栅格、列
命令按钮（CommandButton）	列（Column）	任何控件
复选框（CheckBox）	选项按钮组（Optiongroup）	选项按钮
控件（Control）	命令按钮组（CommandGroup）	命令按钮
图像（Image）	工具（Tool）	任何控件、容器
微调（Spinner）		
计时器（Timmer）		
表头（Header）		
OLE 绑定控件（OLE Bound control）		
OLE 容器控件（OLE Container Control）		
自定义（Custom）		
形状（Shape）		
线条（Line）		
分隔符（Separator）		

9.2.2　对象的引用

由于容器类可以包含其他对象，包括容器对象，故这种包含是多层嵌套，如图 9-1 所示，由图 9-1 可以看出对象在容器分层中引用，例如，要操作一个在表单集中表单上的控件，需要确定它在容器分层中的关系，需要引用表单集、表单，然后才是控件。这种引用就像描述一个人的家庭地址，位于某个城市的某条街道的某个门牌号。

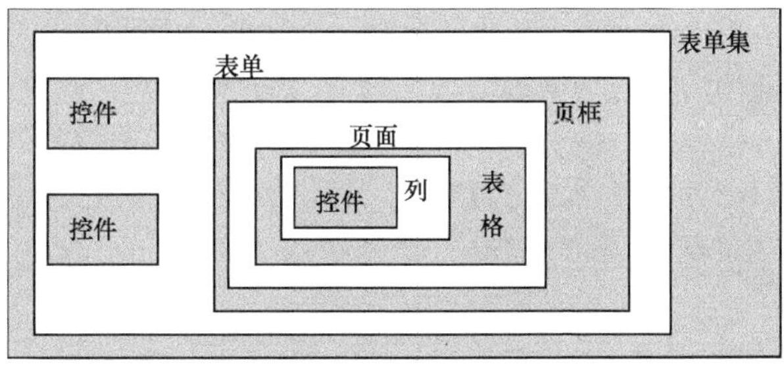

图 9-1　容器类的多层嵌套

对象通过对象名来引用对象。对象名由对象的 name 属性指定，在创建对象时，系统首先赋给对象一个默认的对象名。

例如，我们在表单上创建一个文本框控件，则系统给一个默认的名称 Text1，如果有第二个文本框，则默认名称为 Text2，依此类推。我们可在“属性”窗口中，选中 name 属性，在上方文本框中修改对象的名称。

引用地址又分成绝对引用和相对引用地址，所以对象引用也就分成绝对引用和相对引用。

1. 绝对引用

绝对引用是从包含该对象的最外面的容器对象名开始，一层一层向内引用。如果引用地址是从最外层容器开始直到目标对象，那就是绝对引用地址，用绝对地址引用对象称绝对引用。

例如，在一个名为 student 的表单中，有一个名为 cmdOK 的命令按钮，若要在程序代码中将其 enabled 属性设为.F.，可用如下语句 student.cmdOK.enabled=.F. ，这里采用的就是绝对引用形式，由最外层对象 student 引用它所包含的对象 cmdOK，并将其 enbled 属性值设为.F.，其中对象名 student 和 cmdOK 之间有一个实心的圆点，它是引用运算符。

2. 相对引用

相对引用仅需从当前位置开始，如果引用地址从指定参照对象算起到目标对象为止，那就是相对引用地址。用相对引用地址引用对象，称为相对引用，系统提供的相对引用的关键字及其意义如表 9.4 所示。

表 9.4 相对引用的关键字及其意义

引用关键字	表　示
this	当前操作对象
thisform	当前操作表单
thisformset	当前操作的表单集
parent	当前对象的直接容器(也可叫父对象)
activeform	当前活动表单
activecontrol	当前具有焦点的控件

下面是几种常用的相对引用的使用方法：

① 引用对象本身的属性方法和事件，使用“this”；

② 引用与本身对象处于同一容器中的对象，使用“this.parent.引用对象名”；

③ 引用当前表单中的对象，使用“thisform.对象名”。

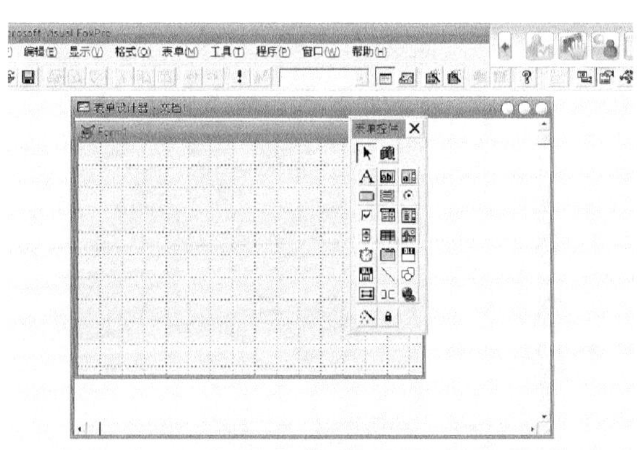

图 9-2　表单设计器窗口

【例 9.1】 制作一个表单，运行时单击命令按钮能将文本框 1 的内容显示在文本框 2 中，分别用绝对引用和相对引用方式编写代码。

① 打开“文件”菜单，进入”新建“对话框，选择“表单”，单击“新建文件”按钮，进入“表单设计器”窗口，如图 9-2 所示。

② 在“表单控件”工具栏中，分别选择“标签”、“文本框”及“命令按钮”控件，在

表单上单击，添加 2 个标签 label1 和 label2，2 个文本框 text1 和 text2，1 个命令按钮 command1。在“表单设计器”中选中 command1，然后在“属性”窗口中将 command1 的 caption 属性改为“显示”，如图 9-3 所示。

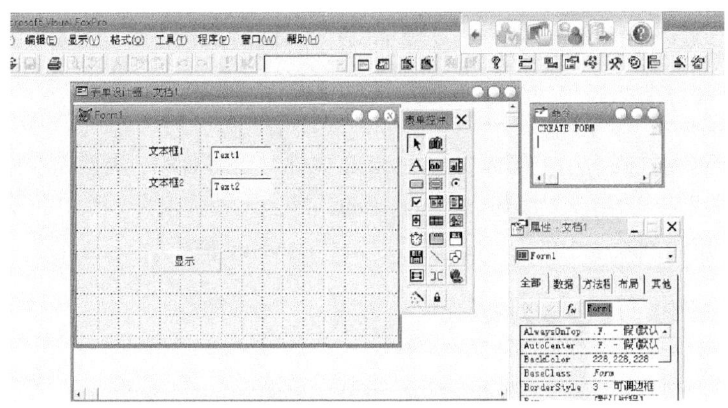

图 9-3　表单设计界面

③ 在“表单设计器”窗口中，双击“显示”按钮，出现代码窗口，在其中的 click 事件（即鼠标单击时发生的事件）中输入下面的代码：

```
thisform.text2.value=thisform.text1.value
```

如图 9-4 所示，然后按组合键 ctrl+w 保存代码。

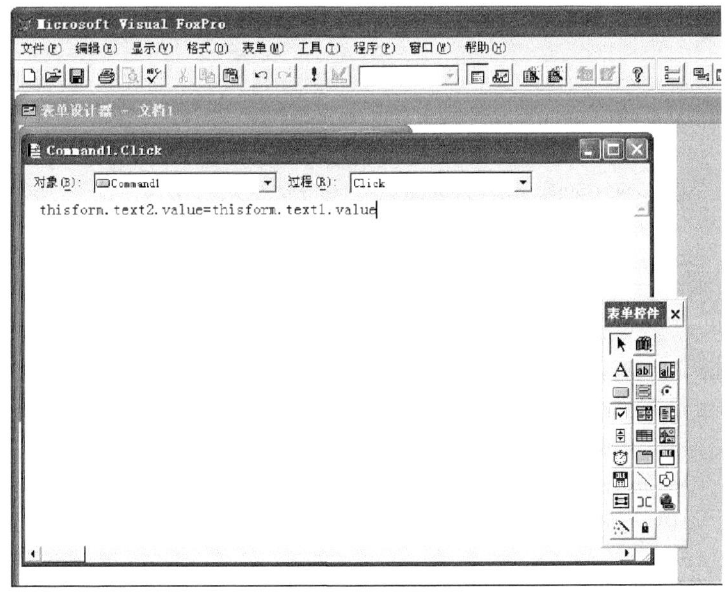

图 9-4　代码输入界面

④ 单击“表单”主菜单中的“执行表单”菜单项，为表单选一个保存位置，即可运行表单。

⑤ 运行时，我们在第 1 个文本框中输入任意字符，再单击“显示”按钮，文本框 1 的内容即会显示在文本框 2 中。为什么会这样呢？

实际上，显示文本这个事件是由命令按钮 command1 的 click 事件触发的，我们运行时单击了 command1（即“显示”按钮），即触发了该按钮的 click 事件，调用 click 事件中的代码。我们来分析一下其中的代码：

```
thisform.text2.value=thisform.text1.value
```

这里使用的是绝对引用的形式，从最外层容器——当前表单出发，取出 text1 的 value 属性值(即我们通过键盘输入到 text1 里的值)，然后将该值赋给 text2 的 value 属性，所以在第二个文本框中就会显示出第一个文本框的值。

⑥ 也可在第（3）步中，将“显示”按钮的 click 代码改为相对引用的形式，效果是相同的，代码如下：

```
this.parent.text2.value=this.parent.text1.value
```

再来分析一下这句代码，单击鼠标时触发 click 事件，当前对象，当然是“显示”按钮了，代码中的“this”即代表“显示”按钮，“this.parent” 为 “显示” 按钮的父对象(即表单)，“this.parent.text1”定位到表单中的 text1，然后取出它的 value 值赋给 text2 的 value。

9.2.3 对象的事件与方法

1. 对象的事件

对象的事件是对象的动作和行为，Visual FoxPro 中对象的事件可通过用户操作、程序代码或系统触发。只有当事件发生时，事件的程序才会运行，如果没有任何事件发生，则整个程序就处于停滞状态。比如在上一节所举的实例中，运行表单后，如果我们什么也不做，则程序处于停顿状态，我们在第 1 个文本框中输入任意字符，再单击“显示”按钮，则触发命令按钮的 click 事件，内部的代码得到执行，文本框 1 的内容即会显示在文本框 2 中。所以说，Visual FoxPro 程序是由事件驱动的程序。

2. 事件的分类

（1）鼠标事件

所谓鼠标事件，就是在 Visual FoxPro 应用程序的运行界面中，用鼠标对其中的对象进行操作所触发的事件。

① Click 事件：鼠标单击时所产生的事件，Click 事件既可由用户触发，也可由执行事件的程序代码触发。

② DbClick 事件：双击鼠标时产生的事件。

③ MouseDown 和 MouseUp 事件：当鼠标指针指向对象并按下鼠标左键时触发 MouseDown 事件，当释放鼠标左键时触发 MouseMp 事件。

④ MouseMove 事件：在对象上移动鼠标指针时产生的事件。

⑤ DragDrop 事件：用鼠标拖动对象时产生的事件。

⑥ DownClick 和 UpClick 事件：当用鼠标单击组合框、列表框或微调器的向下箭头时，触发 DownClick 事件；单击向上箭头时，触发 Upclick 事件。

（2）键盘事件 KeyPress

单击某一键时产生的事件，通常对获取焦点的对象，当按下键盘键并放开时触发 KeyPress 事件，该事件有两个参数：键 ASCⅡ码和 ShiftCtrlAlt 状态，其中，ShiftCtrlAlt 状态为三键值的和，其中 shift 值为 1，ctrl 值为 2，alt 值为 4 。

（3）对象的焦点事件

当对象取得焦点（Focus）时，该对象将成为当前活动对象，操作将面向该对象。若文本框取得焦点，光标将在文本框中闪烁，指明编辑文本的当前位置。当命令按钮获得焦点时，按钮框内出现虚线框。属于控件焦点的事件有：获取焦点，失去焦点以及获取和失去焦点前触发的事件。

① 获取焦点事件 GotFocus：当对象获取焦点时将触发 GotFocus 事件，而获取焦点的方法可以通过按 tab 键，鼠标单击对象或对对象使用 setfocus 方法。注意：只有对象的 enabled 和 visible 属性为“真”(.T.)时，对象才能获得焦点。

② 失去焦点事件 LostFocus：当对象失去焦点时将触发该事件，对象可能因操作失去焦点，例如，重新选择对象或单击另一对象；也可能在程序代码中执行获取焦点的方法 SetFocus，失去焦点的事件代码常用于取消 GotFocus 事件代码所做的工作，例如，取消在执行 GotFocus 事件过程代码所提供的指导用户操作信息。

（4）表单事件

① Load 事件：Load 事件在创建表单集或表单之前触发，其事件过程代码常用于做表单集或表单的初始化工作。如果是表单集，则先触发表单集的 Load 事件，然后触发表单的 Load 事件。

② Unload 事件：Unload 事件是释放表单集或表单之前被触发的最后一个事件。在触发该事件之前先触发表单或表单集的 Destroy 事件，使对象无效。例如，释放表单集时触发的 Destroy 和 Unload 事件顺序如下所示：

表单集 Destroy→表单 Destroy→表单中各对象 Destroy→表单 Unload→表单集 Unload。

③ Activate 事件：当激活表单等对象时触发 Activate 事件，通常可在调用对象的 show 方法时触发该事件用来激活或显示对象。

（5）Deactivate 事件

当容器对象没有焦点而处于非活动状态时触发 Deactivate 事件。常见于当激活新对象时，触发原活动对象的 Deactivate 事件，同时触发新对象的 Activate 事件。

（6）其他事件

① Timer 事件：在每次计时时间到达时触发 Timer 事件，计时间隔由 Timer 控件的 Interval 属性来指定。

② Init 事件：在对象建立时，其 Init 事件被触发。通常在 Init 事件代码中编写有关对象的初始化的操作，如加载图片对象中的图片等。对容器对象来说，首先触发的是对象的 Init 事件，然后触发容器的 Init 事件，因此，容器的 Init 事件代码可访问容器中的每个对象.此外，容器中对象的 Init 事件，与它们被添加到容器中的顺序相同。

③ Destroy 事件：从内存中释放对象时触发其 Destroy 事件，使该对象无效。如果对象是一个容器，则首先触发其中的对象的 Destroy 事件，然后触发容器对象的 Destroy 事件。

3. 为事件编写代码

如果没有为对象的某些事件编写代码，当事件发生时系统将不会发生任何操作，比如，不给命令按钮添加任何代码，运行时，用户即使单击该命令按钮，也不会产生任何操作。

① 在设计时，要为一个对象的某个事件添加代码，在需双击该对象，即会弹出代码窗口，在该窗口上方的“过程”列表中和选择事件名称，在下方添加所需的代码。

② 在编写事件代码时，要考虑事件发生的顺序，特别要注意以下两点：A.在运行表单集或表单时，首先发生的是 Load 事件，在 Load 事件发生时还没有创建任何对象，因此在 Load 事件中不能对对象做任何处理，比如，在表单的 Lload 事件中为表单中的文本框等控件设置属性是错误的。B.表单中对象的 Init 事件，发生在表单的 Init 事件之前，所以可在表单的 Init 事件代码中设置表单中的诸如文本框之类的控件的属性。

4. 方法

方法是对象所能执行的操作，是与对象相关的过程，方法程序是对象能够执行的、完成相应任务的操作命令代码的集合。方法可以独立于事件而存在，如 ThisForm.Release。

在 Visual FoxPro 中，系统将对象的所有属性、事件和方法均放在同一属性窗口中，用户在此窗口设置属性，书写事件代码和方法代码。

9.3 面向对象程序设计方法

类的设计是面向对象编程的重要环节之一。在进行应用程序的设计时，通常把大量的属性、方法和事件定义在一个类中，再根据需要，在这个类的基础上派生出一个或多个子类，产生多个对象，在这些对象的基础上设计应用程序，可以大大减少程序设计的重复劳动。

9.3.1 类的设计

当用户在 Visual FoxPro 中开发应用程序时，并不是对每个控件都要建立类，类是对公共任务的封装，当某个应用是比较公共的时候建立类就比较方便。

在 Visual FoxPro 中建立类，通常都是从基类派生出来，再为这些派生出来的子类添加新的属性，加入新的方法代码。在 Visual FoxPro 中建立类的方法有两种，一种是使用 Visual FoxPro 系统提供的类设计器，另一种是通过编程的方法建立类。

1. 用类设计器设计类

用可视化方法设计类的步骤是：

（1）进入 Visual FoxPro 类设计器

有三种方法可以进入类设计器：

① 直接在菜单栏中进行操作。在“文件”菜单中选择“新建”命令，在“新建”对话框中指定文件类型为“类”，单击“新建文件”按钮。

② 使用 Visual FoxPro 项目管理器。进入项目管理器，在项目管理器中选择“类”选项卡，并单击“新建”命令按钮。

③ 在命令窗口使用命令：

```
CREATE CLASS 类名[OF 类库名]
```

（2）在“新建类”对话框中指定子类的名称和存储类的文件名

进入类设计器后，出现如图 9-5 所示的界面。

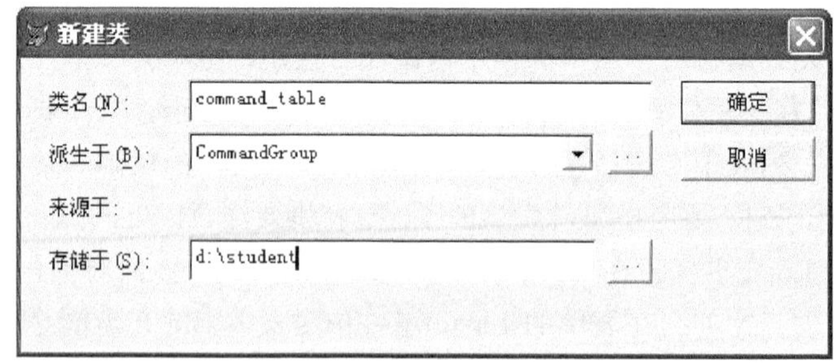

图 9-5　指定子类的有关信息

在该界面中有三项内容需要填写：

① 类名：按照一般的命名规则给子类取一个名字。

② 派生于：指定子类的父类。这是一个下拉列表框，后面还有一个命令按钮，当由“基类”直接派生子类时，只要从下拉列表框中选择一个就可以了。但如果需要一个非基类的类作为子类的父类，则单击命令按钮启动一个对话框，选择父类所在的文件和父类名。

③ 存储于：指定子类的存储文件，所指定的文件可以存在，也可以不存在。当指定了一个已经存在的类文件时，Visual FoxPro 把新建类加入该类文件，否则，Visual FoxPro 建立一个新的类文件。一般而言，为方便管理总是把多个相关的类存储于一个类文件中。

完成以上操作后，已经设计出一个子类，如图 9-6 所示，该类与其父类具有完全相同的属性与事件代码。接下来就是对这个类进行修改以满足用户特定要求。

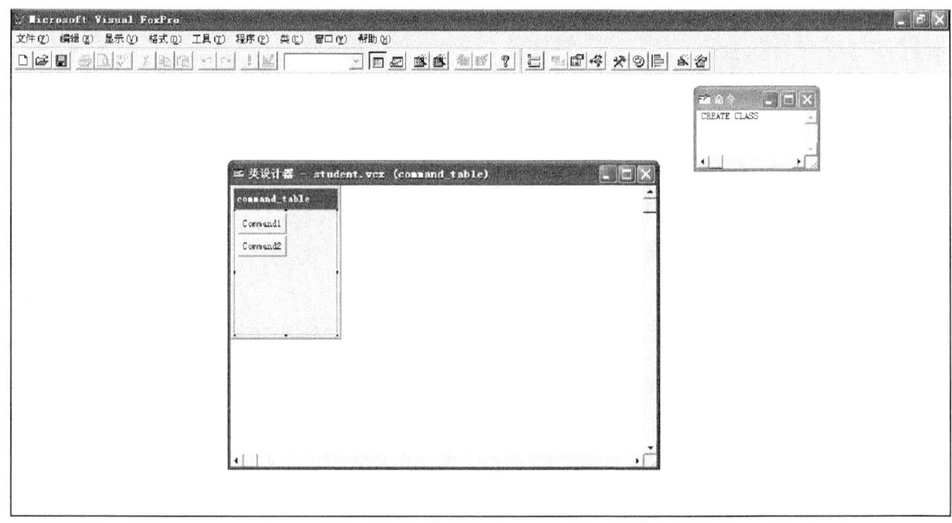

图 9-6　新设计的类

（3）属性设计

① 设置属性值：如图 9-7 所示，新设计的类 command1 继承了其父类 CommandButton 的全部属性，要重新设置 Command1 的属性值，需进入属性设置窗口，如图 9-7 所示。

图 9-7　新设计类的属性设置

描述类的属性很多，一般无需全部重新进行设置，只需要更改几个自己需要修改的，让其他部分属性保持其从父类那里获得的继承值。

② 添加新的属性：有时需要添加新的属性，方法是在 Visual FoxPro 的菜单栏中，选择“类”菜单中“新建属性”选项，出现如图 9-8 所示的界面。在这个界面中，指定要添加的属性名称，并单击“添加”按钮，就完成了新属性的添加。以后就可以根据需要设置属性。

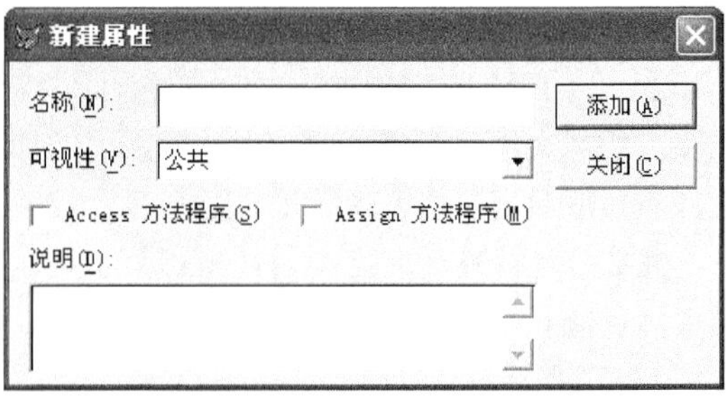

图 9-8　新设计类的新建属性界面

（4）代码设计

代码设计是类设计工作的关键，进入类的代码设计窗口的方法有两种：

① 双击类的图标；

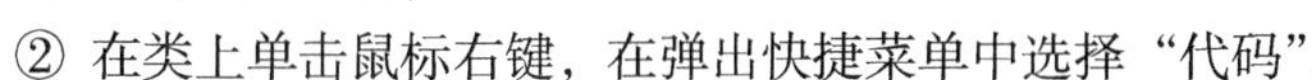

② 在类上单击鼠标右键，在弹出快捷菜单中选择“代码”。

上面介绍了用可视化方法设计类的步骤，下面看一个实例。

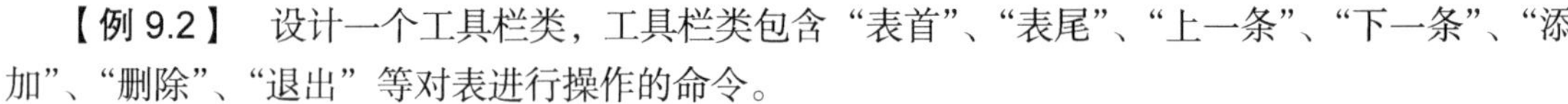

【例 9.2】 设计一个工具栏类，工具栏类包含“表首”、“表尾”、“上一条”、“下一条”、“添加”、“删除”、“退出”等对表进行操作的命令。

我们首先设计一个命令按钮组，用其成员对象的 Click 事件代码来分别完成这些功能。为了实现操作对象的通用性，在该类中新添加一个属性 ThisTable 用来存放操作的表的别名。

下面是具体的设计过程：

① 进入类设计器窗口，并指定类名：Command_table，派生于 CommandGroup，存储位置的：\student。

② 设计命令按钮组及其对象的属性，其他属性保持继承值。

设置 command_table 的属性

```
ButtonCount:7    Name:command_table
```

将命令按钮组命令的 Caption 属性依次设置为“表首”、“表尾”、“上一条”、“下一条”、“添加”、“删除”、“退出”；将 Name 属性依次设置为“table_top”、“table_bottom”、“table_pre”、“table_next”、“table_add”、“table_del”、“table_exit”。

该工具栏外观如图 9-9 所示。

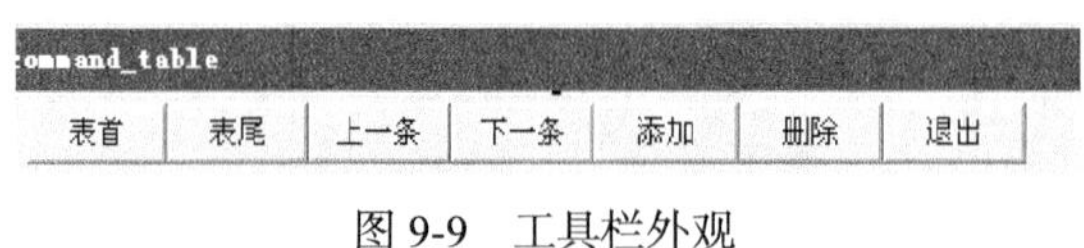

图 9-9　工具栏外观

③ 为命令按钮组添加一个新属性 ThisTable。

④ 为命令按钮组及各命令设计代码。

- 命令按钮组的 Init 事件：通常情况下对表的操作都是在表单中进行，与表相关联的表单会包含一个称为数据环境的对象，该对象在建立时执行的 Init 事件代码会打开与表单相关联的数据表，并把表的别名存放在自己的 Alias 事件中。

```
**定义命令按钮组的 Init 事件代码
IF Empty(This.ThisTable)
   This.ThisTable=ThisForm.DataEnvironment.Cursor1.Alias      &&将操作的表名赋值给命令按钮
```

```
组的属性 ThisTable 赋值
    SELECT(This.ThisTable)   &&选择表
    This. table_top.Enabled=NOT BOF()
    This. table_Bottom.Enabled=NOT EOF()
    ThisForm.Refresh
    RETURN
```

- table_top 命令按钮的 Click 事件代码：

```
定义 table_top 命令按钮的 Click 事件代码
SELECT(This.Parent.ThisTable)
 IF .NOT. BOF()
   GOTO TOP
   This.Enabled=.F.            &&设置本按钮可用
 ENDIF
This.Parent. table_next.Enabled=.T.   &&设置下一条按钮可用
This.Parent. table_bottom.Enabled=.T.  &&设置表尾按钮可用
ThisForm.Refresh
RETURN
```

- table_bottom 命令按钮的 Click 事件代码：

```
定义 table_bottom 命令按钮的 Click 事件代码
SELECT(This.Parent.ThisTable)
 IF .NOT. EOF()
   GOTO BOTTOM
   This.Enabled=.F.            &&设置本按钮可用
 ENDIF
This.Parent. table_pre.Enabled=.T.   &&设置上一条按钮可用
This.Parent. table_top.Enabled=.T.  &&设置表首按钮可用
ThisForm.Refresh
RETURN
```

- table_pre 命令按钮的 Click 事件代码：

```
定义 table_pre 命令按钮的 Click 事件代码
SELECT(This.Parent.ThisTable)
 IF.NOT. BOF()
SKIP-1
ENDIF
This.Enabled=NOT BOF()
This.Parent. table_top.Enabled=.NOT BOF()
This.Parent. table_bottom.Enabled=.T.
This.Parent. table_next.Enabled=.T.
ThisForm.Refresh
RETURN
```

- table_next 命令按钮的 Click 事件代码：

```
定义 table_next 命令按钮的 Click 事件代码
SELECT(This.Parent.ThisTable)
 IF .NOT. EOF()
   SKIP+1
 ENDIF
This.Enabled=NOT EOF()
This.Parent. table_ bottom .Enabled=.NOT EOF()
This.Parent. table_top.Enabled=.T.
This.Parent. table_pre.Enabled=.T.
```

```
ThisForm.Refresh
RETURN
```

- table_add 命令按钮的 Click 事件代码：

```
**定义 table_add 命令按钮的 Click 事件代码
SELECT(This.Parent.ThisTable)
APPLEN BLINK
ThisForm.Refresh
RETURN
```

- table_del 命令按钮的 Click 事件代码：

```
**定义 table_del 命令按钮的 Click 事件代码
SELECT(This.Parent.ThisTable)
DELETE
ThisForm.Refresh
RETURN
```

- table_del 命令按钮的 Click 事件代码：

```
**定义 table_del 命令按钮的 Click 事件代码
ThisForm.Release
RETURN
```

至此一个工具栏类就设计完毕。

2. 用程序方法设计类

前面我们介绍了用类设计器设计类的过程，接下来我们简单介绍用程序方法设计类的过程。

在程序文件中，定义类的语句格式是：

```
Define Class <类名> AS <父类名>
    [object.]Property=Expression
      [Add object [Protected]<对象名> As <类名>
        With Propertylist]
      [Procedure Name
          <命令序列>
       EndProcedure]
   EndDefine
```

说明：

① 父类既可以是一个 Visul Foxpro 中的一个基类，也可以是用户自己定义的类。

② [object.]Property= Expression 是设置建立类的属性值。

例如，以表单为基类建立 MyForm 类，并设置一些属性值。

```
Define Class  MyForm  AS   Form
    Caption="学生信息"
    Width=300
    Height=200
EndDefine
```

③ Add object 向类中添加对象，Protected 阻止类定义外部访问改变对象的属性。With Propertylist 指定所创建对象的属性列表和属性值。

例如，定义一个表单，添加 cmdok 和 cmdCancel 两个命令按钮对象到表单，并设置 cmdok 的属性值。

```
Define Class  MyForm  AS   Form
    Add object cmdok  As  CommandButtom With;
```

```
        Caption="确定", Width=80, Height=20
    Add object Protected  cmdCancel  As  CommandButtom
EndDefine
```

④ Procedure Name <命令序列>　EndProcedure，为类建立事件和方法，事件和方法通过过程或函数来实现。

例如，为添加的 cmdok 命令按钮对象定义事件过程

```
Define Class  MyForm  AS   Form
    Add object cmdok  As  CommandButtom With;
       Caption="确定", Width=80, Height=20
    Procedure cmdok.Click
    Do form cx   &&调用 cx 表单
    EndProcedure
EndDefine
```

9.3.2　对象的设计

类创建好了，要使用它，必须创建类的对象。用可视化的方法设计对象的过程与类的设计过程基本相同，下面主要介绍在程序中设计和使用对象的方法。

1. 创建与释放对象

（1）对象的创建

所谓创建对象，就是在内存中创建一个内存变量。对象必须创建后才能使用，使用命令创建对象的一般格式是：

```
<对象名> = Createobject <("ClassName")>
```

注：ClassName 表示要建立的对象的父类，既可以是基类，也可以是自定义类。

例如：

m1= Createobject(“MyForm”)　&&建立一个名为 m1 的 MyForm 对象,MyForm 为自定义的类

m2= Createobject(“CommandButton”)　&&建立一个名为 m2 的命令按钮对象

（2）对象变量的释放

对象不再使用，可以将对象释放。

格式 ：Release<对象名>

例如：

```
Release m1
```

2. 对象的属性设置

对象的属性可以在对象设计阶段设置，在对象运行过程中进行修改。设置对象属性的语句格式有两种。

格式 1：<对象名>.<属性名>=<属性值>

格式 2：

```
WITH<对象名>
<属性名 1>=<属性值 1>
…
<属性名 n〉=<属性值 n>
ENDWITH
```

当要同时设置一个对象的多个属性时，第二种格式更加方便有效。

例如：

```
m2= Createobject("CommandButton")
m2. Caption="确定"
m2. Width=80
m2. Height=20
```

或者

```
WITH m2
Caption="确定"
Width=80
Height=20
ENDWITH
```

3. AddObject()方法

在容器对象中添加对象应使用 AddObject()方法，格式是：

〈容器对象名〉.AddObject(<对象名>, <类名>, [<参数 1>, <参数 2>...])

功能：该方法在已经建立的容器对象中加入一个由类名派生的对象。

【例 9.3】 设计一个表单对象，并在表单上加入一个命令按钮对象和两个文本框对象，其中在一个文本框中输入信息，当单击命令按钮时，在另一个文本框中显示前一个文本框的信息。

程序如下：

```
My= Createobject("MyForm")  &&建立一个 MyForm 对象
My.Caption= "复制信息"
My.Width=300
My.Height=200
My.AddObject("Text1","TextBox")
My.AddObject("Text2","TextBox")
My.Text1. Top=20
My.Text1. left=100
My.Text2. Top=60
My.Text2. left=100
My.Text1. Visible=.T.
My.Text2. Visible=.T.
my.show(1)
&&定义 MyForm 类
Define Class MyForm  AS Form
    Add object cmdok  As  CommandButton With;
     Caption="确定", Width=80, Height=20,Visible=.T.,top=120,left=40
     Procedure cmdok.Click
    ThisForm.Text2. Value= ThisForm.Text1. Value
     EndProc
EndDefine
```

类定义及调用代码可存于程序文件(.PRG)中，程序代码必须放在类定义之前。该程序运行后的结果如图 9-10 所示。

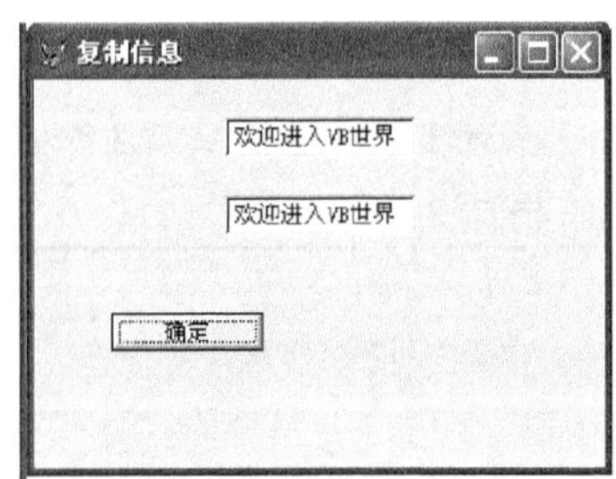

图 9-10　程序运行界面

9.3.3　调用方法

用程序方式定义的类，将它存于一个程序文件(.PRG)中，然后创建其对象就可以使用它了，如实例 9.2。

当我们用可视化类设计器设计好的类，通常存放在一个可视化类文件(.VCX)中。要调用它可以有两种方法。

方法 1：用语句 SET CLASSLIB TO <“可视化类文件”> 打开可视化类文件，然后调用它。

例如：创建一表单，在表单中调用实例 9.1 创建的工具栏类，该类存于 student.vcx 文件中。

```
SET CLASSLIB TO student.vcx
myform= Createobject("form")
myform.AddObject("my","student.command_table")
myform.my.visible=.T.
myform.show(1)
```

该程序运行后的结果如图 9-11 所示。

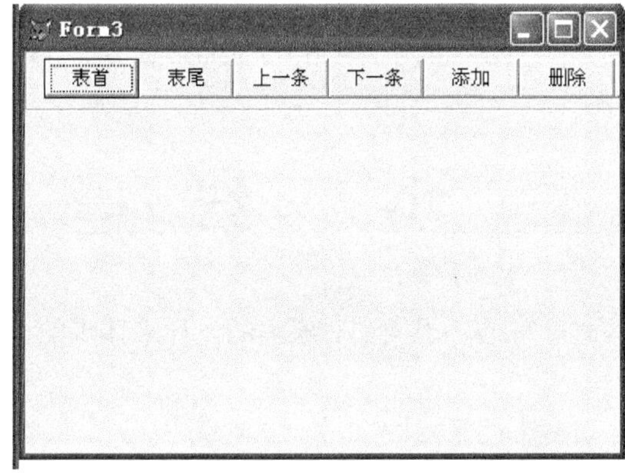

图 9-11　程序运行界面

方法 2：创建一表单，出现“表单设计器”窗口，如图 9-12 所示。此时看到的“表单控件”工具栏窗口是常用“表单控件”工具栏窗口。在“表单控件”工具栏窗口单击“查看类”按钮，在弹出的快捷菜单中选择“添加”命令，弹出“打开”对话框，将前面建立的类 student.vcx 添加到“表单控件”工具栏，当再次单击“查看类”按钮，在弹出的快捷菜单中出现了“student”命令，单击它，在“表单控件”工具栏增加了“command_table”控件，如图 9-13 所示。单击“command_table”控件，在表单上拖放就出现了图 9-11 所示的效果，在表单中得到了一个 command_table 对象。

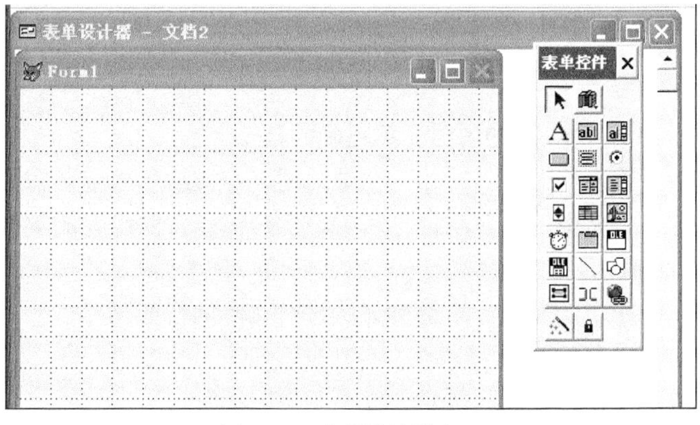

图 9-12　表单设计器窗口

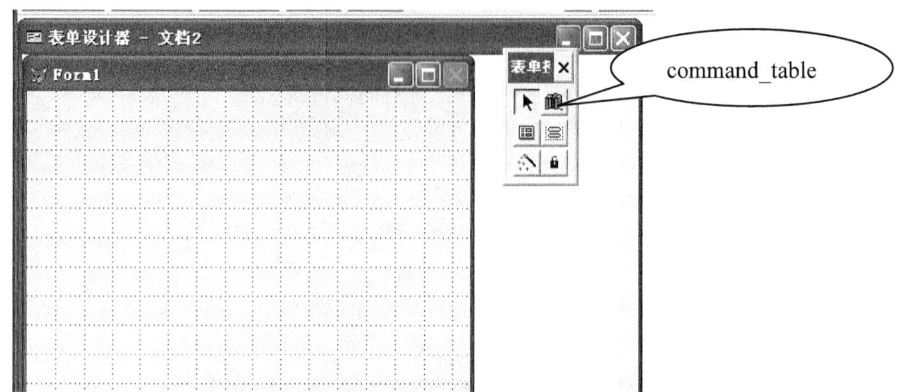

图 9-13　表单控件工具栏增加了 command_table 控件

小　　结

面向对象的程序设计是通过对类、子类和对象等的设计来体现的，类是面向对象程序设计技术的核心。

类具有继承性、封装性和多态性等特性。

Visual FoxPro 为用户提供了 20 多个基类，可以从中创建对象。要想更好地使用类，必须了解基类的类型和基类的属性。基类可以分成容器类（Container）和控件类（Control）两种。容器类是可以容纳其他对象，并允许访问所包含的对象的类，控件类不能容纳其他对象，它没有容器类灵活。

类的设计是面向对象编程的重要环节之一。在进行应用程序的设计时，通常把大量的属性、方法和事件定义在一个类中，再根据需要，在这个类的基础上派生出一个或多个子类，产生多个对象。

习　　题

9-1　选择题

（1）以下关于 Visual FoxPro 类的说法，不正确的是（　　）。

A. 类具有继承性和封装性　　B. 用户必须给基类定义属性，否则出错

C. 子类一定具有父类的全部属性　　D. 用户可以按照已有的类派生出多个子类

（2）下面关于类的描述，错误的是（　　）。

A. 类可以按所定义的属性、事件和方法进行实际的行为操作

B. 类只是实例对象的抽象

C. 类并不进行任何行为操作，它仅仅表明该怎么做

D. 一个类包含了相似的有关对象的特性和行为方法

（3）下列几组控件中，均为容器类的是（　　）。

A. 表单集、列、组合框　　B. 页框、页面、表格

C. 列表框、列、下拉列表框　　D. 表单、命令按钮组、OLE 控件

（4）命令按钮组是（　　）。

A. 控件　　B. 容器　　C. 控件类对象　　D. 容器类对象

（5）假设某个表单中有一个命令按钮 cmdClose，为了实现当用户单击此按钮时能够关闭按钮该表单的功能，应在该按钮的 Click 事件中写入语句（　　）。

A. ThisForm.Close　　B. ThisForm.Erase

C. ThisForm.Release　　D. ThisForm.Return

（6）设置对象的属性不用定义（　　）。

A. 对象名　　B. 属性　　C. 属性值　　D. 代码

（7）下列类的特性中，（　　）体现并扩充了面向对象程序设计方法的共享机制。

A. 抽象性　　B. 多态性　　C. 封装性　　D. 继承性

（8）下列说法错误的是（　　）。

A. 类是对一类相似对象的性质描述，这些对象具有相同的性质。基于类可以生成该类对象的任何一个对象。

B. 方法定义在类中，但是定义类中，但是定义类的主题是对象。

C. 每个对象都有一定的状态和自己的行为。

D. 在同一个类上定义的对象采用相同的属性来表示状态，所以在属性上的取值也必须相同。

（9）创建类时不用定义类的（　　）。

A. 别名　　B. 属性　　C. 事件　　D. 方法

（10）下列容器能包含任意控件的是（　　）。

A. 表单集　　B. 页框　　C. 表单　　D. 选项按钮组

（11）关于属性、方法、事件的叙述中，下面错误的是（　　）。

A. 属性用于描述对象的状态，方法用于表示对象的行为

B. 在新建一个表单时，可以添加新的属性、方法和事件

C. 事件代码也可以象方法一样被显式调用

D. 基于同一类的两个对象可以分别设置自己的属性

（12）在 Visual FoxPro 常用的基类中，运行时不可视的是（　　）。

A. 命令按钮组　　B. 形状　　C. 线条　　D. 计时器

（13）有关控件对象的 Click 事件的正确叙述是（　　）。

A. 用鼠标双击对象时引发　　B. 用鼠标单击对象时引发

C. 用鼠标右键单击对象时引发　　D. 用鼠标右键双击对象时引发

（14）下列关于编写事件代码的叙述中，错误的是（　　）。

A. 可以由已定义了该事件过程的类中定义

B. 为对象的某个事件编写代码，就是编写一个与事件同名的.PRG 程序文件

C. 为对象的某个事件编写代码，就是将代码写入该对象的这个事件过程中

D. 为对象的某个事件编写代码，可以在该对象的属性对话框中选择该对象的事件，然后在出现的事件窗口中输入相应的事件代码

（15）用 DEFINE CLASS 命令定义一个 MyForm 类时，若要为该类添加一个按钮对象 cmdok，应当使用的基本代码是（　　）。

A. AddObject("cmdok "，" CommandButton ")

B. Add object cmdok　As　CommandButton

C. MyForm.AddObject("cmdok "," CommandButton ")

D. Add object MyForm. cmdok　As　CommandButton

（16）下列关于对象的说法中，正确的是（　　）。

A. 对象一定有一个对象标识

B. 象只能表示结构化的数据

C. 对象可以属于一个对象类，也可不属于任何对象类

D. 对象标识符在对象的整个生命周期中可以改变

（17）以下特点中不属于面向对象程序设计的特点的是（　　）。

A. 单一性　　B. 继承性　　C. 封装性　　D. 多态性

（18）创建对象后，还必须为对象设置属性，下列说法正确的是（　　）。

A. 只能设置打个对象的属性

B. 设置多个属性时只能在属性窗口中进行

C. 可使用 WITH…ENDWITH 语句设置多个属性

D. 对象的属性设置只能在窗口中进行

（19）下列说法中正确的是（　　）。

A. 对象的引用方法只有绝对引用一种

B. 既可以在设计时设置对象的属性，也可以在运行时设置对象的属性

C. 设置对象属性的语法是：Object.Property=Value

D. 调用方法的语法是：Object.Mathod

（20）在面向对象方法中，对象可看成是属性（数据）以及这些属性上的专用操作的封装体。封装的目的是使对象的（　　）分离。

A. 设计和实现　　B.分析和定义　　C.设计与调试　　D.定义和实现

9-2　填空题

（1）类具有多态性、（　　　）、（　　　）和抽象性。

（2）一组具有公共属性和公共方法的对象的集合称为（　　　）。

（3）对象中的数据称为（　　　）。

（4）（　　　）是描述对象行为的过程，是对当某个对象接收了某个消息后所采取的一系列操作的描述。

（5）当用户单击命令按钮，将触发一个（　　　）事件代码。

（6）Visual FoxPro 系统中用（　　　）描述对象的状态，用（　　　）来描述对象的行为。

（7）在 Visual FoxPro 中，创建对象时发生的事件是（　　　），用户使用鼠标双击对象时发生的事件是（　　　）。

（8）Visual FoxPro 基类有两种，即：（　　　）和（　　　）。

（9）写出五种常用的容器类（　　　）、（　　　）、（　　　）、（　　　）、（　　　）。

（10）设置当前表单的标题为“OK”的命令是（　　　）。

（11）事件是对象能够识别的一个动作，方法是对象能够执行的一组操作，SetFocus 就是一个（　　　　）。

（12）建立类可以通过（　　　　）和（　　　　）两种方式建立。

（13）如果要改变子表里面的某一个属性，可以在子表或者在（　　　　）修改。

（14）要对一个对象的多个属性进行设置，可以用（　　　　）结构进行设置。

（15）当按下键盘键并放开时，将触发键盘的（　　　　）。

9-3　思考题

（1）什么是对象？并简述对象的属性、事件和方法。

（2）什么是类？类具有哪些特性？

（3）容器类和控件类有何区别？

（4）简述用类设计器设计类的过程。

（5）代码设计是类设计工作的关键，简述进入类的代码设计窗口的方法。

答案：

9-1　选择题

（1）B　（2）A　（3）B　（4）D　（5）D　（6）D　（7）D　（8）D　（9）A　（10）C

（11）B　（12）D　（13）B　（14）B　（15）B　（16）A　（17）A　（18）C　（19）B　（20）D

9-2　填空题

（1）继承性、封装性　（2）类　（3）属性　（4）方法　（5）Click　（6）属性、方法

（7）Init、Dbclick　（8）控件类、容器类　（9）表单、表格、命令按钮组、页框、选项按钮　（10）This.Caption=“OK”　（11）方法　（12）程序方式、类设计器　（13）父表

（14）WITH…ENDWITH　（15）KeyPress 事件

第 10 章 表单设计与应用

本章主要内容有：表单的概念，掌握有关表单的基础知识；“表单设计器”的使用和属性的设置；常用表单的设计和应用。

10.1 表单基础知识

表单（Form）是开发数据库应用系统界面的强有力的工具，可以使用表单向导和表单设计器来建立表单。表单是一种容器，在其中可加入 Visual FoxPro 中的其他对象，设计一个表单，实际上是在表单中添加控件并对控件的属性、事件和方法代码进行设计。

10.1.1 表单概述

表单是 Visual FoxPro 中面向对象的程序设计的基本工具，它是具有属性、事件、方法程序、数据环境和包含的其他控件的容器类对象。在一个表单中可以包含其他的控件，表单通过控件为用户提供图形化的操作环境。它的主要用途是输入输出数据，完成具有某种特定功能的操作，构造用户和计算机相互沟通的可视化的屏幕界面。

1. 表单控件

表单中的控件有两类：与数据绑定的控件和不与数据绑定的控件。与数据绑定的控件与数据源（表、视图或表和视图的字段或变量等）有关，这类控件需要设置控制源属性，用户使用与数据绑定的控件可以将输入或选择的数据送到数据源或从数据源取出有关数据。另一类不与数据绑定的控件不需要设置控制源属性，用户对控件输入或选择的值只作为属性设置，该值不保存。

根据表单控件的主要功能，一般可以将它们分为 5 类：

① 输出类控件：标签、图像、线条、形状。

② 输入类控件：文本框、编辑框、列表框、组合框、微调控件。

③ 控制类控件：命令按钮、命令按钮组、复选框、选项按钮组、计时器。

④ 容器类控件：表格、页框、容器。

⑤ 连接类控件：Active X 控件\Active X 绑定控件、超级链接。

这种分类方式并不绝对。例如，文本框主要作为输入控件，但它也常作为输出控件。

表单控件工具栏如图 10-1 所示。

由于表单控件比较多，所以一定要根据各种控件的功能（见表 10.1）选择合适的控件。

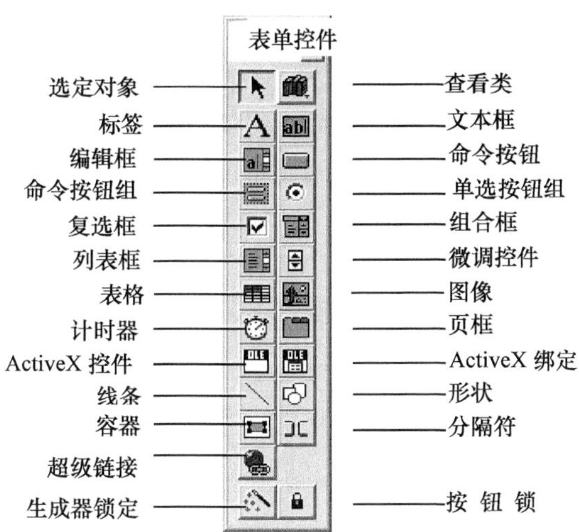

图 10-1　表单控件工具栏中的按钮

表 10.1　表单常用控件

控 件 名 称	功 能 说 明
选定对象（Select Object）	选定一个对象
查看类（Class）	选择一个已注册的类
标签（Label）	创建一个用于显示字符串的标签控件
文本框（Text Box）	创建一个用于输入或修改单行文本的文本框控件
编辑框（Edit Box）	创建一个用于输入或修改多行文本的编辑框控件
命令按钮（Command Button）	创建一个用于执行命令的按钮控件
命令按钮组（Command Group）	创建一个用于把相关的命令编成组的命令组控件
选项按钮组（Option Group）	创建一个选项组控件
复选框（Check Box）	创建一个复选框控件
组合框（Combo Box）	创建一个组合框控件
列表框（List Box）	创建一个列表框控件
微调控件（Spinner）	创建一个用于接受给定范围之内数值输入的微调控件
表格（Grid）	创建一个使用电子表格样式显示数据的表格控件
图像（Image）	创建一个显示.BMP 文件的图像控件
计时器（Timer）	创建一个能够规则地执行代码的计时器
页框（Page Frame）	创建一个页框控件
OLE 容器控件（OLE Control）	创建一个添加 OLE 对象的控件
OLE 绑定型控件(OLE Bound Control）	创建一个添加通用型字段 OLE 控件
线条（Line）	创建一个用于在表单上画各种类型线条的线条控件
形状（Shape）	创建一个显示方框、圆或者椭圆的形状控件
容器（Container）	创建一个容器控件
分隔符（Delimqter）	创建一个分隔符控件
超级链接（Hypertext Markup）	创建超级链接对象
生成器锁定（Generator Lock）	为添加到表单上的控件打开相应的生成器
按钮锁定（Button Lock）	允许添加多个同类型的控件

2. 表单属性

表单属性定义表单及其控件的性质、特征，每个表单及其控件都有它的一组属性，表单及控件的属性可以通过属性窗口在设计时设置，也可通过编写程序代码在表单执行时设置。表单和控件中有些属性具有通用性，另外一些属性则具有特定性。常用表单和控件的属性如表 10.2 所示。

表 10.2 常用表单和控件的属性

属　性	说　明	属　性	说　明
Caption	指定对象的显示文本	Width	指定屏幕上一个对象的宽度
Name	指定对象的名称	Left	对象左边相对于父对象的位置
Value	指定对象当前的取值	Top	对象上边相对于父对象的位置
FontName	指定对象文字的字体	Movable	执行时表单能否移动
FontSize	指定对象文字的字号	Closable	标题栏中关闭按钮是否有效
ForeColor	指定对象中的前景色	ControlBox	是否取消标题栏所有的按钮
BackColor	指定对象内部的背景色	MaxButton	指定表单是否有最大化按钮
BorderStyle	指定边框样式	MinButton	指定表单是否有最小化按钮
AlwaysOnTop	是否处于其他窗口之上	WindowsState	指定执行时最大化或取小化
AutoCenter	是否在 Visual FoxPro 主窗口内自动居中	Visible	指定对象是可见还是隐藏
Height	指定屏幕上一个对象的高度	AutoSize	指定对象是否自动改变大小

3. 表单事件

表单事件是表单可以识别和响应的行为和动作。事件识别和响应是面向对象程序设计中实现交互操作的手段。表单和控件的事件是由系统事先规定的，用户不能在对象上增加或减少事件。一个事件对应于一个方法程序，称为事件过程。当一个事件被触发时，系统执行与该事件对应的过程代码。事件过程执行完毕后，系统又处于等待事件发生的状态，这种控制机制称为事件驱动方式。常用表单事件如表 10.3 所示。

表 10.3 常用表单事件

事　件	事 件 触 发	事　件	事 件 触 发
Init	当对象创建时	GotFocus	对象接收到焦点
Load	在创建对象之前	LoadFocus	对象失去焦点
Unload	释放对象时	KeyPress	当用户按下或释放一个键
Destroy	当对象从内存中释放时	MouseDown	当用户按下鼠标键
Click	单击表单对象	MouseMove	当用户移动鼠标到对象
DblClick	双击表单对象	MouseUP	当用户释放鼠标
RightClick	右击表单对象	Error	当发生错误时

4. 表单方法程序

表单的方法程序是对象能够执行的、完成相应任务的操作命令代码的集合，是 Visual FoxPro 为表单及其控件内定的通用过程。方法程序过程代码由 Visual FoxPro 系统定义，对用户是不可见的，但可以通过代码编辑窗口对其进行增加。

表单中常用的方法程序如表 10.4 所示。

表 10.4　　常用表单方法程序

方法程序	用　　途	方法程序	用　　途
AddObject	在表单对象中增加一个对象	Move	移动一个对象
Box	在表单对象上画一个矩形	Print	在表单对象上打印一个字符串
Circle	在表单对象上画一段圆弧或一个圆	Pset	给表单上一个点设置一个指定的颜色
Cls	清除一个表单中的图形和文本	Refresh	重新绘制表单或控件，并更新所有值
Clear	清除控件中的内容	Release	从内存中释放表单或表单集
Draw	重新绘制表单对象	SaveAs	将对象存入.SCX 文件中
High	隐藏表单、表单集或控件	Show	显示表单并确定其是模态还是非模态
Line	在表单对象上绘制一条线		

5. 表单数据环境

如果表单或表单集的功能与一个数据表或视图有关，通常应包括一个数据环境。表单的数据环境指在创建表单时需要打开的全部表、视图和关系。在表单的数据环境中，可以添加与表单相关的数据表或视图，并设置好表、控件与数据表或视图中字段的关联，形成一个完整的数据体系。常用数据环境属性和与表单及控件的数据相关的属性如表 10.5 所示。

表 10.5　　常用数据环境及数据源属性

属　　性	说　　明
AutoOpenTables	控制当执行表单时，是否打开数据环境的表或视图
AutoCloseTables	控制当释放表或表单集时，是否关闭表或视图
IntialSelectedAlias	当执行表单时，选定的表或视图
Filter	排除不满足条件的记录
ControlSource	指定与文本框、编辑框、列表框、组合框及表格中的一列等对象建立联系的数据源（字段）
CursorSource	指定与临时表相关的表或视图的名称
RecorSource	指定与表格控件建立联系的数据源（表或视图）
RecorSourceType	指定与表格控件建立联系的数据源打开的方式
RowSource	指定组合框或列表框的数据源
RowSourceType	指定组合框或列表框的数据源类型

6. 创建表单的一般步骤

在 Visual FoxPro 中可以通过表单向导和表单设计器设计表单。使用表单向导设计表单时，用户只需要根据系统提示进行简单的操作即可以生成具有一定功能的表单。对于具有个性化功能要求的表单，则需要通过使用表单设计器由用户自行设计表单的每一个细节。

一个表单的设计过程通常可以通过以下步骤实现：

① 创建一个新的表单。

② 使用表单控件工具栏为表单添加控件。

③ 通过属性窗口设置表单和控件的属性。

④ 如果表单功能与数据表或视图有关，则为表单添加数据环境。

⑤ 为表单和控件事件编写方法程序。

10.1.2 用表单向导建立表单

表单向导是通过使用 Visual FoxPro 系统提供的功能快速生成表单的手段，使用表单向导可以建立两种表单：

① 选择“表单向导”可以创建基于一个表的表单。

② 选择“一对多表单向导”可以创建基于两个具有一对多关系的表的表单。

1. 用表单向导创建单表表单

【例 10.1】 利用“表单向导”，根据成绩表管理数据库 cjgl.dbc 中的学生表 stud.dbf 建立学生成绩浏览和编辑表单，表单文件名取为 xsjsj。

操作步骤如下：

① 打开“文件”菜单，单击新建命令，打开新建对话框。

② 在“新建”对话框中，选中“表单”单选按钮，单击“向导”按钮，打开“向导选取”对话框，选择“表单向导”选项，如图 10-2 所示。

③ 在“向导选取”对话框中，单击“确定”按钮，进入“表单向导：步骤 1-字段选取”对话框。在“数据库和表”列表框中选择作为数据资源的数据库和表，此处选择成绩表管理数据库 cjgl.dbf 以及数据库中的学生表 stud.dbf，然后将“可用字段”列表框中的“学号”、“姓名”、“英语”、“计算机”4 个字段移到“选定字段”列表框中，如图 10-3 所示。

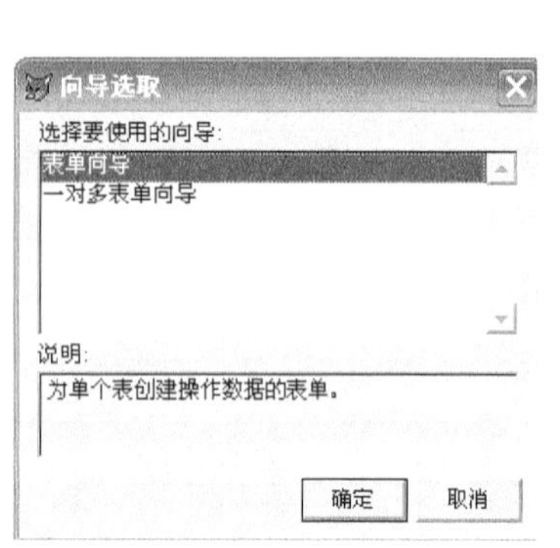

图 10-2 “向导选取”对话框

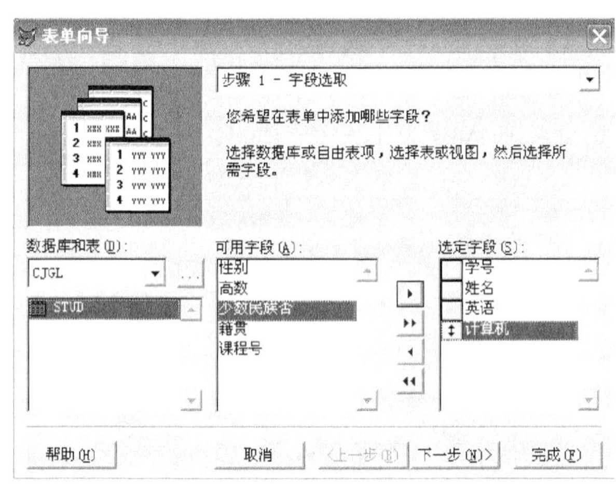

图 10-3 表单向导：步骤 1-字段选取

④ 字段选取完成后，单击“下一步”按钮，进入“表单向导：步骤 2-选择表单样式”对话框。在“样式”列表框中选择“标准式”，将“按钮类型”选定为“文本按钮”，如图 10-4 所示。

⑤ 选定样式后，单击“下一步”按钮，进入“表单向导：步骤 3-排序次序”对话框。将“可用字段或索引标识”列表框中的“计算机”移到“选定字段”列表框中，将字段“计算机”值作为排序依据，选择按“计算机”升序排序，如图 10-5 所示。如果此时该字段没有建立索引、向导会自动在表中建立相应的索引。

⑥ 选定排序字段后，单击“下一步”按钮，进入“表单向导：步骤 4-完成”对话框。在“键入表单标题”文本框中输入表单标题“计算机成绩浏览和编辑”，选择“保存并运行表单”单选按钮，如图 10-6 所示。

⑦ 单击“完成”按钮，打开“另存为”对话框。在“另存为”文本框中，输入表单文件名

xsjsj.scx，新建表单就以 xsjsj.scx 为文件名保存在文件夹 123 中，同时生成和表单备注文件 xsjsj.sct，如图 10-7 所示。

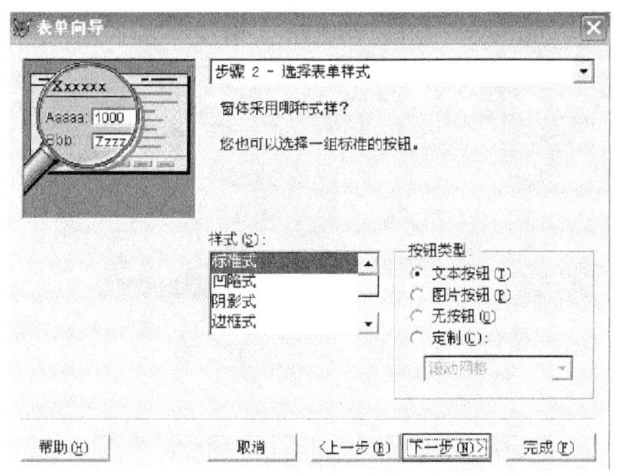

图 10-4　表单向导：步骤 2-选择表单样式

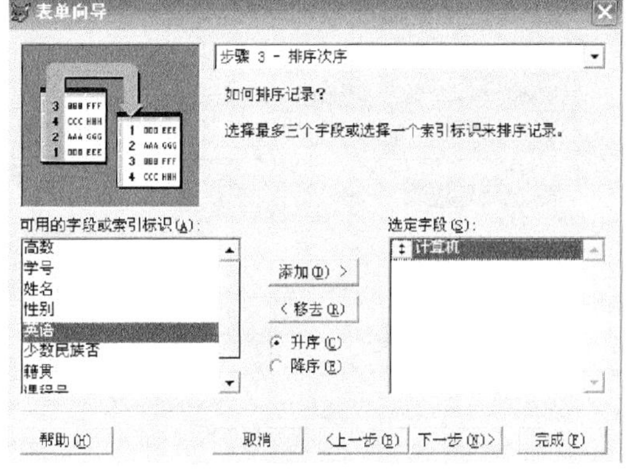

图 10-5　表单向导：步骤 3-排序次序

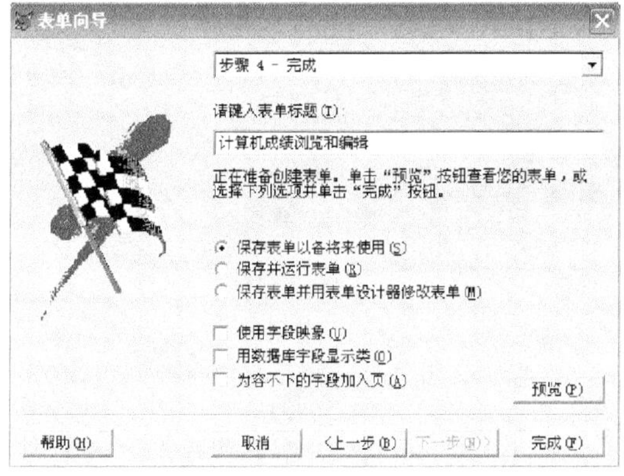

图 10-6　表单向导：步骤 4-完成

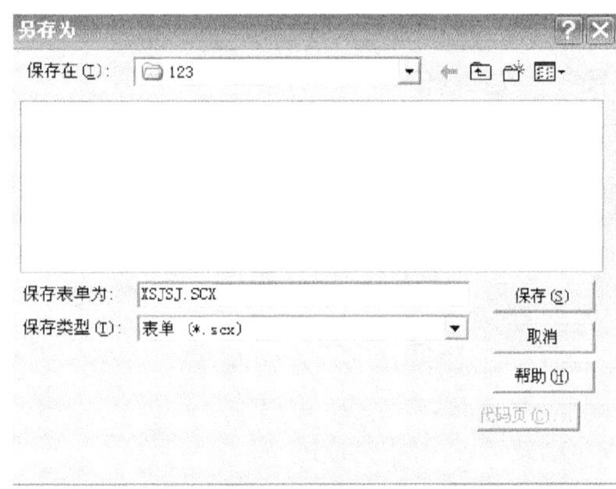

图 10-7　“另存为”对话框

2. 一对多表单向导

【例 10.2】　利用“一对多表单向导”，成绩表管理数据库 cjgl.dbc 中的成绩表 stud.dbf 和学生信息表 xsxx.dbf 建立显示学生成绩和其他情况的表单，表单文件名取为 xsxx.scx。

操作步骤如下：

① 打开“文件”菜单，单击“新建”命令，打开“新建”对话框。

② 在“新建”对话框选项中，选中“表单”单选按钮，单击“向导”按钮，打开“向导选取”对话框，选择“一对多表单向导”选项，如图 10-8 所示。

③ 在“向导选取”对话框中，单击“确定”按钮，进入“一对多表单向导：步骤 1-从父表中选定字段”对话框，在“数据库和表”列表框中选择用于创建表单的父表及相应字段，此处选择成绩表管理数据库 cjgl.dbc 以及该数据库中的学生信息表 xsxx.dbf，然后将“可用字段”列表框中的“学号”、“姓名”、“计算机” 3 个字段移到“选定字段”列表框中，如图 10-9 所示。

④ 从父表中选定字段后，单击“下一步”按钮，进入“一对多表单向导：步骤 2-从子表中选定字段”对话框。选择用于创建表单的子表及相应字段。本例选择“姓名”、“籍贯” 2 个字段到“选定字段”列表框中，如图 10-10 所示。

⑤ 从子表中选定字段后，单击“下一步”按钮，进入“一对多表单向导：步骤 3-建立表之间的关系”对话框。使用父表 stud.dbf 的“学号”字段与子表 xsxx.dbf 的“学号”字段建立两个

表之间的关系，如图 10-11 所示。

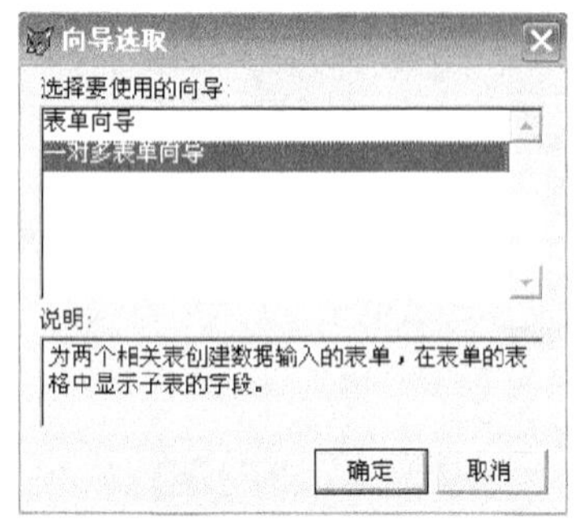

图 10-8 “向导选取”对话框

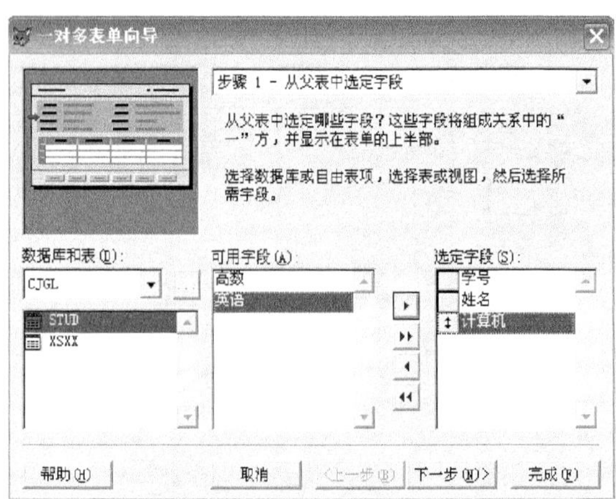

图 10-9 一对多表单向导:步骤 1-从父表中选定字段

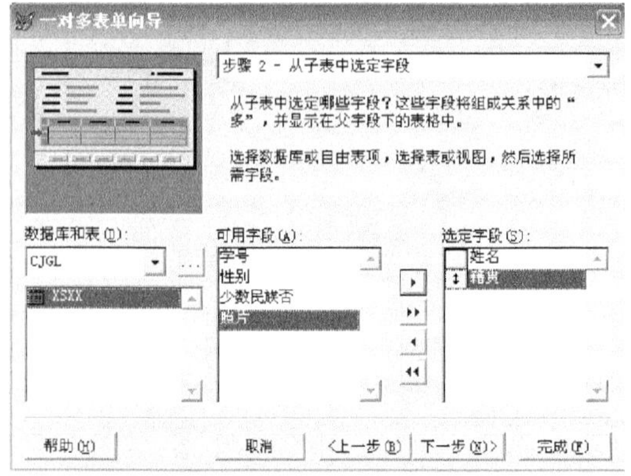

图 10-10 一对多表单向导:步骤 2-从子表中选定字段

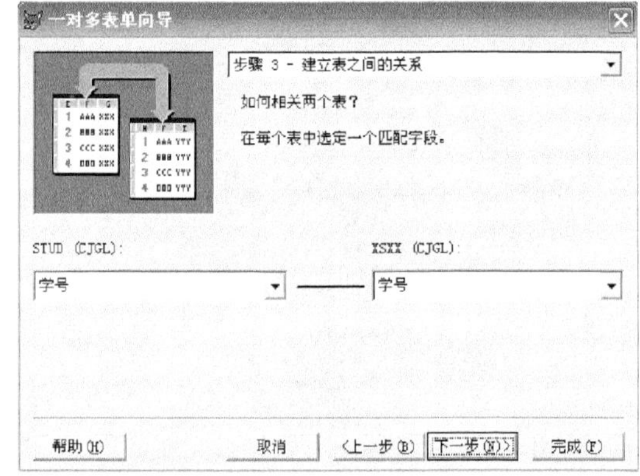

图 10-11 一对多表单向导:步骤 3-建立表之间的关系

⑥ 建立完成两表之间的关系后，单击“下一步”按钮，进入“一对多表单向导：步骤 4-选择表单样式”对话框。在“样式”列表框中选择“标准式”，将“按钮类型”选为“文本按钮”，如图 10-12 所示。

⑦ 选定样式后，单击“下一步”按钮，进入“一对多表单向导:步骤 5-排序次序”对话框，可以选择按“学号”升序排序，如图 10-13 所示。

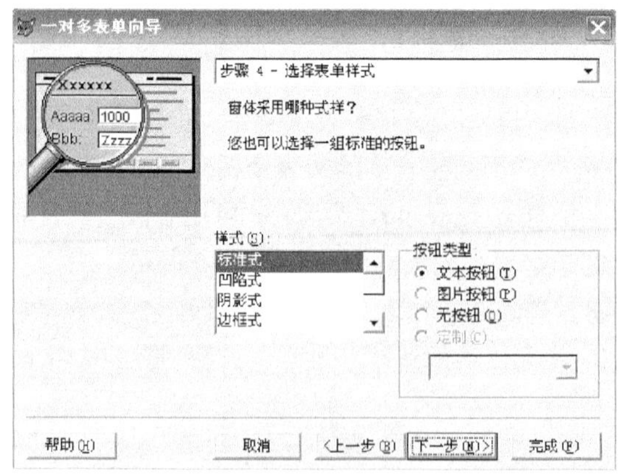

图 10-12 一对多表单向导:步骤 4-选择表单样式

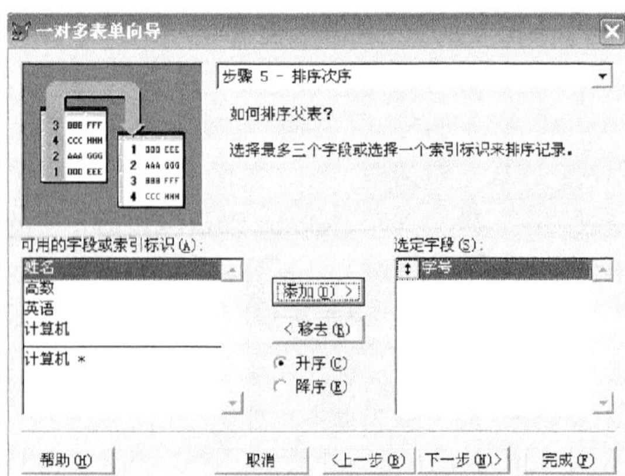

图 10-13 一对多表单向导:步骤 5-排序次序

⑧ 选定排序字段后，单击“下一步”按钮，进入“一对多表单向导:步骤 6-完成”对话框。在“键入表单标题”文本框中输入表单标题“学生情况”，选择“保存并执行表单”选项，如图 10-14 所示。

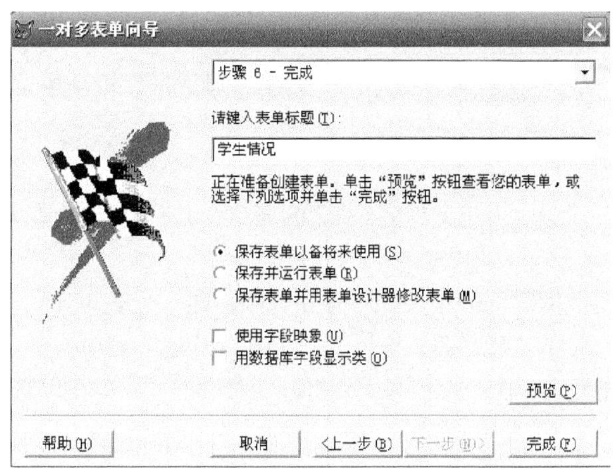

图 10-14　一对多表单向导:步骤 6-完成

⑨ 单击“预览”按钮，显示所设计的表单。然后单击“返回向导”按钮，返回到“一对多表单向导”对话框。在“一对多表单向导”对话框中，单击“完成”按钮，打开“另存为”对话框。在“保存表单为”文本框中，输入表单文件名 xsqk1.scx。

⑩ 单击“保存”按钮，新建表单保存在表单文件 xsqk1.scx 和表单备注文件 xsqk1.sct 中。因选择了“保存并执行表单”，保存表单后，表单自动执行，执行结果如图 10-15 所示。

图 10-15　表单 xsqk1.scx 的执行结果

10.1.3　用“表单设计器”建立表单

在实际应用中，绝大多数的表单都具有个性化的功能要求，这类表单是不能通过表单向导设计完成的。表单设计器不但能创建表单，而且还可以修改表单，即使是由表单向导产生的表单也可以使用表单设计器进行修改。

1. 启动“表单设计器”

用户可以使用以下方法打开“表单设计器”：

命令：create form <表单文件名>|?

功能：新建一个由<表单文件名>命名的表单，并打开“表单设计器”。

说明：

① 如果没有为表单文件名指定扩展名，Visual FoxPro 将自动指定.scx 为扩展名。

② 如果指定的表单文件名已经存在，那么 Visual FoxPro 将提示用户是否要改写已存在的文件（当 SET SAFETY 设为 ON 时）。

③ 如果使用?号作为表单文件名，则显示“创建”对话框，可从中选择表单或输入要创建的新表单名。

命令：MODIFY FROM <表单文件名>|?

功能：新建或打开一个由<表单文件名>命名的表单，并打开“表单设计器”。

说明：

① 如果<表单文件名>指定的表单文件不存在，则新建一个表单。

② 如果指定的表单文件名已存在，Visual FoxPro 打开这个表单。

③ 如果使用？号作为表单文件名，显示“打开”对话框，从中可以选取已有的表单或者输入新建表单的名称。

用户还可按以下方法操作来打开“表单设计器”：

① 打开“文件”菜单，单击“新建”命令，出现“新建”对话框。

② 在“新建”对话框中，选中“表单”单选按钮，单击“新建文件”按钮，打开“表单设计器”，如图 10-16 所示。

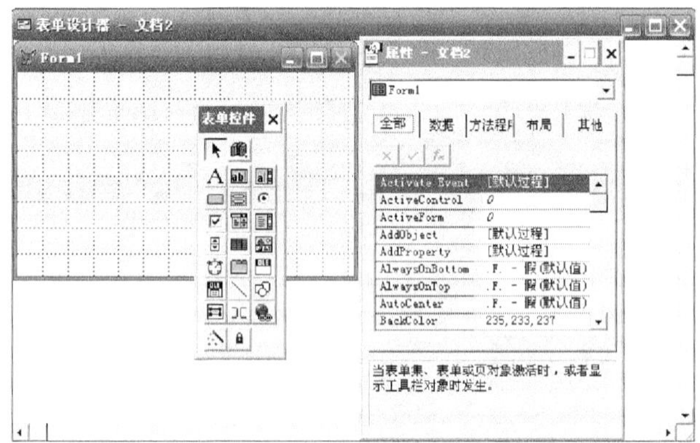

图 10-16 “表单设计器”窗口

在系统默认状态下，打开“表单设计器”时，同时会自动打开“表单控件工具栏”和“属性”窗口。如果“表单控件工具栏”和“属性”窗口未打开，用户可选择“显示”菜单的“表单控件工具栏”命令和“属性”命令将它们打开（也可在表单空白处右击，从弹出的快捷菜单中单击“属性”命令来打开“属性”窗口）。

2. “表单设计器”工具栏

“表单设计器”工具栏主要用于设置设计模式，并控制相关窗口和工具栏的显示，如图 10-17 所示，其各个按钮的功能如表 10.6 所示。

图 10-17 “表单设计器”工具栏

表 10.6 “表单设计器”工具栏各按钮说明

按钮名称	功能
设置 Tab 键次序	显示表单对象设置的[Tab]键次序
数据环境	显示数据环境设计器
属性窗口	显示所选对象的属性窗口
代码窗口	显示当前对象的代码窗口，以便查看和编辑代码
表单控件工具栏	显示或隐藏表单控件工具栏
调色板工具栏	显示或隐藏调色板工具栏
布局工具栏	显示或隐藏布局工具栏
表单生成器	执行表单生成器，向表单添加控件
自动格式	启动“自动格式生成器”对话框

3. “表单控件”工具栏

“表单控件”工具栏用于在表单上创建控件，如图 10-18 所示。“表单控件”工具栏的各个按钮的功能如表 10.7 所示。

图 10-18 “表单设计器”工具栏

表 10.7 “表单控件”工具栏各按钮说明

按钮名称	作用
选定对象	选定对象
查看类	选择并显示注册的类库
标签	创建标签控件
文本框	创建文本框控件，只限于单行文本
编辑框	创建编辑框控件，可以保存多行文本
命令按钮	创建命令按钮控件
命令按钮组	创建命令按钮组控件，它将相关命令组合在一起
单选按钮	创建选项组控件，它将相关命令组合在一起
复选框	创建复选框控件，用户可以同时选择多个条件
组合框	创建组合框控件，它可以是下拉式组合框或下拉式列表框
列表框	创建列表框控件，它显示一个项目的列表供用户选择
微调按钮	创建微调控件，可以通过按钮进行数值变化的微调
表格	创建表格控件，用于在类似电子表格的格子上显示数据
图像	在表单上显示一个图形图像
计时器	创建定时器控件，在每时定的时间或时间间隔执行某个过程
页框	显示多页控件
ActiveX	OLE 容器控件。用于在应用中添加 OLE 对象
ActiveX 绑定控件	OLE 绑定控件。用于在应用中添加 OLE 对象

续表

按 钮 名 称	作　　用
线条	设计时在表单中画各种类型的直线
形状	设计时在表单画各在型的几何形状
容器	向当前表单中放置一个容器对象
分隔符	在工具栏控件之间设置间隔
超级链接	在表单中实现指向其他页面的超级链接
生成器锁定	无论向表单中添加什么新控件时都打开一个生成器
按钮锁定	它使得可以在工具栏中只按相应按钮一次，而向表单中添加多个同类型的控件

4. “布局”工具栏

使用“布局”工具栏，可以在表单上对齐调整控件的位置，如图 10-19 所示。“布局”工具栏的各个按钮的功能如表 10.8 所示。

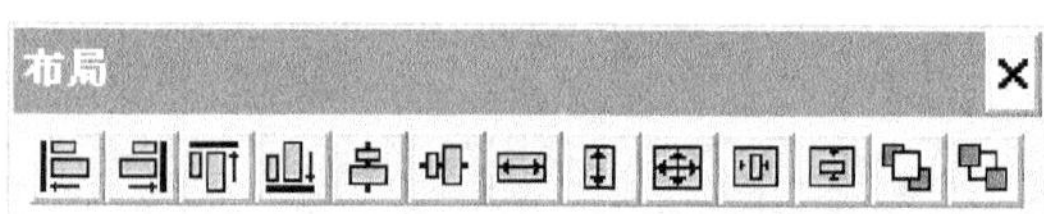

图 10-19　布局工具栏

表 10.8　“布局”工具栏各按钮说明

按 钮 名 称	功　　能
左边对齐	按最左边界对齐选定控件，当选定多个控件时可用
右边对齐	按最右边界对齐选定控件，当选定多个控件时可用
顶边对齐	按最上边界对齐选定控件，当选定多个控件时可用
底边对齐	按最下边界对齐选定控件，当选定多个控件时可用
垂直居中对齐	按一垂直轴线对齐选定控件的中心，当选定多个控件时可用
水平居中对齐	按一水平轴线对齐选定控件的中心，当选定多个控件时可用
相同宽度	把选定控件的宽度调整到与最宽控件的宽度相同
相同高度	把选定控件的高度调整到与最高控件的高度相同
相同大小	把选定控件的尺寸调整到最大控件的尺寸
垂直居中	按照通过表单中心的垂直轴线对齐选定控件中心
水平居中	按照通过表单中心的水平轴线对齐选定控件中心
置前	把选定控件放到所有其他控件的前面
置后	把选定控件放到所有其他控件的后面

5. “调色板”工具栏

使用“调色板”工具栏，可以设定表单上各控件的颜色，如图 10-20 所示。“调色板”工具栏中部分按钮的功能如表 10.9 所示。

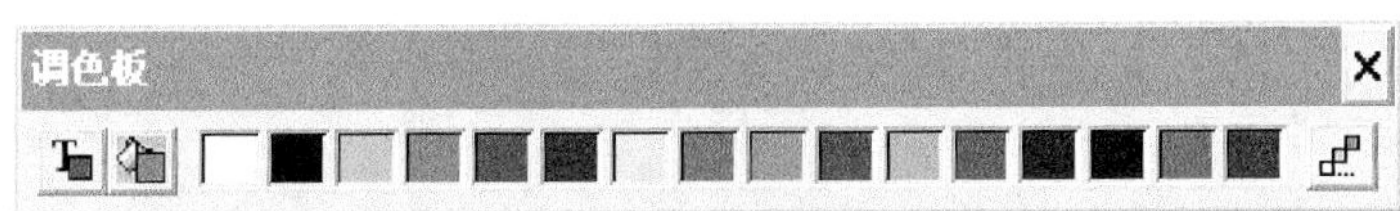

图 10-20　调色板工具栏

表 10.9　“调色板”工具栏部分按钮说明

按 钮 名 称	功　能
前景色	设置控件的默认前景色
背景色	设置控件的默认背景色
其他颜色	显示“Windows 颜色”对话框，可定制用户自己的颜色

6. “属性”窗口

在 Visual FoxPro 中，表单是容器，它可以容纳其他的容器和控件。通过“表单设计器”的“属性”窗口和代码窗口，可以对表单及其控件的属性、事件和方法进行设置，如图 10-21 所示。

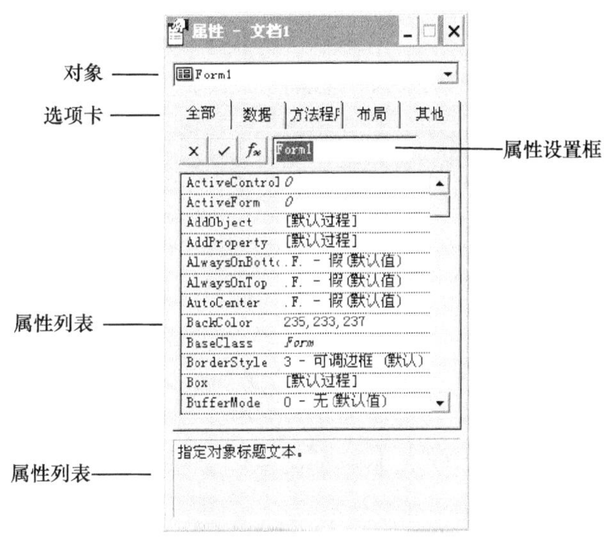

图 10-21　“属性”窗口

在“属性”窗口中包含了所有选定的表单或控件、数据环境、临时表、关系的属性、事件和方法程序列表。通过“属性”窗口，可以对这些属性值进行设置或更改。

“属性”窗口由对象、选项卡、属性设置框、属性列表和属性说明信息组成。

（1）对象

对象标识表单中当前选定的对象。如图 10-21 所示，当前所显示的对象是系统默认的 Form1 对象，它表示可以为 Form1 设置或更改属性。图中还有一个向下的箭头，单击该箭头可以看到一个包含当前表单、表单集和全部控件的列表。用户可在列表中选择表单或控件，这和在表单窗口选定对象的效果是一致的。

（2）选项卡

选项卡的作用是按照分类的形式来显示属性、事件、方法程序。当单击“全部”、“数据”、“方法程序”、“布局”和“其他”选项卡时，将分别显示不同的界面。各选项卡所包含的内容如表 10.10 所示。

表 10.10 “属性”窗口选项卡包含内容

选 项 卡	包 含 内 容
全部	用来显示所选表单或其他对象的所有属性、事件和方法程序
数据	用来显示有关对象的数据属性
方法程序	用来显示有关对象的方法程序和事件
布局	用来显示所有的布局属性
其他	用来显示其他和用户自定义的属性

（3）属性设置框

属性设置选项用来更改属性列表中的属性值。属性设置选项的左边有三个图形按钮，其中“√”按钮是接受按钮，单击此按钮就可以确认对某属性的更改；“×”按钮是取消按钮，单击此按钮则会取消更改，恢复属性以前的值；“fx”按钮是函数按钮，单击此按钮则可以打开表达式生成器，在表达式生成器中生成的表达式的值将作为属性值。

（4）属性列表

属性列表选项是一个包含两列的表，它显示了所有可在设计时更改的属性和它们的当前值。对于具有预定值的属性，在属性列表中双击属性名可以编辑所有的可选项。如果要恢复属性原有的默认值，可以在“属性”窗口中的属性栏，单击鼠标右键，然后在属性快捷菜单中选择“重置为默认值”命令。注意：在属性框中以斜体显示的属性值则表明这些属性、事件和方法程序是只读的，用户不能修改；而用户修改过的属性值将以黑体显示。

（5）属性说明信息

在“属性”窗口的最后，给出了所选属性的简短说明信息。

7. “代码编辑”窗口

在“表单设计器”的“代码属性”窗口，可以为事件或方法程序编写代码。“代码编辑”窗口包含两个组合框和一个列表框，如图 10-22 所示。其中，对象组合框用于重新确定对象；过程组合框架用来确定所需的事件或方法程序，代码则在下面的编辑框中输入。

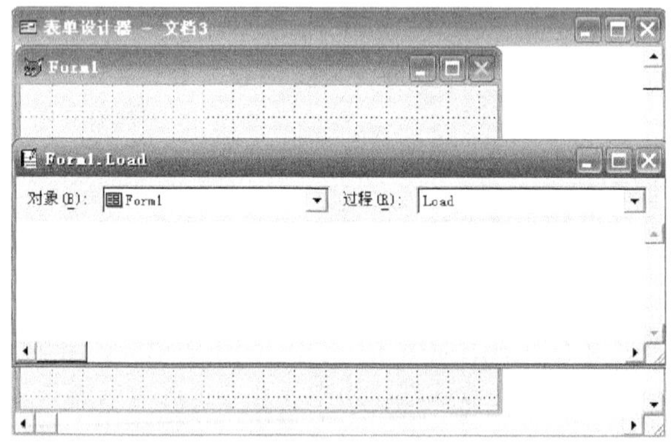

图 10-22 “代码编辑”窗口

打开“代码编辑”窗口的方法有多种：

① 双击表单或控件。

② 选定表单或控件快捷菜单中的“代码”命令。

③ 选择“显示”菜单的“代码”命令。

④ 双击属性窗口的事件或方法程序选项。

8. “表单设计器”中的“数据环境设计器”

“数据环境”是表单设计的数据来源，“表单设计器”中的“数据环境设计器”用于表单的数据环境的设置，如图 10-23 所示。

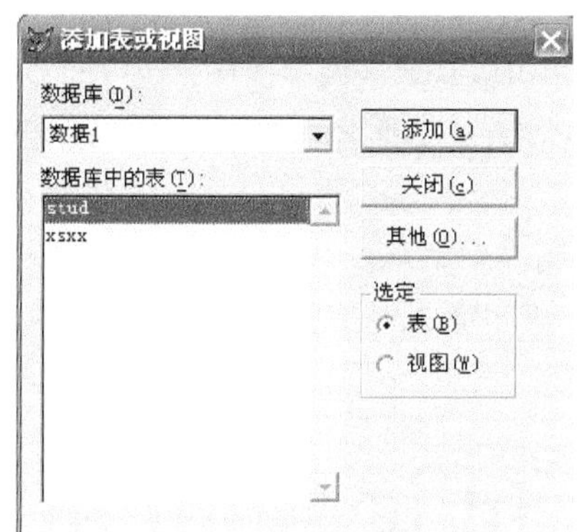

图 10-23　数据环境添加表或视图

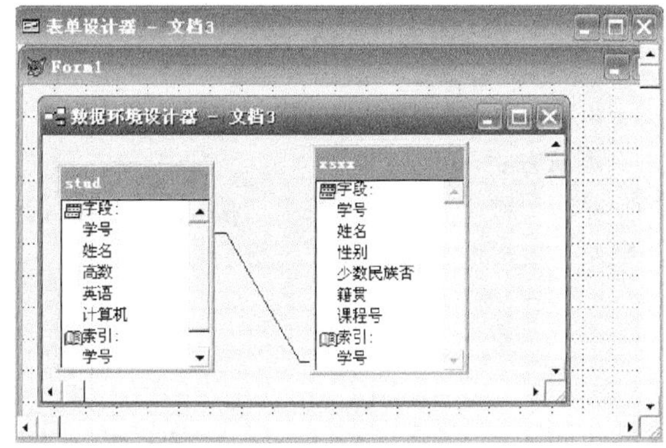

图 10-24　数据环境设计器

打开“数据环境设计器”的操作方法有：

① 选择“显示”菜单中的“数据环境”命令。

② 选定表单快捷菜单中的“数据环境”命令。

数据环境是一个对象，它包含与表单相互作用的表或视图以及这些表之间的关系。在“数据环境设计器”中，可以进行以下操作：

① 添加表或视图。从“数据环境”菜单或快捷菜单中选择“添加”命令，打开“添加表或视图”对话框（如果此时数据环境是空的，那么在打开“数据环境设计器”的同时，将自动打开“添加表或视图”对话框）。在对话框中选择相关的表或视图，即可向“数据环境设计器”添加表或视图。这时，在“数据环境设计器”中可以看到属于表或视图的字段和索引。另外，也可以将表或视图从打开的项目管理器中拖放到“数据环境设计器”。

② 从“数据环境设计器”中拖动表和字段。用户可以直接将字段、表或视图从“数据环境设计器”中拖动到表单，拖动成功时，将创建相应的控件。

③ 从“数据环境设计器”中移去表或视图。对不需要的表或视图，可在“数据环境设计器”选定后，从“数据环境”菜单或快捷菜单中选择“移去”命令，该表或视图及相应的关系随之移去。

④ 在数据环境中设置关系。如果添加进“数据环境设计器”中的表在数据库中设置了永久关系，这些关系将自动加到数据环境中。如果表中没有设置永久关系，可以在“数据环境设计器”中设置这些关系。

为了在两个表之间建立联系，可以先在父表中单击连接字段，并将其拖到子表中，这时系统使会自动建立一个连接关系。

⑤ 在数据环境中编辑关系。在数据环境设计器中设置一个关系后，在表之间将有一条连线指出这个关系，如图 10-24 所示。如果要编辑关系的属性，可以从“属性”窗口的“名称”列表框选择要编辑的关系。关系的属性对应于 SET RELATION 和 SET SKIP 命令中的子句和关键字。RelationExpr 属性的默认设置为主关键字字段的名称。如果相关表是以表达式作为索引的，必须将 RelationExpr 属性设置为这个表达式。

10.1.4 执行表单

1. 命令方式

命令：DO FORM <表单文件名>|?

功能：执行由<表单文件名>命名的表单。

说明：如果在命令中使用?号显示“执行”对话框，用户可以从对话框中选择要执行的表单或表单集；如果表单不在 Visual FoxPro 的默认工作目录中，则应在表单文件名前加上文件所在的路径。

2. 菜单方式

① 打开“程序”菜单，单击“执行”命令，打开“执行”对话框。

② 在“执行”对话框的文件类型列表框中，选择“表单”，然后从文件列表中选择要执行的表单文件。

10.2 表单控件的应用

表单是应用系统的主要界面，是一个应用研究系统最主要的组成部分。在 Visual FoxPro 系统中，程序设计人员可以使用“表单控件”工具栏中的 25 个可视表单控件来构造表单。

10.2.1 控件操作概述

表单控件的基本操作包括创建控件、调整控件和设置控件属性等。

1. 创建控件

在“表单控件”工具栏中，只要单击其中的某个按钮（该按钮呈凹陷状，代表选取了一个表单控件），然后单击表单窗口内的某处，将在该处产生一个选定的表单控件，这种方法产生的控件大小是系统默认的。另外，也可在单击“表单控件”工具栏的按钮后，在表单选定位置，按下鼠标左键在表单上拖动，产生一个大小合适的控件。

2. 调整控件

调整控件包括在表单上选定控件、调整控件大小、位置、删除和剪贴控件等。

选定控件：在表单窗口中的所有操作都是针对当前对象的，在对控件进行操作前，应先选定控件。

选定单个控件：单击控件，控件四周会出现 8 个正方形句柄，表示控件已被选定。

选定多个控件：按下【Shift】键，逐个单击要选定的控件，或按下鼠标左键拖曳，使屏幕上出现一个虚线框，放开鼠标按键后，圈在其中的控件就被选定。

取消选定：单击已选控件的外部某处。

调整控件大小：选定控件后，拖曳其四周出现的句柄，可改变控件大小。调整控件位置：选定控件后，按下鼠标左键，拖曳鼠标左键，拖曳控件到合适的位置。

删除控件：选定控件后，按【Del】键或选定编辑菜单中的清除命令。

剪贴控件：选定控件后，利用“编辑”菜单或“快捷”菜单中的剪切、复制和粘贴命令。

3. 设置控件属性

当一个控件创建之后，将在属性窗口的对象选项下拉式列表中看到该对象的名字（系统默认）。在选定控件（单击控件或在属性窗口的下拉式列表框中选取）后，可对其设置属性。对不同的控件来说，有一些属性是用户需要设置的，而另外一些属性是用户可以不设置的，而是使用系统给定的默认值。

10.2.2 “标签”控件

“标签”控件主要用于显示一段固定的文本信息，它没有数据源，把要显示的字符串直接赋予标签的“标题”（Caption）属性即可。“标签”控件是按一定格式显示在表单上的文本信息，用来显示表单中各种说明和提示。用标签显示的文本信息一般很短，如果文本信息很长，一行显示不了时，可以通过设置“标签”控件的 WordWrap 属性值为.T.来多行显示文本信息。

“标签”控件的属性主要有：标签的大小（Heigh，Width）、颜色（BackColor，ForeColor）以及显示信息的内容（Caption）、字体（FontName）、字号（FontSize）等。

【例 10.3】 将标签 label1 显示文字“重庆科技学院”，字体：隶书，字号：20 磅。

操作一：可在标签的标题属性（Caption）中去设置文字，在字体属性（FontName）中去设置字体，在字大小属性（FontSize）中去设置字号。

操作二：可用以下程序实现：

```
Thisform.label1.Caption="重庆科技学院"
Thisform.label1.FontName="隶书"
Thisform.label1.FontSize=20
```

10.2.3 “文本框”控件

“文本框”控件允许用户在表单上输入或查看文本，“文本框”一般包含一行文本。“文本框”是一类基本控件，它允许用户添加或编辑保存在表中非备注字段中的数据。在表单上创建一个“文本框”，从中可以编辑内存变量、数组元素或字段内容。所有标准的 Visual FoxPro 编辑功能，如剪切、复制和粘贴，在“文本框”中都可以使用。

“文本框”控件与“标签”控件最主要的区别在于它们使用的数据源不同。“标签”控件的数据源来自于“标签”控件的 Caption 的属性，“文本框”控件的数据源来自于数据表中非备注型、通用型字段的其他字段和内存变量，它也允许用户直接输入数据。

“文本框”控件的主要属性有：ControlSource（文本框的数据源）、Value（文本框的当前值）、Passwordchar（文本框内数据显示的隐含字符）等。

【例 10.4】 为文本框 text1 赋值。

```
Thisform.text1.value=123   或   Thisform.text1.value="重庆科技学院"
```

10.2.4 “命令”按钮控件

“命令按钮”控件在应用程序中起控制作用，用于完成某一特定的操作，绝大多数的控制行为是通过单击命令按钮实现的。在设计应用程序时，程序设计者经常在表单中添加具有不同功能的命令按钮，供用户选择各种不同的操作。只要将完成不同操作的代码存入不同的命令按钮的“Click”事件中，在表单执行时，用户单击某一个命令按钮，将触发该命令按钮的“Click”事件代码完成指定的操作。

“命令按钮”控件的主要属性包括：命令按钮标题（Caption）及文字大小（Fontsize）、字体（FontName）等，另外需要为“命令按钮”控件设置 Click 事件。

10.2.5 “列表框”控件

“列表框”用于显示供用户选择的列表项。当列表项较多不能同时显示时，列表框可以滚动。在“列表框”中不允许用户输入新值，只能从现有的列表中选择一个值或多个值。

列表框的主要属性有：列表框数据源的类型（RowSourceType）、列表框数据的具体来源（RowSource）、保存用户在列表框中选取的数据表字段（ControlSource）等。

【例 10.5】 在表单中有一列表框、文本框及退出命令按钮，需在列表框中单击某一项显示到文本框中，按命令按钮键退出。

操作步骤如下：

在列表框属性“RowSource”中设置所需显示的内容：飘柔，海飞丝，潘婷，力士等。并设数据源的类型 RowSource Type 为“1-值”，双击列表框，在 interactiveChange 中输入以下程序内容：thisform.text1.Value=this.list (THIS.ListIndex)；在命令按钮“退出”中添加 click 事件代码：thisform.release 或 release thisform。运行后如图 10-25 所示。

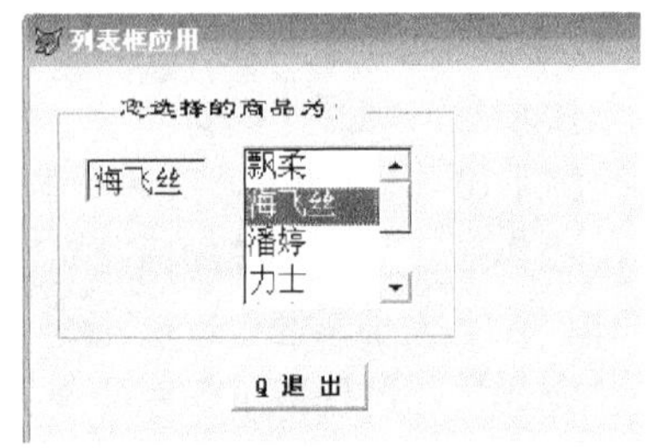

图 10-25 列表框应用

10.2.6 “组合框”控件

“组合框”兼有“编辑框”和“列表框”的功能，主要用于从列表项中选取数据并显示在编辑窗口。“组合框”的主要属性与“列表框”类似。

组合框与列表框的主要区别如下：

① “组合框”通常只显示一个条目，其他的条目通过单击下拉箭头出现。

② “组合框”无多选（MultiSelect）属性。

③ “组合框”有两种形式：下拉组合框和下拉列表框。可以通过设置 Style 属性进行选择，如表 10.11 所示。

表 10.11 “组合框”的 Style 属性值说明

属 性 值	名 称	功 能
0	下拉组合框	用户既可以从列表框中选择，也可以在编辑框中编辑。其编辑的内容可以从 text 属性中得到
2	下拉列表框	用户只能从列表中选择

组合框的操作与列表框类似。

10.2.7 “编辑框”控件

在“编辑框”中允许用户编辑长字段或备注字段文本，允许自动换行并能用方向键、【PageUp】键和【PageDown】键以及滚动条来浏览文本。“编辑框”的常用属性与“文本框”相同。

【例 10.6】

设计一个可浏览和编辑“学生简介”的表单 xsjj.scx，如图 10-26 所示，当输入学生学号并按回车键，在学生简介编辑框中显示此学生情况简介，并允许编辑学生简介。

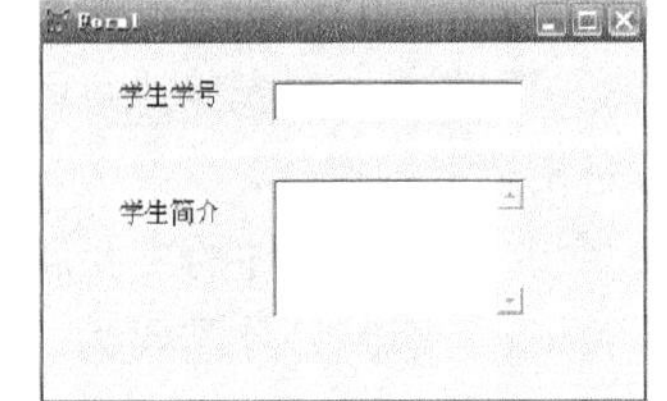

图 10-26 表单 xsjj.scx 的运行界面

操作步骤如下：

① 新建一个表单 form1，在表单中添加 2 个“标签”控件（Label1、Label2）、1 个“文本框”控件（Text1）和 1 个“编辑框”控件（Edit1），并调整各个控件的位置及大小。

② 打开“数据环境设计器”窗口，添加学生信息表 xsxx.dbf，设置“编辑框”的数据源。

③ 在“属性”窗口，设置 Edit1 的 Controlsouce 数据源：xsxx.学生简介。

④ 双击“文本框”控件（Text1），打开“代码编辑”窗口，为 Text1 添加 Lostfous 事件代码，如图 10-27 所示。

⑤ 打开“文件”菜单，单击“另存为”命令，出现“另存为”对话框，选择表单文件的保存位置，输入文件名为 xsjj.scx。

⑥ 打开“表单”菜单，单击“执行表单”命令，执行表单 xsjj.scx，执行结果如图 10-28 所示。

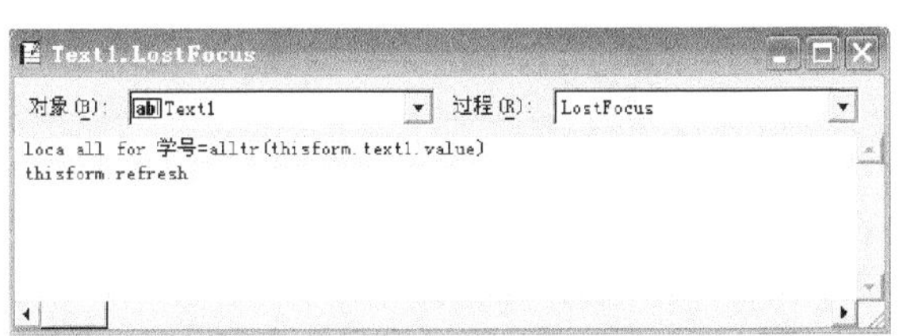

图 10-27　Text1 控件的 Lostfocus 事件代码

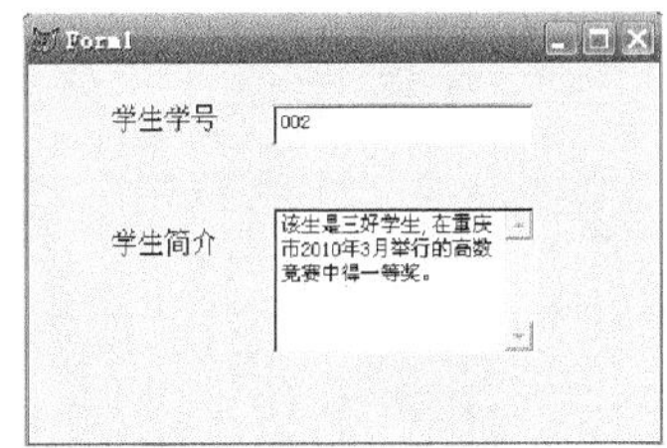

图 10-28　表单 xsjj.scx 的执行结果

10.2.8　“复选框”控件

“复选框”是只有两个逻辑值选项的控件。当选定某一项时，与该项对应的“复选框”中会出现一个符号“√”。“复选框”控件的主要属性有“复选框”当前的状态（Value）属性。Value 属性有 3 种状态：

① Value 属性值为 0（或逻辑值为 F）时，表示没有选中复选框。

② 当 Value 属性值为 1（或逻辑值为 T）时，表示选中了复选框。

③ 当 Value 属性值为 2（或 NULL）时，复选框显示灰色，为未定状态，可以在表单执行时，用鼠标改变其值。如果“复选框”的值与数据表的内容有关，还需设置数据源 ControlSource。

10.2.9　“选项按钮组”控件

“选项按钮组”又称为单选按钮，用户只能从多个选项中选择其中一个选项，当选中某一个选项时，先前选中的选项自动取消。“选项按钮组”控件的主要属性是单选按钮的个数(ButtonCount)、每个单选按钮的标题（Caption）。

【例 10.7】 设计一个简单计算器表单 jsq.scx，如图 10-29 所示。该表单的功能为：在第一个和第二个文本框中输入两个数，在选项按钮组中选择一种运算，然后单击“计算”按钮进行计算，计算结果显示在第三个文本框中。单击“退出”按钮，则关闭表单。

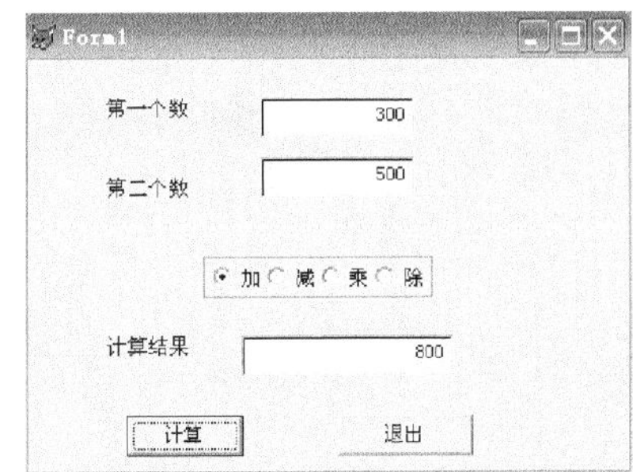

图 10-29　表单 jsq.scx 的执行结果

操作步骤如下：

① 新建一个表单 Form1，在表单中添加 3 个“标签”控件（Label1、Labe2、Labe3）、3 个“文本框”控件（Text1、Text2、Text3）、1 个“选项按钮组”控件（Optiongroup1）和 2 个“命令按钮”控件（Command1、

Command2），并调整表单和各个控件的位置及大小。

② 右键单击“选项按钮组”控件，从弹出的快捷菜单中单击“生成器”命令，打开“选项按钮组生成器”对话框，然后进行以下设置：

单击“1. 按钮”选项卡，设置“按钮的数目”为 4，然后分别输入其标题为“加”、“减”、“乘”、“除”，如图 10-30 所示。

单击“2. 布局”选项卡，设置“按钮布局”为“水平”方向，如图 10-31 所示。

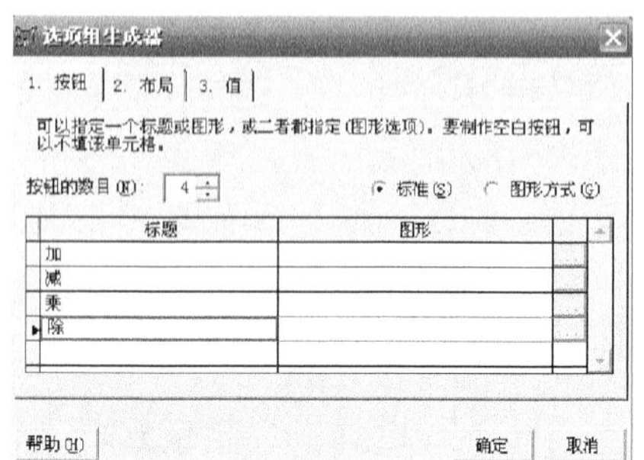

图 10-30 “选项组生成器”的“按钮”选项卡

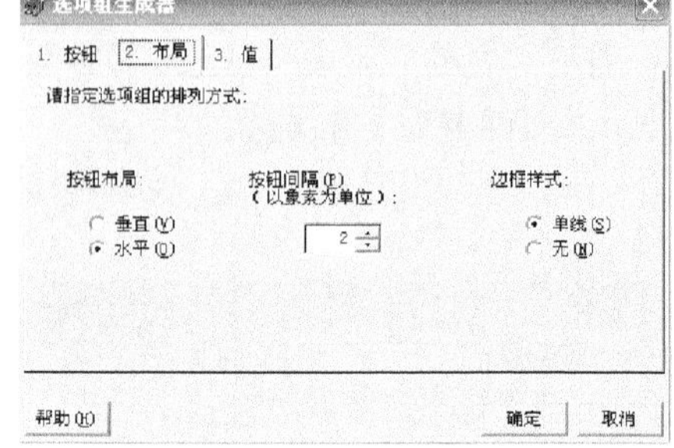

图 10-31 “选项组生成器”的“布局”选项卡

单击“确定”按钮，关闭生成器。

③ 在“属性”窗口，设置表单和控件的主要属性，如表 10.12 所示。

表 10.12 表单和控件的主要属性设置及说明

对 象 名	属 性 名	属 性 值	说 明
Form1	Caption	选项按钮组应用	设置表单标题
Label1	Caption	第一个数	第 1 个标签的内容
Label2	Caption	第二个数	第 2 个标签的内容
Label3	Caption	计算结果	第 3 个标签的内容
Text1	Value	0	第 1 个文本框初始值
Text2	Value	0	第 2 个文本框初始值
Optiongroup1	Value	1	选项按钮组控件的初始值
Command1	Caption	计算	第 1 个命令按钮组的标题
Command2	Caption	退出	第 2 个命令按钮组的标题

④ 双击“计算”按钮（Command1），打开“代码编辑”窗口，为“计算”按钮添加 Click 事件代码，如图 10-32 所示。

⑤ 双击“退出”按钮（Command2），打开“代码编辑”窗口，为“退出”按钮添加 Click 事件代码，如图 10-33 所示。

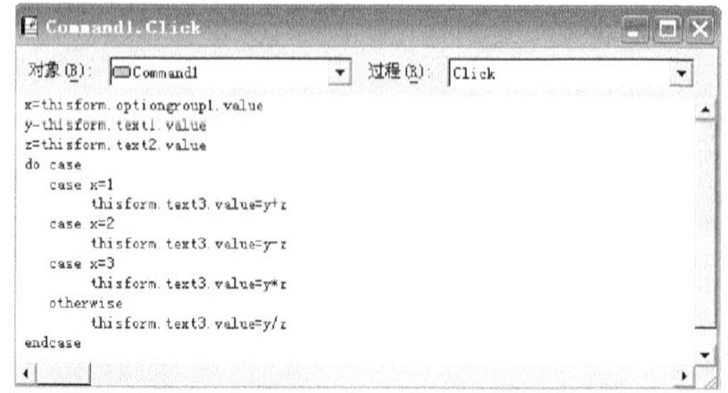

图 10-32 “计算”按钮的 Click 事件代码

图 10-33 “退出”按钮的 Click 事件代码

10.2.10　“微调按钮”控件

“微调按钮”用于接受给定范围内的数值输入。使用“微调按钮”，一方面可以代替键盘输入接受数值，另一方面可以在当前值的基础上作微小的增量或减量调节，默认值为 1。

“微调按钮”主要的属性有：微调量（Increment）、“微调”控件框中单击箭头输入的最大值（SpinnerHighValue）和最小值（SpinnerLowValue）。

10.2.11　“计时器”控件

“计时器”控件是利用系统时钟来控制某些具有规律性的周期任务的定时操作。“计时器”控件的典型应用是检查系统时钟，决定是否到了某个程序执行的时间。“计时器”控件在表单执行时是不可见的。

“计时器”控件的主要属性有：控制计时器开关（Enabled）和定义两次计时器控件触发的时间间隔（Interval，以毫秒计）。

【例 10.8】　设计一个显示计算机系统时间的表单 time.scx，如图 10-34 所示。在按“开始”按钮时，文本框中显示系统时间，按停止按钮时，时间停止显示。

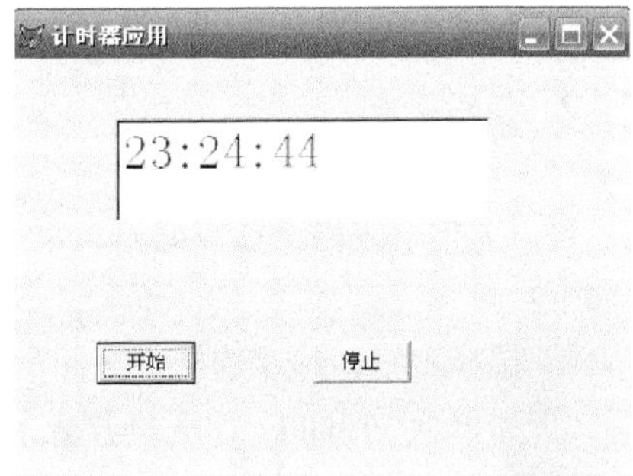

图 10-34　表单 Time.scx 的执行结果

操作步骤如下：

① 新建一个表单，在表单中添加一个文本框、2 个命令按钮，1 个“计时器”控件（Timer1）。

② 在“属性”窗口，设置表单和控件的主要属性，如表 12.13 所示。

表 10.13　　　Time 表单和控件的主要属性设置及说明

对　象　名	属　性　名	属　性　值	说　　明
Form1	Caption	计时器应用	设置表单的标题
Command1	Caption	开始	第 1 个命令按钮的标题
Command2	Caption	停止	第 2 个命令按钮的标题

③ 双击“计时器”控件（Timer1），打开“代码编辑”窗口，为 Timer1 添加 Timer 事件代码，如图 10-35 所示。

图 10-35　Time 控件的 Timer 事件代码

图 10-36　“停止”按钮的 Click 事件 代码

注意：时钟控件的 interval 属性值为 0 时，意味着触发时间为 0，也就是无触发时间，即永远都不会运行。

10.2.12　“图像”控件

“图像”控件允许在表单中显示图片。“图像”控件可以在程序执行的动态过程中加以改变。

“图像”的主要属性有：显示的图片文件名（Picture）和图片的显示方式（Stretch）。图片的显示方式有 3 种：当 Stretch 属性为 0 时，将把图像的超出部分裁剪掉；当 Stretch 属性为 1 时，等比例填充；当 Stretch 属性值为 2 时，变比例填充。

10.2.13　“表格”控件

“表格”控件是将数据以表格形式表示出来的一种控件，它属于容器控件，其中包含了列标头、列和列控件等。表格中控件通常用来显示表中的数据或查询的结果。

1. 常用属性

表格控件的属性包括表格自身的属性和表格中列的属性。其中，表格的常用属性如下：

① RecordSourceType：表格中显示数据来源于何处，可以选择“0-表”、“1-别名”、“2-提示”、“3-查询（.QPR）”和“4-SQL 说明”。

② RecordSource：表格中要显示的数据。

2. 使用要点

（1）设置表格中显示的数据源

可以为整个表格设置数据源，也可以为每个列单独设计数据源。为整个表格设置数据源的步骤如下：

① 选择表格，然后选择“属性”窗口的 RecordSourceType。

② 如果让 Visual FoxPro 打开表，则将 RecordSourceType 属性设置为“0-表”，如果在表格中放入打开表的字段，则将 RecordSourceType 属性设置为“1-别名”。

③ 选择“属性”窗口中的 RecordSource 属性。

④ 确定作为表格数据源的别名或表名。

（2）用拖动形式设置表格数据源

如果用表格控件显示一个表的数据，可以先添加数据环境，在“数据环境设计器”窗口打开的情况下，用鼠标，拖动表的标题到表单中。

（3）使用表格控件创建一对多表单

表格是最常见的用途之一：当文本框显示父表记录的数据时，一个表格显示子表的记录；或当在父表中浏览记录时，另一个表格将显示相应的子表中的记录。

如果添加到数据环境的两个表之间具有在数据库中建立的永久关系，那么这些关系也会自动添加到数据环境中。如果两个表之间没有永久关系，则可以在数据环境设计器中为两个表设置关系。设置方法很简单，只要将主表的某个字段拖动到子表相匹配的索引名即可；如果子表上没有与主表字段匹配的索引，也可以将主表字段拖动到子表的某个字段上。

要在表单中显示这个一对多的关系非常容易，只需要将这两个具有一对多关系的表分别从数据环境设计器中拖动到表单即可。也可以只将需要的字段从数据环境设计器中拖动到表单中。由于在数据环境设计器中已经有两个表之间的一对多关系，将它们拖动到表单后会自动建立两个表之间的一对多关系。

10.2.14　“页框”控件

“页框”控件实际上是选项卡界面。在表单中，一个页框可以有两个以上的页面，它们共同占有表单中的一块区域。在某一时刻只有一个活动页面，而只有活动页面中的控件才是可见的，可以单击需要的页面来激活这个页面。表单中的页框是一个容器控件，它可以容纳多个页面，在每个页面中又可以包含容器控件或其他控件。“页框”控件的主要属性有：页框的页面数（PageCount）、页框的每一页标题（Caption）等。

10.2.15　“命令按钮组”控件

“命令按钮组”控件是一些命令按钮组合在一起，作为一个控件管理。每一个命令按钮有各自的属性、事件和方法，使用时需要独立地操作每一个指定的命令按钮。

“命令按钮组”控件的主要属性是命令按钮数（ButtonCount）。

10.2.16　“ActiveX”控件和“ActiveX 绑定”控件

“ActiveX 控件”的功能是向应用程序中添加 OLE 对象，它又称为 OLE 控件。OLE 是对象链接与嵌入的英文缩写（Object Linking and Embedding），即把一个对象以链接或嵌入的方式包含在其他的 Windows 应用程序中，如 Word、Excel 等。“ActiveX 绑定”控件与 OLE 控件一样，可向应用程序中添加 OLE 对象，它又称为 OLE 绑定控件。与 OLE 容器控件不同的是，OLE 绑定型控件绑定在一个通用型字段上。绑定型控件是表单或报表上的一种控件，其中的内容与后端的表或查询中的某一字段相关联。

10.2.17　“表单集”控件

“表单集”控件是容器对象，是一个或多个相关表单的集合，在一个表单集中可以同时显示多个表单窗口。

小　　结

表单是一种容器，在其中可加入 Visual FoxPro 中的很多其他对象，数据库应用系统通常使用表单作为数据操作的一个窗口，用户通过表单对数据表中的数据进行编辑、查询、统计及其他操作。在表单设计器中设置表单及表单中对象的属性和方法，编辑表单及表单中对象的事件处理程序代码和方法程序代码，掌握控件的属性、事件、方法及其应用。

习　　题

10-1　选择题

（1）“表单控件”工具栏用于在表单中添加（　　）。

A. 文本　　B. 命令　　C. 控件　　D. 复选框

（2）控件可以分为容器类和控件类，以下（　　）属于容器类控件。

A. 标签　　B. 命令按钮　　C. 复选框　　D. 命令按钮组

（3）以下关于文本框和编辑框的叙述中，错误的是（　　）。

A. 在文本框和编辑框中都可以输入和编辑各种类型的数据

B. 在文本框中可以输入和编辑字符型、数值型、日期型和逻辑型数据

C. 在编辑框中只能输入和编辑字符型数据

D. 在编辑框中可以进行文本的选定、剪切、复制和粘贴等操作

（4）表单的 Name 属性是（ ）。

A. 显示在表单标题栏中的名称　　B. 运行表单程序时的程序名

C. 保存表单时的文件名　　D. 引用表单时的名称

（5）以下属于非容器类控件的是（ ）。

A. Form　　B. Label　　C. Page　　D. Container

（6）在 Visual FoxPro 中，表单（Form）是指（ ）。

A. 数据库中各个表的清单　　B. 一个表中各个记录的清单

C. 数据库查询的列表　　D. 窗口界面

（7）标签标题文本最多可包含的字符数是（ ）。

A.64　　B.128　　C.256　　D.1024

（8）下列关于 Visible 属性的说法中不正确的是（ ）。

A. Visible 属性指定对象是可见还是隐藏

B. Visible 属性为.T.时对象有效

C. 一个对象被隐藏后，在代码中将无法访问它

D. 当一个表单的 Visible 属性由.F.设置成.T.时，表单将成为可见的，但不成为活动的。

（9）在使用计时器时，若想让计时器在表单加载时就开始工作，应该设置 Enable 属性为（ ）。

A. .F.　　B. .T.　　C. .Y.　　D. .YES.

（10）要想在文本框中输入数据时屏幕上显示的是“*”号，则该设置的属性是（ ）。

A. Alignment　　B. Enable　　C. MaxLength　　D. PasswordChar

（11）假定一个表单里有一个文本框 Text1 和一个命令按钮组 CommandGroup1，命令按钮组是一个容器对象，其中包含 Command1 和 Command2 两个命令按钮，如果要在 Command1 命令按钮的某个方法中访问文本框的 Value 属性值，下面表述正确的是（ ）。

A. This.Thisform.Text1. Value　　B. This.parent. parent.Text1. Value

C. Parent. parent.Text1. Value　　D. This. parent.Text1. Value

（12）在创建表单时，用（ ）控件创建的对象用于保存不希望用户改动的文本。

A. 标签　　B. 文本框　　C. 编辑框　　D. 组合框

（13）在 Visual FoxPro 中，为了将表单从内存释放（清除），可将表单中退出命令按钮的 Click 事件代码设置为（ ）。

A. Thisform.Refresh　　B. Thisform.Delete

C. Thisform.Hide　　D. Thisform.Release

（14）不可以作为文本框控件数据来源的是（ ）。

A. 备注型字段　　B. 内存变量　　C. 字符型字段　　D. 数值型字段

（15）数据环境泛指定义表单时使用的（ ），包括表、视图和关系。

A. 数据　　B. 数据库　　C. 数据源　　D. 数据项

（16）表单文件的扩展名为（ ）。

A. .set　　B. .scx　　C. .vct　　D. .qpr

（17）设计组合框时，通过设置（ ）属性，可以用不同数据源中的项填充组合框。

A. RowSource　　B. RowSourceType　　C. Style　　D. ColumuCount

（18）在运行某个表单时，下列有关表单事件引发次序的叙述，正确的是（　　）。

A. 首先 Activate 事件，然后 Init 事件，最后 Load 事件

B. 首先 Activate 事件，然后 Load 事件，最后 Init 事件

C. 首先 Init 事件，然后 Activate 事件，最后 Load 事件

D. 首先 Load 事件，然后 Init 事件，最后 Activate 事件

（19）使用（　　）工具栏可以在表单上对齐和调整控件的位置。

A. 表单控件　　B. 布局　　C. 调色板　　D. 表单设计器

（20）以下关于表单控件基本操作的叙述，错误的是（　　）。

A. 要在表单中复制某个控件，可以按住 Ctrl 键并拖放该控件

B. 要将某个控件的 Tab 序号设置为 1，可在进入 Tab 键次序交互设置状态后，双击控件的 Tab 键次序盒

C. 要使表单中被选定的多个控件大小一样，可单击“布局”工具栏中的“相同大小”按钮

D. 要在“表单控件”工具栏中显示某个类库文件中的自定义类，可以单击工具栏中的“查看类”按钮，然后在弹出的“菜单”中选择“添加”选项

3-2 填空题

（1）若要实现表单中的控件与某一数据表中的字段的绑定，则在设计时应先在（　　）中设置表单的数据源为该数据表。

（2）Caption 是对象的（　　）属性。

（3）在表单文件中 Init 是指（　　）的触发的基本事件。

（4）在 Visual FoxPro 中释放和关闭表单的方法是（　　）。

（5）要在代码中调用表单 gzb.scx，可以使用（　　）代码来运行表单。

（6）创建表单的方法包括（　①　）、（　②　）。

（7）表单数据的来源包括：数据库表、（　①　）、（　②　）。

（8）标签控件的名字是（　　）。

（9）鼠标单击左键事件为（　　）。

（10）在 Visual FoxPro 中提供了两种表单向导。创建基于一个表的表单时可选择（　①　）；创建基于两个具有一对多关系的表单时可选择（　②　）。

（11）对于表单中的标签控件，若要使该标签显示指定的文字，应对其（　①　）属性进行设置；若要使指定的文字自动适应标签区域的大小，则应将其（　②　）属性设置为逻辑真值。

（12）将控件与通用型字段绑定的方法是：在控件的 ControlSource 属性中指定（　　）。

（13）将设计好的表单存盘时，将产生扩展名为（　①　）和（　②　）的两个文件。

（14）在“属性窗口”中，有些属性的默认值在列表框中以斜体显示，其含义是（　　）。

（15）利用（　　）可以接收、查看和编辑数据，方便地完成数据管理工作。

10-3 思考题

（1）数据环境的含义是什么？如何打开“数据环境设计器”？

（2）创建表单有哪些方法？

（3）利用表单向导创建表单的基本步骤是什么？

（4）怎样在表单设计器中为表单或表单集创建新属性和新方法？

（5）如何利用表单设计器在表单中或各种容器中添加或删除各种控件？

参考答案：

10-1 选择题

（1）C　（2）D　（3）A　（4）D　（5）B　（6）D　（7）C
（8）C　（9）B　（10）D　（11）B　（12）A　（13）D　（14）A
（15）C　（16）B　（17）B　（18）D　（19）B　（20）A

10-2 填空题

（1）数据环境　（2）标题　（3）当创建表单时　（4）RELEASE
（5）DO　FORM gzb　（6）① 命令方式　② 菜单方式
（7）① 自由表　② 视图　（8）Label
（9）Click　（10）① 表单向导　② 一对多表单向导
（11）① Caption　② Autosize　（12）通用型字段
（13）① .scx　② .sct　（14）用户不能更改属性值
（15）表单

第 11 章 菜单设计

本章主要内容有：菜单的概念及其作用；利用“菜单设计器”设计菜单；下拉菜单和快捷菜单的设计及应用。

11.1 菜单设计概述

一个数据库应用系统通常由若干个子系统构成，而这些子系统又由若干个功能模块构成，这些功能模块可以由一些程序来实现，用来组织和调用这些程序模块的方法是使用菜单，用户可通过菜单来调用应用程序，菜单为用户与应用程序的交互操作提供了最基本的接口。设计一个菜单，通常需要考虑应用系统的总体功能，通过菜单把系统功能有机地组织起来，当用户选择某个选项时，就能实现该选项对应的系统功能。

Visual FoxPro 的菜单系统分为标准菜单和快捷菜单。标准菜单又被称为下拉菜单或菜单，它是菜单系统的主要组成部分。快捷菜单是右键弹出菜单。

11.1.1 菜单的基础知识

Visual FoxPro 支持两种类型的菜单：条形菜单（主菜单）和弹出式菜单（子菜单）。它们都有一组菜单选项显示于屏幕供用户选择。用户选择其中的某个选项时都会有一定的动作。这个动作可以是以下 3 种情况之一：执行一条命令、执行一个过程或激活另一个菜单。

常用的菜单术语如下：

条形菜单：一般位于程序主窗口的顶部，是专门用于放置菜单的地方。

弹出式菜单：单击“主菜单项”就会弹出一个下拉菜单。

子菜单：下拉菜单中，有时会发现有的菜单右侧有一个黑色三角，表示此菜单项还有下级菜单，单击它可弹出下级子菜单。

快捷键：有的菜单项右侧会有如图 11-1 中的“Ctrl+N”、“Ctrl+S”组合键。这个组合键表示不用打开菜单，直接在合适的情况下按下相应的组合键就可以实现相应的功能，这样可以提高程序的使用效率。

分隔线：如图 11-1 所示，分隔线是用来分隔不同类别功能的一条线。

热键：如图 11-1 所示，主菜单项“文件（F）”其中的“F”表示热键，可以直接在键盘上按“Alt+F”就可以打开该主菜单项的下拉菜单，可不用鼠标单击。如图 11-1 所示。

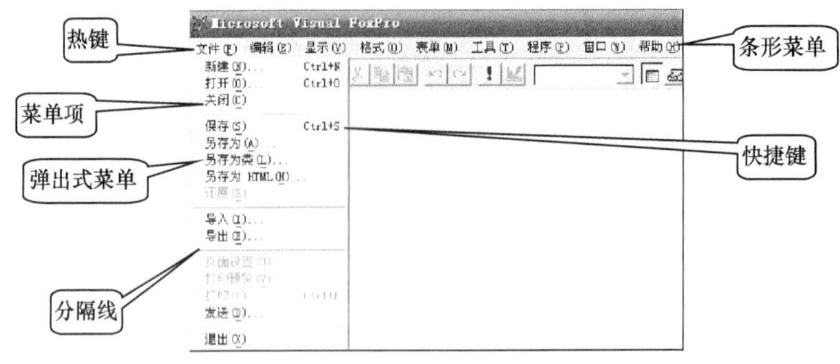

图 11-1　系统菜单

11.1.2　菜单设计的一般步骤

创建一个完整、合理的菜单系统，一般要经过规划菜单、定义菜单、生成菜单、运行菜单 4 个阶段。

1. 规划菜单

菜单系统的质量直接关系到应用程序系统的质量，规划合理的菜单，有利于用户接受应用程序，方便用户理解应用程序的功能。因此，规划一个好的菜单，对应用系统具有重要的作用。在规划应用程序的菜单系统时，应考虑下列问题：

① 根据应用程序的功能，确定需要哪些菜单，是否需要子菜单，每个菜单项完成哪些操作，实现哪些功能等。所有这些问题都应该在定义菜单前就确定下来。

② 按照用户所要执行的任务组织菜单，而不要按应用程序的层次组织菜单。

③ 按照估计的菜单项的使用频率、逻辑顺序或字母顺序组织菜单项。

④ 给每个菜单一个有意义的菜单标题，标题应简单，文字应准确地描述菜单项所要执行的任务。看到菜单，用户就能对功能有一个大概认识。

⑤ 按照菜单的逻辑顺序组织菜单项。按功能对菜单进行分组，并在分组之间设计分隔线。适当创建子菜单，对菜单项的数目进行限制。

⑥ 为菜单和菜单项设置热键或快捷键。

2. 定义菜单

定义菜单，就是定义菜单栏、子菜单、菜单项的名称和执行的命令等内容。定义菜单之后，选择“文件”菜单中的“保存”命令，或按【Ctrl+W】键，将其保存到以.mnx 为扩展名的菜单文件中。

定义菜单一般在“菜单设计器”中完成。可使用下面几种方法打开“菜单设计器”：

（1）使用菜单

打开“文件”菜单，单击“新建”命令，打开“新建”对话框，选择“菜单”单选按钮，然后单击“新建文件”按钮。

（2）使用工具栏

单击“常用”工具栏上的“新建”按钮，打开“新建”对话框，选择“菜单”单选按钮，然后单击“新建文件”按钮。

（3）使用命令

在命令窗口中输入命令：MODIFY MENU [<菜单文件名.mnx>]。

以上 3 种方法都可以打开“新建菜单”对话框，如图 11-2 所示。然后单击“菜单”按钮，打开“菜单设计器”，如图 11-3 所示。

图 11-2 “新建菜单”对话框

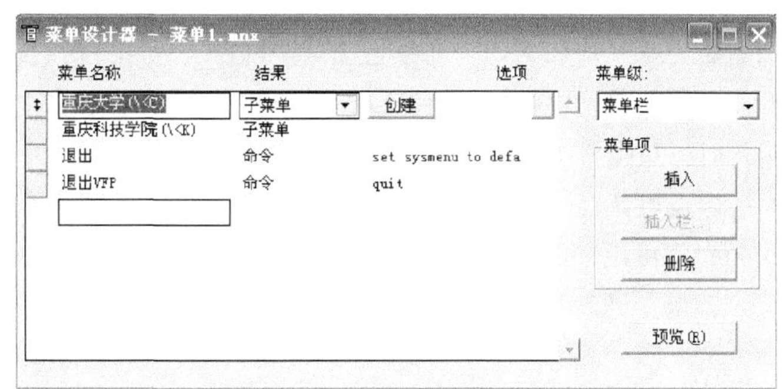

图 11-3 “菜单设计器”窗口

3. 生成菜单程序

菜单文件并不能运行，但可通过它生成菜单程序文件。Visual FoxPro 菜单文件的扩展名为.mnx，保存菜单系统的所有信息。菜单文件不能直接运行，应在运行之前生成一个菜单程序，其扩展名为.mpr。

生成菜单程序的方法是：在“菜单设计器”窗口，单击菜单栏中的“菜单”，单击“生成”命令，然后在“生成菜单”对话框中输入菜单程序文件名，最后单击“生成”按钮。

4. 运行菜单程序

若要查看菜单程序的运行结果，可在命令窗口中输入下面的命令：

命令：DO <菜单程序文件名.mpr>

菜单程序文件名的扩展名.mpr 不可省略，否则无法与运行命令文件相区别。

11.1.3 “菜单设计器”介绍

1. “菜单设计器”界面

“菜单设计器”界面如图 11-4 所示，其中各主要功能说明如下：

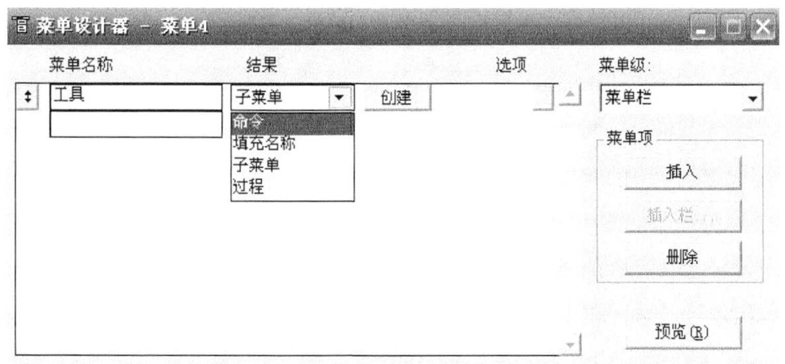

图 11-4 “菜单设计器”界面

① 窗口右上部有一个标识为“菜单级”的下拉列表框，可用来切换到上一级菜单或下一级菜单并改变窗口的页面。

② 窗口左边有“菜单名称”、“结果”和“选项”3 列，用于定义菜单项的有关属性。

③ 窗口右边有“插入”、“插入栏”、“删除”和“预览”4 个按钮，分别用于菜单项的插入、删除和预览。

2. “菜单名称”列

用来输入菜单项的名称，即菜单的显示标题。Visual FoxPro 允许用户为选择某菜单项定义一个热键，其方法是：在热键字符前面加上字符“\<”，例如定义“文件”菜单项的热键为“\<F”。菜单运行时，只需按下 Alt+F 组合键，该菜单项即被执行。

为了增强可读性，可使用分隔线将内容相关的菜单项分隔成组。只要在“菜单名称”中输入字符“\-”，就可以创建一条分隔线。

3. “结果”列

用于指定用户选择菜单项时执行的动作。单击下拉列表框右边的“下拉”箭头，拉出“命令”、“填充名称”、“子菜单”和“过程”等 4 个选择。

（1）命令

选择此项，下拉列表框右边出现一个命令文本框，用于输入一条可执行的 Visual FoxPro 命令，如 DO main.prg。

（2）填充名称（或菜单项#）

选择项，下拉列表框右边会出现一个文本框。可以在文本框中输入该菜单项的名字或序号。如果当前定义的是一级菜单（主菜单），该选项为“填充名称”应指定菜单项的名字；如果当前定义的是弹出式菜单，显示“菜单项#”，应指定菜单项的序号。

（3）子菜单

该选项用于定义当前菜单的子菜单，选定此项，右边出现一个“创建”或“编辑”按钮（新建时显示“创建”，修改时显示“编辑”）。单击此按钮，“菜单设计器”切换到子菜单页面，供用户创建或修改子菜单。若要想返回到上一级菜单，可从“菜单级”下拉列表框中选择相应的上一级选项。

（4）过程

该选项用于为菜单项定义一个过程，即选择该菜单命令时执行用户定义的过程。过程可以理解为若干命令语句（即程序或命令代码）。选定此项后，下拉列表框右边就会出现“创建”或“编辑”按钮，单击相应按钮，将出现文本编辑窗口，供用户输入程序。

4. “选项”列

初始状态下，每个菜单项的“选项”列都有一个□按钮。单击该按钮，打开“提示选项”对话框，如图 11-5 所示。该对话框供用户定义菜单项的其他属性。一旦定义过菜单项属性，该按钮显示一个☑符号，表示此菜单的有关属性已经作了定义。

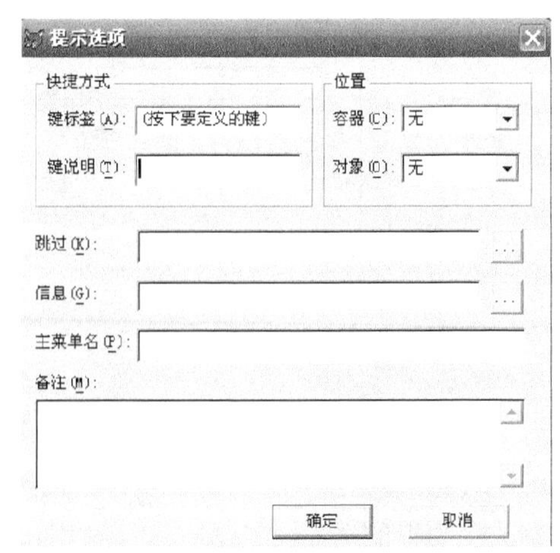

图 11-5 “提示选项”对话框

下面就“提示选项”对话框进行说明：

（1）快捷方式

定义该菜单项的快捷键。方法是：把光标定位在“键标签”右边的文本框中，然后按下以后使用的快捷键（快捷键通常用 Ctrl 键与另一键的组合），如按下 Ctrl+E 组合键，则“键标签”文本框内就会自动出现 Ctrl+E 组合键；同时“键说明”文本框也会出现同样的内容，但可以进行修改。当菜单被激活时，按键字符组合将显示在菜单项标题的右侧。若要取消已定义的快捷键，只需按下空格键即可。

（2）跳过

用于设置菜单项的跳过条件。用户可在文本框中输入一个逻辑表达式，在菜单运行过程期间若该表达式为.T.，则此菜单项将以灰色显示，表示当前该菜单项不可使用。

（3）信息

定义菜单项的说明信息，该信息出现在 Visual FoxPro 主窗口的状态栏中。

（4）主菜单名

用于指定该菜单项的内部名字，如果是弹出式菜单，则显示“菜单项#”，表示弹出式菜单项的序号。一般不需要指定，系统自动设置。

5. 其他按钮

（1）插入

在当前菜单项之前插入一个菜单项。

（2）删除

删除当前的菜单项。

（3）插入栏

该按钮仅在定义子菜单时才有效，其功能是在当前菜单项之前插入一个 Visual FoxPro 系统菜单命令。单击此按钮，打开“插入系统菜单栏”对话框，如图 11-6 所示。从中选择所需的菜单命令，然后单击“插入”按钮。

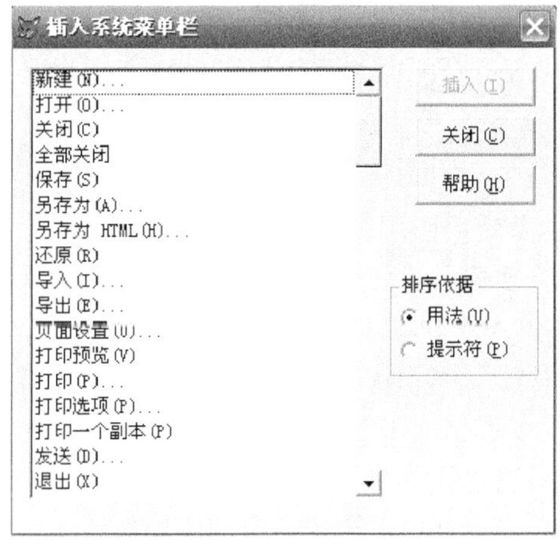

图 11-6　“插入系统菜单栏”对话框

（4）移动按钮

每个菜单项左侧都有一个移动按钮，拖动移动按钮可以改变菜单项为当前菜单。

11.1.4　为顶层表单添加菜单

把下拉式菜单添加到顶层表单的步骤如下：

① 首先建立一个下拉式菜单文件。设计菜单时，在“显示”菜单下的“常规选项”中，选中“顶层表单”复选框，然后生成菜单程序文件。如图 11-7 所示。

② 创建一个表单，将表单的 Show Windows 属性值设置为 2，使该表单成为顶层表单，然后

在表单的 Init 事件代码中添加如下代码：do <菜单程序名>.mpr with this,.t.

从图 11-8 可以看出，表单在最顶上，菜单已加入到表单中。

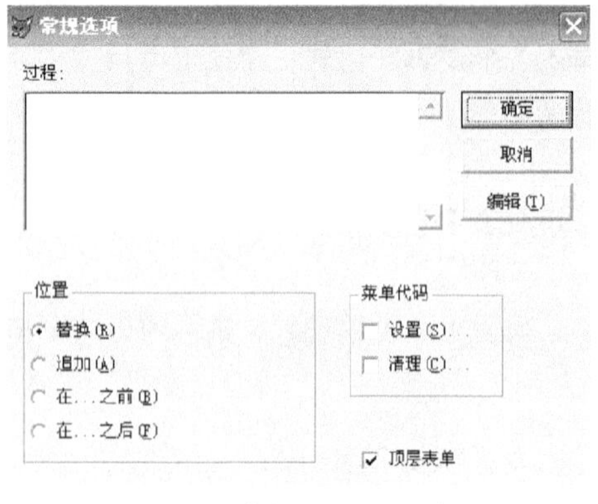

图 11-7 “常规选项”对话框

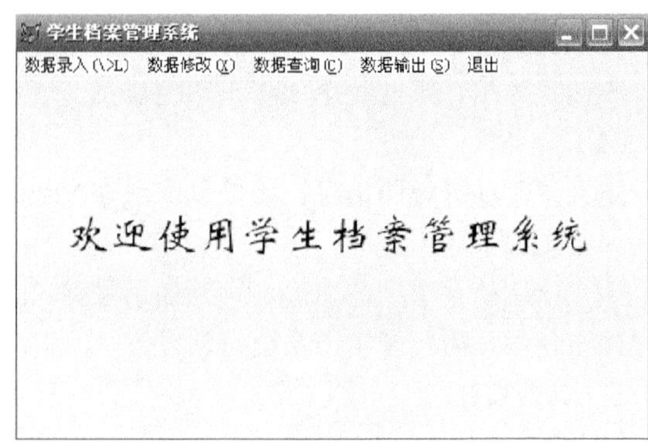

图 11-8 顶层表单

11.1.5 设计快捷菜单

快捷菜单与下拉式菜单不同，快捷菜单一般从属于某个界面对象，例如一个表单。当用鼠标在界面对象上右击时，就会弹出快捷菜单。快捷菜单没有条形菜单，只有弹出式菜单。快捷菜单的设计是在快捷菜单设计器中完成的。

定义好了快捷菜单以后，一般需要在表单的指定对象的 RightClick 事件中调用快捷菜单。其操作步骤如下：

① 利用快捷菜单设计器设计快捷菜单。

如果快捷菜单要引用表单中的对象，需要在快捷菜单的“显示”→“常规选项”中的“设置”代码中添加一条接收当前表单对象引用的参数语句：

```
PARAMETERS <参数名>
```

其中，<参数名>是指快捷菜单中引用表单的名称。

② 在快捷菜单的“清理”代码中添加清除菜单的命令，命令格式如下：

```
RELEASE POPUPS <快捷菜单名> [EXTENTED]
```

使得在执行菜单命令后能及时清除菜单，释放其占据的内存空间并生成快捷菜单程序文件。

③ 与设计下拉菜单类似，选择“菜单”下的“生成”，生成下拉菜单程序文件。

④ 打开表单文件，在表单设计器中，选定需要调用快捷菜单的对象。

⑤ 在选定对象的 RightClick 事件代码中添加调用快捷菜单的命令：

```
DO <快捷菜单程序文件名> [WITH This]
```

其中，如果需要在快捷菜单中引用表单中的对象，需要使用 WITH This 来传递参数。

【例 11.1】 为一个表单建立快捷菜单 kjcd，其中包含红色、蓝色、变大、变小 4 个选项，前两个选项与后两个选项之间用分组线分隔，如图 11-9 所示。前两个选项用于改变表单背景颜色，后两个选项用于改变表单大小（大小缩放 10%）。

操作步骤如下：

① 打开快捷菜单设计器窗口，按照创建菜单的方法，创建如图 11-10 所示的快捷菜单。

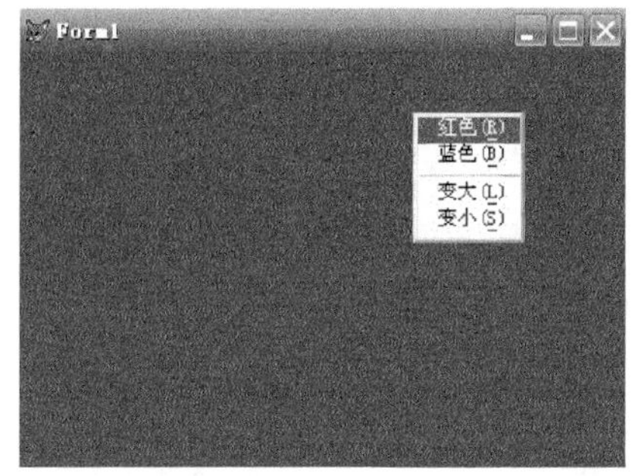

图 11-9　表单的快捷菜单

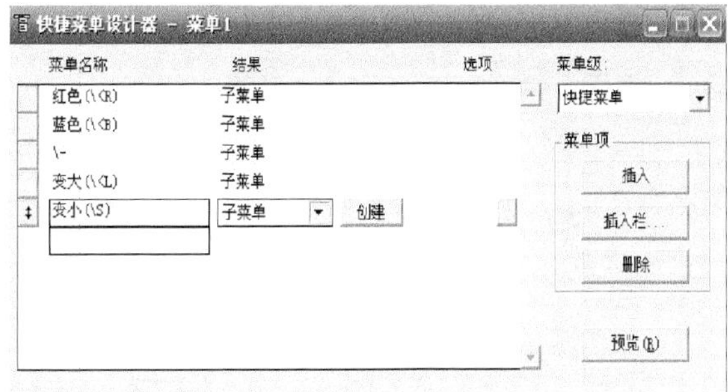

图 11-10　快捷菜单设计器

其中各个菜单项的结果是一个过程，过程包含的命令如下：

“红色”菜单项：

```
MyRef.BackColor=RGB(255,0,0)
```

“蓝色”菜单项：

```
MyRef.BackColor=RGB(0,0,255)
```

“变大”菜单项：

```
w=MyRef.Width
h=MyRef.Height
MyRef.Width=w+w*0.1
MyRef.Height=h+h*0.1
```

“变小”菜单项：

```
w=MyRef.Width
h=MyRef.Height
MyRef.Width=w-w*0.1
MyRef.Height=h-h*0.1
```

② 在“显示”菜单中选择“常规选项”命令，打开“常规选项”对话框。

在“常规选项”对话框中，选定“设置”复选框，单击“确定”按钮，在“设置”代码窗口中输入以下代码：

```
PARAMETERS MyRef
```

在“常规选项”对话框中，选定“清理”复选框，单击“确定”按钮，在“清理”代码窗口中输入以下代码：

```
RELEASE POPUPS kjcd
```

③ 在“显示”菜单中选择“菜单选项”命令，打开“菜单选项”对话框，然后在“名称”框中输入快捷菜单的内部名字 kjcd。

④ 在“文件”菜单中选择“保存”命令，将菜单定义保存在菜单定义文件 kjcd.mnx 和菜单备注文件 kjcd.mnt 中，并生成 kjcd.mpr 菜单程序文件。

⑤ 打开需要设置快捷菜单的表单，并在表单的 RightClick 事件中添加调用快捷菜单的命令：

```
DO kjcd.mpr WITH this
```

⑥ 运行表单，在表单窗口内单击鼠标右键，弹出快捷菜单，选择其中的菜单项，即可完成相应功能。

小　结

在 Windows 环境下，几乎所有的应用软件都通过菜单实现各种操作。本章介绍了菜单的基本组成，怎样利用菜单设计器创建菜单，为顶层表单添加菜单及创建快捷菜单的方法。

习　题

11-1 选择题

（1）在定义菜单时，若按文件名调用已有的程序，则在“菜单结果”一项中选择（　　）。

A. 命令　B. 填充名称　C. 子菜单　D. 过程

（2）在定义菜单时，若要编写相应功能的一段程序，则在结果一项中选择（　　）。

A. 命令　B. 填充名称　C. 子菜单　D. 过程

（3）Visual FoxPro 支持两种类型的菜单，即（　　）。

A. 条形菜单和下拉式菜单　B. 下拉式菜单和弹出式菜单

C. 条形菜单和弹出式菜单　D. 下拉式菜单和系统菜单

（4）下面的说法中错误的是（　　）。

A. 热键通常是一个字符

B. 不管菜单是否激活，都可以通过快捷键选择相应的菜单选项

C. 快捷键通常是 Alt 键和另一个字符键组成的组合键

D. 当菜单激活时，可以按菜单项的热键快速选择该菜单项

（5）下列说法中错误的是（　　）。

A. 如果指定菜单的名称为“文件(-F)”，那么字母 F 即为菜单的快捷键

B. 如果指定菜单的名称为“文件(-F)”，那么字母 F 即为菜单的访问键

C. 要将菜单项分组，系统提供的分组手段是在两组之间插入一条水平的分组线，方法是在相应的行的“菜单名称”列上输入“\-”两个字符

D. 指定菜单项的名称，也称为标题，只是用于显示，并非内部名字

（6）在 Visual FoxPro 中，使用“菜单设计器”定义菜单，最后生成的可执行的菜单程序的扩展名是（　　）。

A. MNX　B. PRG　C. MPR　D. SPR

（7）在项目管理器的哪个选项卡中管理菜单（　　）。

A. 菜单选项卡　B. 文档选项卡　C. 其他选项卡　D. 代码选项卡

（8）有一个菜单文件 gz.mnx，要运行该菜单的方法是（　　）。

A. 执行命令 DO gz.mnx

B. 执行命令 DO menu gz.mnx

C. 先生成菜单程序文件 gz.mpr，再执行命令 DO gz.mpr

D. 先生成菜单程序文件 gz.mpr，再执行命令 DO menu gz.mpr

（9）Visual FoxPro 系统菜单是一个典型的菜单系统，其主菜单是一个（　　）。

A. 弹出式菜单　　B. 条形菜单　　C. 下拉式菜单　　D. 级联菜单

（10）在 Visual FoxPro 中创建一个菜单，可以在命令窗口中键入（　　）命令。

A. CREATE MENU　　B. OPEN MENU　　C. LIST MENU　　D. CLOSE MENU

11-2　填空题

（1）在命令窗口中执行（　　　）命令可启动菜单设计器。

（2）菜单定义文件存放着菜单的各项定义，但其本身是一个（　①　），不能够运行。所以需要根据菜单定义产生可执行的（　②　）文件。

（3）若要对菜单项分组，可以在“菜单名称”栏中输入（　　　），便可以创建一条分隔线。

（4）典型的菜单系统一般是一个下拉式菜单，下拉式菜单通常由一个（　①　）和一组（　②　）组成。

（5）所谓（　　　），是指用户处于某些特定区域时单击鼠标右键而弹出的一个菜单。

（6）在利用菜单设计器设计菜单时，当某菜单项对应的任务需要用多条命令来完成时，应利用（　　　）选项来添加多条命令。

（7）在菜单设计器窗口中，要为某个菜单项定义快捷键，可利用（　　　）对话框。

（8）菜单设计器窗口中的（　　　）组合框可用于上、下级菜单之间的切换。

（9）要恢复 Visual FoxPro 的默认系统菜单，应执行（　　　）命令。

11-3　思考题

（1）在 Visual FoxPro 6. 0 中，菜单分成哪几类，各有什么特点？

（2）快捷菜单指的是什么？

（3）创建快捷菜单的简单步骤是什么？

（4）怎样为菜单项“退出”设置过程代码？

（5）为项层菜单添加菜单的简单步骤是什么？

答案：

11-1　选择题

（1）A　（2）D　（3）C　（4）C　（5）A　（6）C

（7）C　（8）C　（9）B　（10）A

11-2　填空题

（1）CREATE MENU <文件名>　　（2）① 表　②菜单程序文件(.mpr)

（3）\-　　（4）① 条形菜单　② 弹出式菜单

（5）快捷菜单　　（6）结果栏中的过程

（7）提示选项　　（8）菜单级

（9）set sysmenu to default

第 12 章 报表与标签设计

本章主要内容有：报表与标签设计是数据库应用系统开发中很重要的技术。使用报表和标签可以将数据表中的数据以更加灵活的方式输出。在设计报表时主要考虑两方面的问题：一是数据，二是布局。数据是指报表的数据源，一般是表，也可以是查询或视图产生的结果数据集。而报表的布局是指它们的打印格式，用户可在“报表设计器”中进行布局的设计和调整，然后就可以预览和打印了。标签是一种特殊类型的报表，它主要用来设计，如各种物品标签、邮政标签等。

12.1 报表的基本概念

报表和标签由数据源和布局两个基本部分组成。数据源通常是数据表、查询文件、视图文件和临时表等。用户设计并保存报表文件后，将会产生两个不同扩展名的文件：报表定义文件，扩展名为.FRX；报表备注义件，扩展名为.FRT。

12.1.1 报表的类型

建立报表之前，必须先确定报表的类型。报表可能是一个电话号码簿，也可能是类似发票的复杂清单。此外，还可以建立特殊种类的报表，如标签便是一种特殊的报表，其布局必须满足专用纸张的要求。常规的报表布局类型及有关说明如表 12.1 所示。

表 12.1 常规报表布局类型及说明

报 表 类 型	说 明	例 子
列报表	每行一个记录，每个记录的字段在页面上按水平方向放置	分组/总计报表、财政报表、存货清单或销售总结等
行报表	一行一个字段，每个记录的字段在一侧竖直放置	列表
一对多报表	一个记录或一对多关系	发票和账目
多栏报表	多栏式记录，每个记录的字段沿左边缘竖直放置	电话号码簿

12.1.2 报表的数据源

报表的显示和打印需要由用户提供必要的数据源。这个数据源可以是数据库中普通数据表，也可以是查询或视图等，还可以是某些数据经加工处理后的表达形式，如字段变量、报表变量、数据运算、函数等。另外，还可以按照用户对数据源的使用要求，对数据实施筛选、排序和分组处理，并对数据在报表中的字体颜色、大小布局、风格样式等进行设计布置。

注意：报表文件本身并不保存具体的数据值，而只存留这引起数据的来源与出处（即数据位置）以及它们的输出格式信息。因此，每一次数据源中数据值发生变化时，都会自动反映和体现在所输出的报表文件内容中。

12.1.3 创建报表的方法

Visual FoxPro 创建报表的方法包括使用“报表向导”、“报表设计器”和使用命令方式 3 种。其中，使用“报表向导”还有以下几种类型：

① 报表向导：创建一张带格式的单张表的报表。

② 分组/总计报表向导：创建一张单张表的总结报表，提供每组数据的总计值。

③ 一对多报表向导：创建一张包含父表记录和相关子记录的报表。

注意：使用分组或一对多报表时，对源数据表要先建立索引和关系。

12.2 创 建 报 表

12.2.1 使用“报表向导”创建报表

如果用户对报表格式和输出内容无特殊的要求，可以考虑采用系统提供的“报表向导”来设计报表，此法既快又方便。如果用户对设计好的报表还有想修改的地方，可通过“报表设计器”作进一步的设计处理。

1. 报表向导

“报表向导”是一种引导用户快速建立报表的手段，启动“报表向导”的 4 种方法如下：

① 在“项目管理器”中，单击“文档”选项卡，选择“报表”，然后单击“新建”按钮，打开“新建报表”对话框。单击“报表向导”按钮，打开“向导选取”对话框。

② 打开“文件”菜单，单击“新建”命令，选择“报表”单选按钮，然后单击“向导”按钮。

③ 打开“工具”菜单，单击“向导”命令，然后单击“报表”命令。

④ 单击“常用”工具栏中的“新建”按钮，选择“报表”，单击“向导”按钮。使用上述方法启动报表向导后，打开“向导选取”对话框，如果报表的输出数据只有一个表，应选取“报表向导”；如果报表的输出数据来源于多个表，则应选取“一对多报表向导”。

下面通过学生表 stud.dbf 为数据源，说明使用报表向导设计简单报表的操作步骤。

【例 12.1】 使用“报表向导”，根据学生信息表 stud.dbf 建立报表。

操作步骤如下：

① 打开“文件”菜单，单击“新建”命令，打开“新建”对话框。

② 选择“报表”单选按钮，单击“向导”按钮，打开“向导选取”对话框，选择“报表向导”，如图 12-1 所示。

③ 单击“确定”按钮，打开“报表向导：步骤 1-字段选取”对话框。在“数据库和表”处，选择学生信息表 stud.dbf，将可用字段全部移到“选定字段”列表中（也可根据需要选取部分字段），如图 12-2 所示。

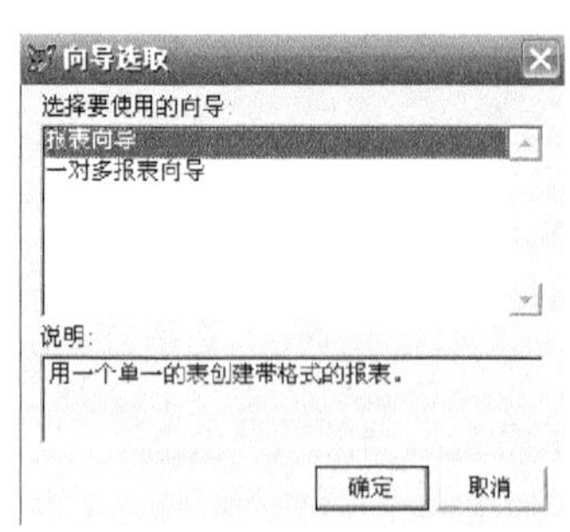

图 12-1 “向导选取”对话框

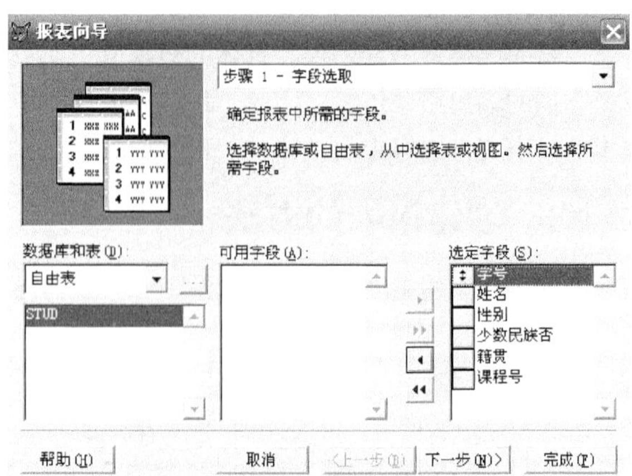

图 12-2 “报表向导：步骤 1-字段选取”对话框

④ 选取字段后，单击“下一步”按钮，打开“报表向导：步骤 2-分组记录”对话框。如图 12-3 所示。

⑤ 选择分组的字段后，单击“下一步”按钮，打开“报表向导：步骤 3-选择报表样式”对话框，选择“帐务式”，如图 12-4 所示。

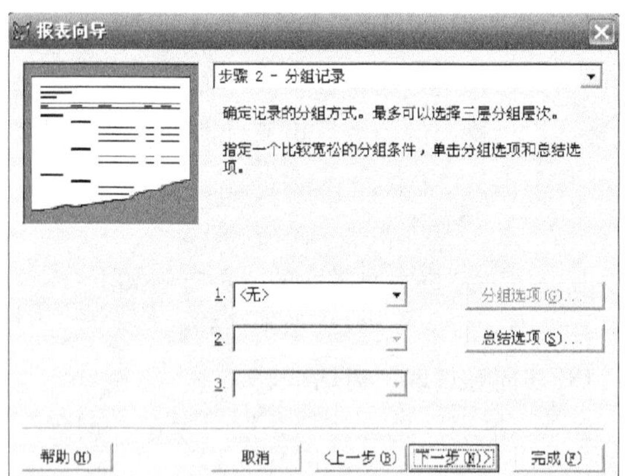

图 12-3 “报表向导：步骤 2-分组记录”对话框

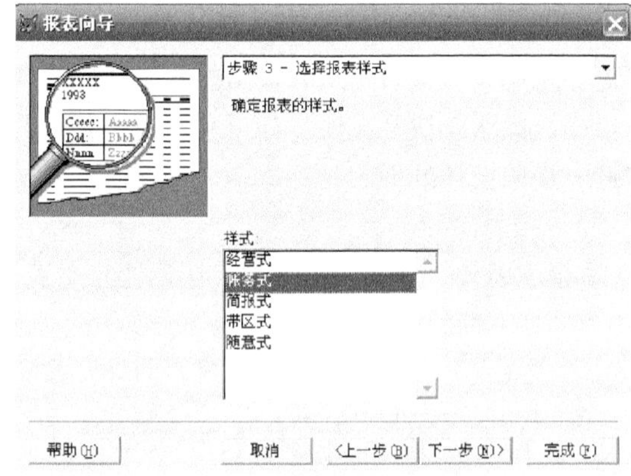

图 12-4 “报表向导：步骤 3-选择报表样式”对话框

⑥ 选择报表样式后，单击“下一步”按钮，打开“报表向导：步骤 4-定义报表布局”对话框，选择打印方向为“纵向”，如图 12-5 所示。

⑦ 定义报表布局后，单击“下一步”按钮，打开“报表向导：步骤 5-排序记录”对话框，指定按“图书编号”对记录进行升序排序，如图 12-6 所示。

⑧ 选择排序记录的字段后，单击“下一步”按钮，打开“报表向导：步骤 6-完成”对话框。为报表指定一个标题“学生信息表”，可选择“保存报表以备将来使用”、“保存报表并在报表设计器中修改报表”或“保存并打印报表”等选项，如图 12-7 所示。

⑨ 至此，一个简单的分组报表设计完成。在单击“完成”报表前，可以先单击“预览”按钮，观察报表结果，如果对其不满意，可单击“上一步”按钮进行修改。

在“另存为”对话框中，以 stud.frx 为文件名保存新创建的报表。选定该报表，单击“预览”按钮，就可看到报表及数据，如图 12-8 所示。

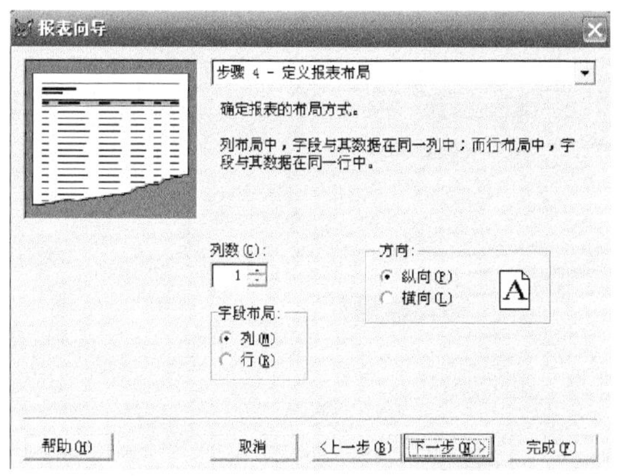

图 12-5 “报表向导：步骤 4-定义报表布局”对话框

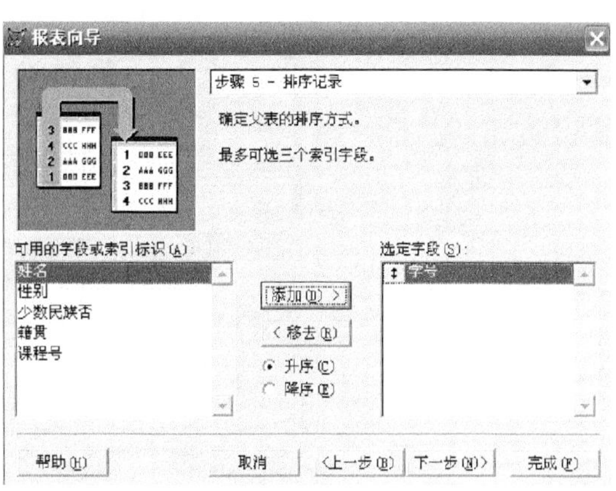

图 12-6 “报表向导：步骤 5-排序记录”对话框

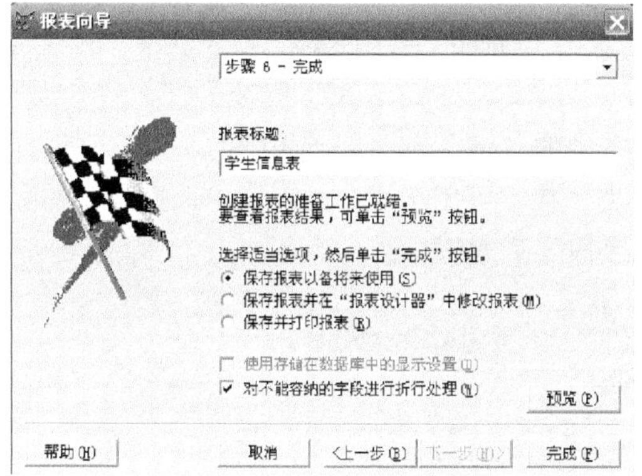

图 12-7 “报表向导：步骤 6-完成”对话框

图 12-8 预览报表结果

注意：

a. 利用报表向导虽然可以设计出所需要的报表，但其显示方式并不美观，所以一般情况下都要在报表设计器中进行进一步的修改。

b. 如果要创建基于多个表或视图的报表，必须先创建一个视图，视图中包含所需的字段，再创建报表。

2. 一对多报表向导

以学生信息表 stud.dbf 和学生成绩表 xscj.dbf 为例介绍一对多报表向导建立报表的过程。根据两个表建立一对多报表，需要确定两个表的连接字段，连接字段在一个表中的值不能重复，此表作为父表，在另一个表中的值可以重复，此表作为子表。学生信息表 stud.dbf 和学生成绩表 xscj.dbf 的连接字段为学号，学生信息表 stud.dbf 为父表，学生成绩表 xscj.dbf 为子表。

从图 12-1 的“向导选取”对话框选择“一对多报表向导”选项，单击“确定”按钮后进入“一对多报表向导”对话框。具体步骤包括下列内容，其中步骤 4～步骤 6 与用报表向导建立报表时的相关步骤相同，这里不再赘述。

① 步骤 1-从父表选择字段：首先选择“一对多”关系中的“一”方，即父表中的字段，对话框如图 12-9 所示。在“数据库和表”列表框中选择父表，在“可用字段”列表框中选择报表中需要的字段，单击“添加”按钮，将选择的字段添加到“选定字段”列表框中。如果要添加全部字段，可以单击“全部添加”按钮，将所有字段添加到“选定字段”列表框中。

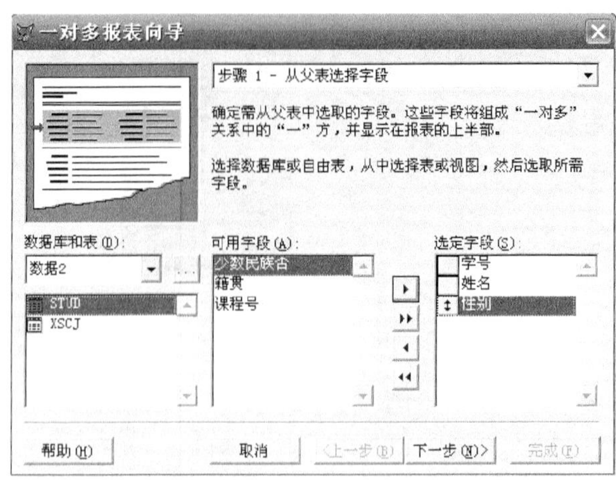

图 12-9 “步骤 1-从父表选择字段”对话框

例如，在“数据库和表”列表框中选择“学生情况表”，分别将“可用字段”列表框中“学号”、“姓名”、“性别”字段添加到“选定字段”列表框中。

② 步骤 2-从子表选择字段：选择“一对多”关系中的“多”方，即子表中的字段，对话框如图 12-10 所示。在“数据库和表”列表框中选择子表，在“可用字段”列表框中选择需要的字段，单击“添加”按钮，将选择的字段添加到“选定字段”列表框中。

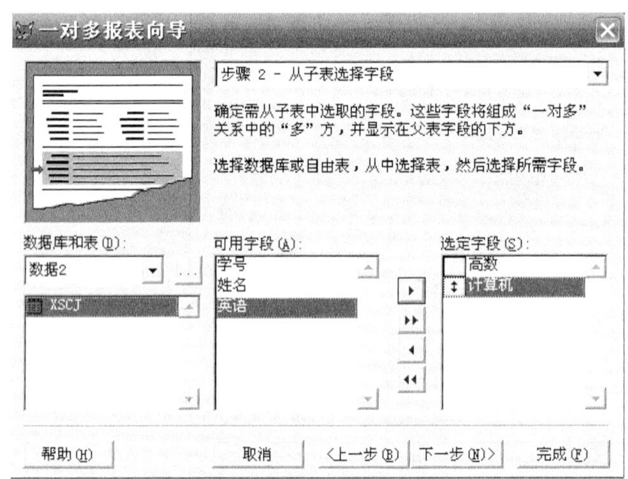

图 12-10 “步骤 2-从子表选择字段”对话框

例如：在“数据库和表”列表框中选择“xscj.dbf”，分别将“可用字段”列表框中的“高数”和“计算机”字段添加到“选定字段”列表框中。

③ 为表建立关系：对话框如图 12-11 所示，如果在建立数据库时已经建立了关系，此时应该使用默认的关系；否则需要选择两个表之间的匹配字段。

④ 步骤 4-排序记录：选择“学号”字段作为排序字段。

⑤ 步骤 5-选择报表样式：选择默认设置。

⑥ 步骤 6-完成：选择结果处理方式为“保存报表并在‘报表设计器’中修改报表”单选按钮，单击“完成”按钮。图 12-12 给出了用一对多报表向导建立的报表，图 12-13 给出了用一对多报表向导建立的报表预览图。

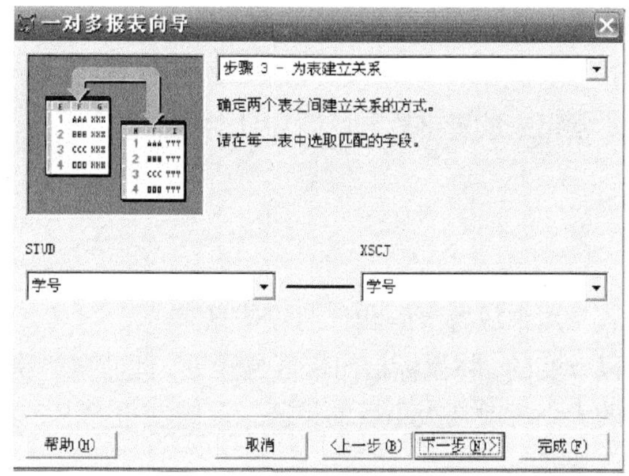

图 12-11　“步骤 3-为表建立关系”对话框

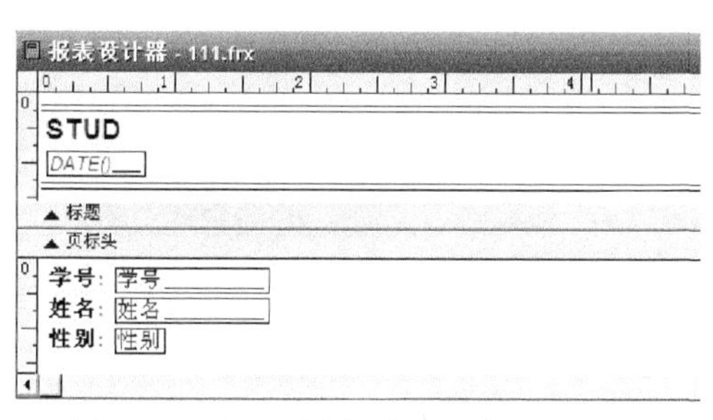

图 12-12　用一对多报表向导建立的报表

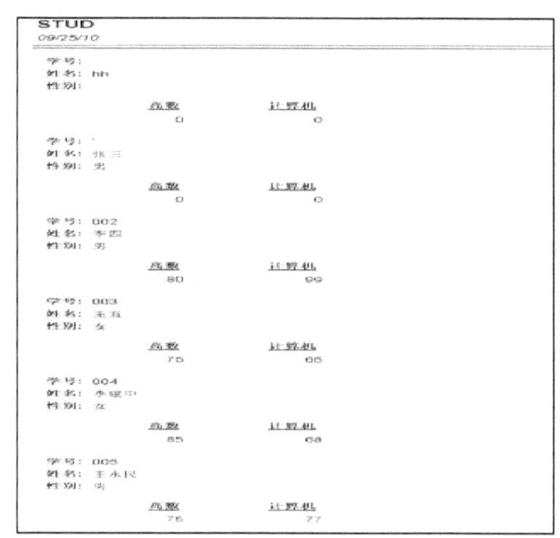

图 12-13　用一对多报表向导建立的报预览图

12.2.2　使用“报表设计器”创建报表

利用报表向导创建报表比较方便、快捷，常用于简单的报表。而报表设计器可以把字段和控件添加到空白报表中，设计出美观大方、实用且复杂的报表，同时还可以对使用向导创建的报表进行修改和完善。

1. 报表设计器

在 Visual FoxPro 中提供了报表设计器，允许用户通过直观的操作来直接设计报表，或修改报表。Visual FoxPro 虽然提供了快速报表的功能，但它不能像报表向导那样单独使用，在启动快速报表之前，必须先打开报表设计器。打开报表设计器主要有以下方法：

① 打开项目管理器，选择“文档”选项卡，选择“报表”选项，并单击“新建”按钮，弹出“新建报表”对话框，单击“新建报表”按钮，打开报表设计器窗口。

② 在“文件”菜单中选择“新建”命令，在显示的“新建”对话框中选择“报表”单选按钮，然后单击“新建文件”按钮，打开报表设计器窗口。

2. 报表设计器的基本组成

在学习如何利用报表设计器的快速报表功能之前，首先熟悉一下报表设计器的基本组成。

报表设计器中的空白区域称为带区，首次启动报表设计器时，报表布局中默认有三个带区：

页标头、细节和页注脚，如图 12-14 所示。

（1）页标头

在每一页报表的上方，常用来放置字段名标题和日期等信息。

（2）细节

报表的内容。

（3）页注脚

在每一页报表的下方，常用来放置页码和日期等信息。

每个带区的大小是可以改变的，将鼠标指向带区分隔处，此时鼠标指针变成垂直双箭头形状，拖动鼠标就可以改变带区的大小。改变大小后的带区，反映在报表上，其页标头、页注脚区域和记录的行间距也随之发生改变。

3. 创建快速报表

快速报表就是能够根据用户的要求产生一个报表文件。快速报表自动把用户指定的字段加到空白报表设计器中，并自动建立一个简单报表布局。这种设计报表的方法简单而又迅速。

（1）启动快速报表

选择系统菜单“报表”中的“快速报表”命令，屏幕出现“打开”对话框，用户确定创建报表所需的数据及数据表。这里选择学生成绩表，并单击“确定”按钮，弹出“快速报表”对话框，如图 12-15 所示。

图 12-14　报表设计器窗口

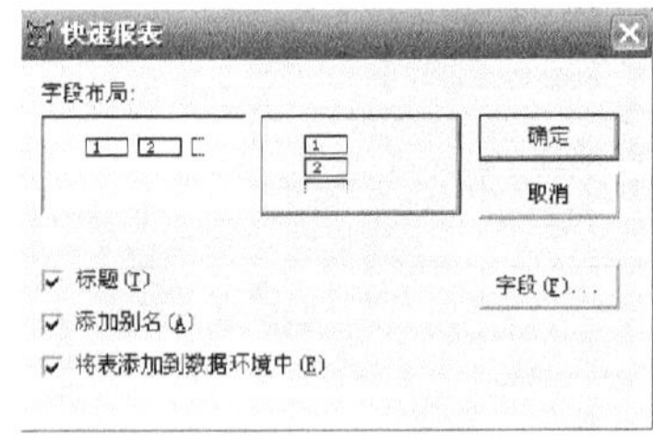

图 12-15　“快速报表”对话框

（2）设置字段布局

在“快速报表”对话框中，需要用户确定报表中字段布局方式是行布局还是列布局。

① 行布局：字段名在字段内容的左侧，字段从上到下排列，一行一个字段，一条记录占用多行。

② 列布局：字段名在字段内容的上方，字段从左到右排列，一列一个字段，每行一条记录。

（3）设置复选框

“快速报表”对话框中有三个复选框：“标题”、“添加别名”和“将表添加到数据环境中”。

① 标题：是否将字段名作为页标头（列布局）或放在左侧（行布局）。

② 添加别名：是否为报表中的字段添加别名。

③ 将表添加到数据环境中：是否自动将表添加到数据环境中。

（4）设置字段

通过单击“快速报表”对话框的“字段”按钮，可以为新创建的报表选择部分字段，单击“快速报表”对话框中的“字段”按钮，打开“字段选择器”对话框，选择报表需要的字段，如图 12-16 所示。这里选取教师任课表的全部字段，并选择列布局。单击“快速报表”对话框中的“确定”

按钮，建立的快速报表显示在报表设计器窗口中，如图 12-17 所示。

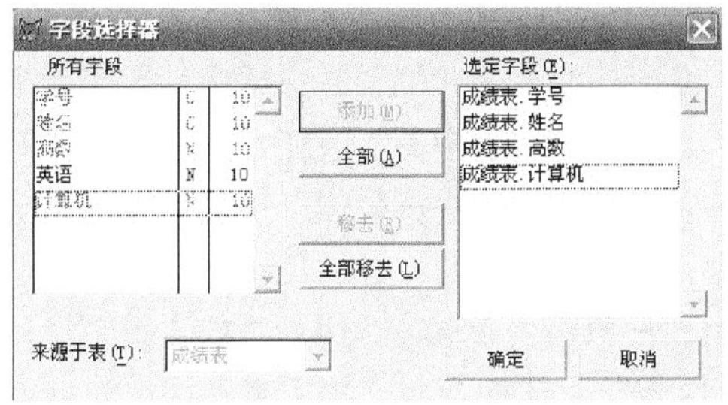

图 12-16　快速报表中的字段选取

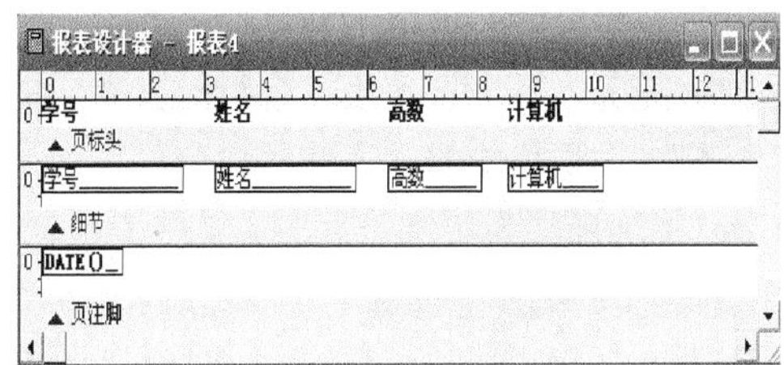

图 12-17　列布局生成的快速报表

（5）预览快速报表

在保存报表之前，可以通过工具栏上的打印预览按钮，预览由快速报表创建的报表，每页报表的页注脚区域显示报表当天的日期和页码。运行报表结果，如图 12-18 所示。

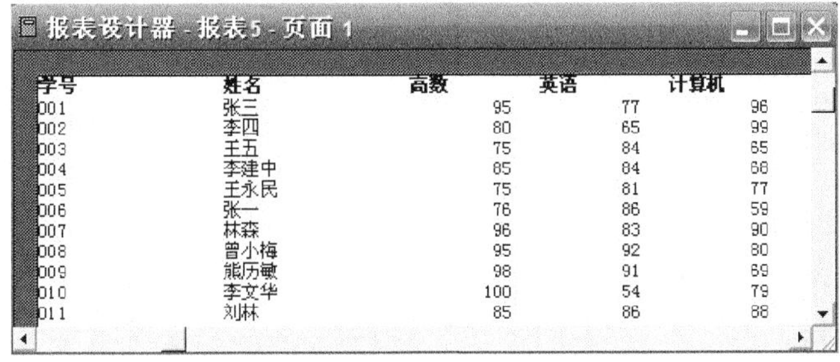

图 12-18　快速报表游览结果

使用快速报表功能可以快速生成一个简单的报表，但它只能基于一个表或视图来创建报表而无法建立复杂布局，并且通用型的字段内容无法显示。

12.3　修改报表

默认情况下，“报表设计器”显示 3 个带区：页标头、细节和页注脚。这些往往不能满足打印、显示的需要。因此，常常要对页面的布局和报表的结构进行一些调整，使得打印输出的格式更加美观、实用。

1. 给报表添加带区

“报表设计器”上可添加的带区如表 12.2 所示。

表 12.2　“报表设计器”上可添加的带区

带　区	打　印	典 型 内 容
标题	每个报表一次	标题、日期或页码、公司标徽、标题周围的框
列表头	每列一次	列标题
列脚	每列一次	总结、总计
组标头	每列一次	数据前面的文件
组脚	每列一次	组数据的计算结果值
总结		总结、Crand Totals 等文本

2. 改变报表的列标签

在“报表设计器”中，标签及常用文字信息的显示，主要是利用“报表控制”工具栏上的“标签”工具来完成的。单击“标签”按钮后，就可以在设计界面上选择位置来拖放标签了，如果对默认的标签字体不满意，可以自行改变相应的字体。方法如下：选中需要改变字体的内容，然后选择“格式”菜单中的“字体”命令，在弹出的“字体”对话框中进行字体属性的修改。

3. 修改报表表达式

通过 12.2 节所描述的方法创建报表，经常会因为种种原因需要修改。用户可以在报表设计器中双击需要修改字段域（Field），即可弹出“报表表达式”对话框，在“报表表达式”对话框中输入新表达式。

4. 增加表格线

在报表设计器中，利用报表控制工具栏上的线条按钮来画。单击线条按钮，即可用鼠标在界面的适当位置上画出指定风格的线条。线条一般被用于对数据区进行分隔或作为表格线。

5. 页面设置

选择“文件”菜单中的“页面设置”命令，弹出“页面设置”对话框。利用该对话框可以选择打印机，并设置页面大小、页面方向等特性，设置结果将直接作用于报表打印。用户也可以在此对话框中改变打印机的属性。

6. 字体设置

选择“文件”菜单中的“页面设置”命令，弹出“页面设置”对话框，用户可以在此对话框中设置需要的字体属性。

7. 布局设置

利用“格式”菜单或“布局”工具栏进行设置。

12.4 标 签 设 计

12.4.1 基本概念

标签是数据库管理系统生成的最普通的一类报表。标签保存后系统会产生如下两个文件：

标签定义文件：扩展名为.LBX

标签备注文件：扩展名为.LBT

12.4.2 创建标签的方法

标签是一种特殊的报表，它的创建、修改方法与报表基本相同。和创建报表一样，可以使用标签向导创建标签，也可以直接使用“标签设计器”创建标签。“标签设计器”具有与“报表设计器”相似的操作方法。与报表设计不同的是，标签设计必须指明使用的标签类型，“标签设计器”将根据它来自动定义页面和列。

1. 使用向导创建标签

操作步骤如下：

① 选择“文件”|“新建”|“标签”|“向导”命令，选择一个可用的数据表，本例中，选择 STUD 数据表，如图 12-19 所示。

② 接下来选择标签类型，如图 12-20 所示。

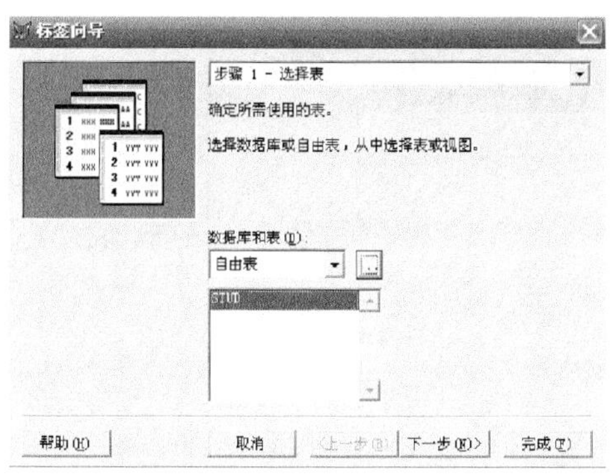

图 12-19　标签向导的"选择数据表"对话框

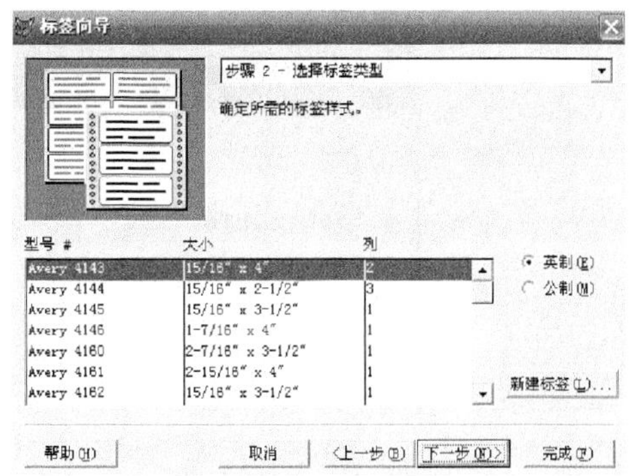

图 12-20　标签向导的"选择标签类型"对话框

③ 设置布局，如图 12-21 所示。双击左侧的可用字段，可以将字段加入标签的"选择字段"列表框中。在此对话框中还必须设置字段间的分隔符号。同时，还需要设置合适的字体。本例中，选中第一行，按添加按钮，再按"-"按钮两次；第二行、第三行依此类推。得到了一个三行的标签设置。

④ 选择排序字段。从"可用的字段或索引标记"列表框中选择排序字段。本例中，按学号及姓名进行排序，如图 12-22 所示。

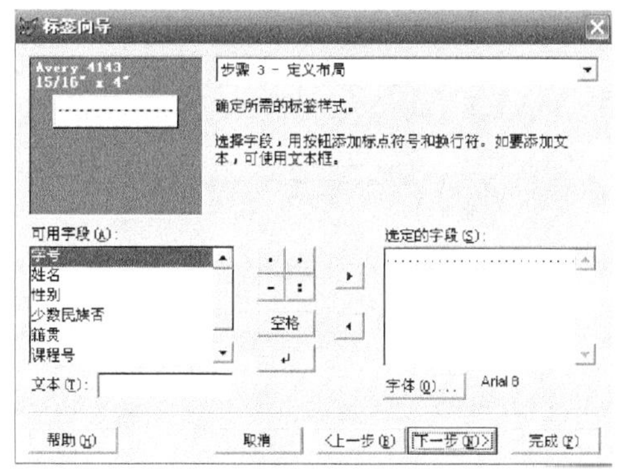

图 12-21　标签向导的"定义标签外观"对话框

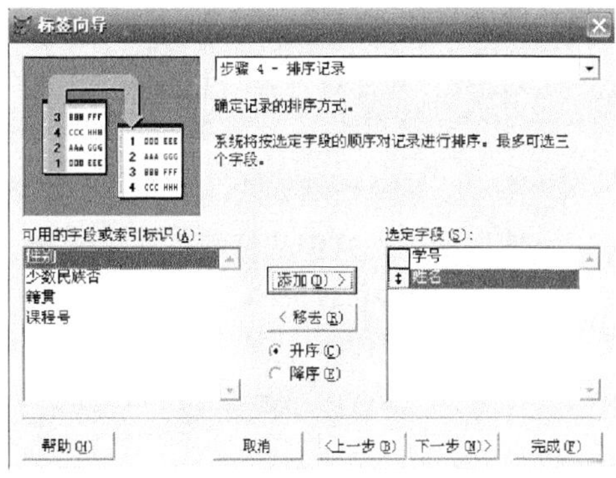

图 12-22　标签向导的"排序记录"对话框

⑤ 选择保存方式。单击"预览"按钮进行预览，以确认所有的参数都设置正确，如图 12-23 所示。

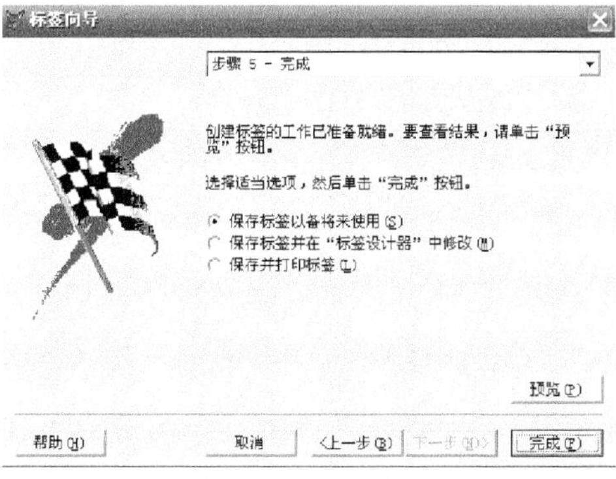

图 12-23　标签向导的"完成"对话框

图 12-24 所示为本例的预览结果。

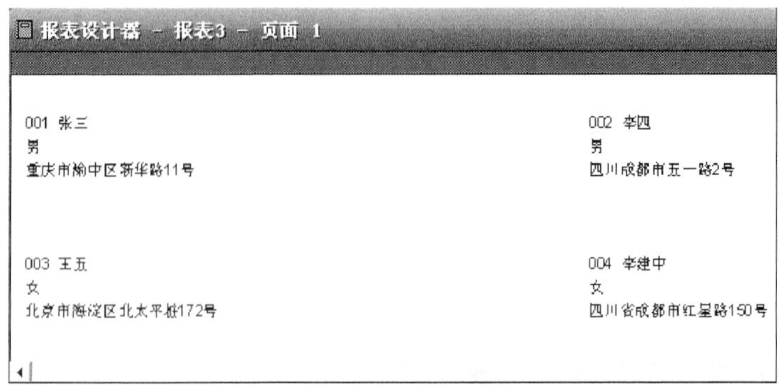

图 12-24　标签设置预览结果

2. 使用标签设计器创建标签

【例 12.2】 创建一个以学生表 STUD.DBF 为基础的学生信息标签。

操作步骤如下：

① 选择"文件"|"新建"|"标签"|"新文件"命令。

② 从列表中选择合适的标签布局。

③ 打开"标签设计器"，加入制作标签所需的数据表(STUD.DBF)，并在设计器里设计好显示字段的数量和布局，如图 12-25 所示。

④ 其余设置及预览方式同"报表设计器"的操作。

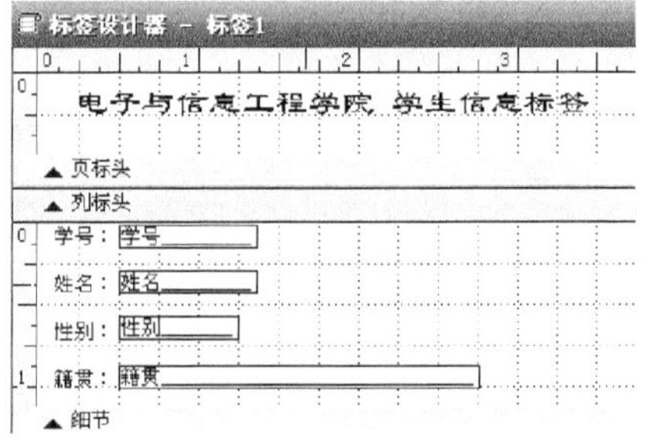

图 12-25　自定义标签内容及布局

3. 使用命令方式创建标签

命令格式：CREATE LABEL [文件名|?]

功能：打开标签设计器，自定义创建标签。

报表和标签的常规布局如表 12.3 所示。

表 12.3　报表和标签的常规布局

布局类型	说　明	示　例
列	每一行一条记录，每条让录的字段在页面上按水平方向放置	分组/总计报表、财政报表、存货清单、销售总结
行	一列记录，每条记录的字段在一侧竖直放置	列表
一对多	一条记录，每条记录的字段沿左边缘竖直放置	发票、会计报表
多列	多列记录，每条记录的字段沿左边缘竖直放置	电话号码簿、名片
标签	多列记录，每条记录的字段沿左边缘竖直放置，打印在特殊纸上	邮件标签、名签

小　结

本章介绍了报表与标签的基本概念，通过学习应当熟悉掌握创建报表的方法，如何利用报表设计器创建快速报表及修改报表，了解创建标签的方法。

习　　题

12-1　选择题

（1）设计报表不需要定义报表的（　　）。

A. 标题　B. 细节　C. 页标头　D. 输出方式

（2）不属于常用报表布局的是（　　）。

A. 行报表　B. 列报表　C. 多行报表　D. 多栏报表

（3）报表布局包括（　　）等设计工作。

A. 字段和变量的安排

B. 报表的表头、字段及字段的安排和报表的表尾

C. 报表的表头和报表的表尾

D. 以上都不是

（4）报表的数据源可以是（　　）。

A. 数据库表、自由表或视图　B. 表、视图或查询

C. 自由表或其他表　D. 数据库表、自由表或查询

（5）以下说法哪个是正确的？（　　）

A. 报表必须有别名　B. 必须设置报表的数据源

C. 报表的数据源不能是视图　D. 报表的数据源可以是临时表

（6）报表以视图或查询为数据源是为了对输出记录进行（　　）。

A. 筛选　B. 排序和分组　C. 分组　D. 筛选、分组和排序

（7）设计报表，要打开（　　）。

A. 表设计器　B. 表单设计器　C. 报表设计器　D. 数据库设计器

（8）在创建快速报表时，基本带区不包括（　　）。

A. 细节　B. 页标头　C. 标题　D. 页注脚

（9）默认情况下，“报表设计器”显示 3 个带区，它们分别是（　　）。

A. 组标头、组注脚和细节　B. 页标头、页注脚和总结

C. 组标头、组注脚和总结　D. 页标头、细节和页注脚

（10）报表控件没有（　　）。

A. 标签　B. 线条　C. 矩形　D. 命令按钮控件

（11）使用（　　）工具栏可以在报表或表单上对齐和调整控件的位置。

A. 调色板　B. 布局　C. 表单控件　D. 表单设计器

（12）在“报表设计器”中，可以使用的控件是（　　）。

A. 布局和数据源　B. 标签、域控件和列表框

C. 标签、域控件和线条　D. 标签、文本框和列表框

（13）在“报表设计器”中，任何时候都可以使用“预览”功能查看报表的打印结果。以下几种操作中不能实现预览功能的是（　　）。

A. 打开“显示”菜单，选择“预览”选项

B. 直接单击常用工具栏上的“打印预览”按钮

C. 在“报表设计器”中单击鼠标右键，从弹出的快捷菜单中选择“预览”

D. 打开“报表”菜单，选择“运行报表”选项

（14）预览报表可以使用命令（　　）。

A. DO　　　　B. OPEN DATABASE

C. MODIFY REPORT　　　　D. REPORT FROM

12-2　填空题

（1）报表文件的扩展名是（　　　　）。

（2）设计报表可以直接使用命令（　　　　）启动报表设计器。

（3）报表布局主要有（　①　）、（　②　）、一对多报表、多栏报表和标签等 5 种基本类型。

（4）定义报表布局主要包括设置报表页面，设置（　　　　）中的数据位置，调整报表带区宽度等。

（5）报表中包含若干个带区，其中（　①　）与（　②　）中的内容，将在报表的每一页上打印一次。

（6）报表标题要通过（　　　　）控件定义。

（7）利用“一对多报表”向导创建一对多报表，把来自两个表中的数据分开显示，父表中的数据显示在（　①　），而子表中的数据显示在（　②　）。

（8）报表中的图片可以通过（　　　　）工具栏添加。

（9）多栏报表的栏目数可以通过“页面设置”对话框中的（　　　　）来设置。

（10）报表可以在打印机上输出，也可以通过（　　　　）浏览。

12-3　思考题

（1）报表的组成部分有哪些？

（2）报表的主要功能是什么？

（3）使用报表向导定义报表时，定义报表布局的选项有哪些？

（4）什么是报表的数据源？可以有哪些数据源？

（5）报表与标签的相同之处、不同之处有哪些？

答案

12-1　选择题

（1）D　（2）C　（3）B　（4）A　（5）D　（6）D　（7）C　（8）C

（9）D　（10）D　（11）B　（12）C　（13）D　（14）D

12-2　填空题

（1）.FRX　（2）CREAT REPORT　（3）① 行报表　② 列报表

（4）带区　（5）① 页标头　② 页注脚　（6）标签

（7）① 页标头　② 组标头　（8）报表控件

（9）列数　（10）预览窗口

第 13 章 数据库应用系统开发

通过对以上各章的学习，对 Visual FoxPro 有了一个比较完整的认识。本章以工资管理系统为例，介绍以数据库为中心的应用管理系统开发的全过程。

工资管理系统是一个比较典型的应用软件，限于篇幅，本章只列出其中一些相对重要的功能和过程，主要包括菜单、数据库、数据表、各种输入及输出、浏览、修改、统计、打印等功能。该系统的可应用性、可维护性并不十分完善，目的在于通过此实例，向读者展示软件开发各个阶段的主要任务，以及它们之间的联系，从而加深读者对数据库应用系统设计全过程的理解，了解如何用 Visual FoxPro 6.0 作为开发工具来开发一个实际的应用系统。

13.1 系统分析

系统分析就是在系统规划所确定的某个开发项目范围内，明确系统开发的目标和用户的需求，提出系统的逻辑方案，即了解用户要“做什么”，把用户要解决的问题、要求、目标分析清楚，使之符合软件开发的一般规律。从软件工程的角度讲，软件开发一般分为六个阶段：

1. 需求分析

开发活动从系统需求分析开始，在这个阶段，开发方与用户方的深入交流是项目获得成功的关键，项目管理的重要目标便是建立一个便于开发方与用户方之间进行交流的环境。进行需求分析，主要是找出开发本软件的目的、所需的各种功能等，并形成一个系统的分析文档。

2. 数据库设计

在设计应用程序前应先组织数据。通过设置数据库统一管理数据，既能提高数据的可靠性，也便于系统开发。

3. 应用程序设计

面向对象的程序设计以对象设计为重点，下面简要阐述 Visual FoxPro 6.0 应用程序设计的步骤。

① 用户界面设计与编码。

这一步骤主要包括：创建对象，包括表单、界面菜单、工具栏以及各种控件；定义对象属性；编写事件过程代码；为方法程序添加代码；用户定义属性；用户定义方法程序等内容。

② 数据输出设计。

③ 数据库维护功能。

④ 构造 Visual FoxPro 6.0 应用程序。

4. 软件测试

在完成编码之后，要对系统进行反复测试，以保证正确实现各种功能和系统整体的准确无误。例如，输入合法数据时是否反映正确，对于非法的数据是否具有容错能力等。只有顺利通过测试阶段的系统，才能够投入实际使用。测试一般分为模块测试和综合测试两个阶段。

5. 应用程序发布

将应用程序连编为.EXE 文件并进行发布。

6. 系统运行与维护

以上介绍的是设计软件的大概过程，主要是针对使用 Visual FoxPro 6.0 进行小项目设计的方法，如果设计大的软件项目，还需要更复杂的论证和研究。

13.2 工资管理系统主要模块

下面用一个工资管理系统的例子来说明使用 Visual FoxPro 6.0 进行系统设计的过程。

13.2.1 工资管理系统的主要功能

工资管理系统的主要任务是用计算机对各种工资信息进行日常工资的管理，如查询、修改、增加以及删除等，迅速准确地完成各种工资信息的统计计算和汇总工作，快速打印出工资报表，针对系统服务对象的具体要求设计工资管理系统。工资管理系统主要有以下几个功能：

1. 对职工的工资进行计算、修改

可以对职工的工资档案进行个别、部分和批量修改。同时，能对各职工的工资进行计算，即计算应发金额、合计和扣款及实发金额等。

2. 查询统计功能

要求既可以单项查询，如查看某个职工的工资情况等；也可以多项查询，如某部门工资数在某一范围的职工的工资情况等。

3. 报表打印功能

每月发放工资时，要求能够打印本月的工资表、随工资发给每个职工的工资条。

13.2.2 工资管理系统功能模块图

从上述可知，工资管理系统的功能主要包括：工资记录的录入、浏览、修改、统计、查找和打印等，功能模块如图 13-1 所示。

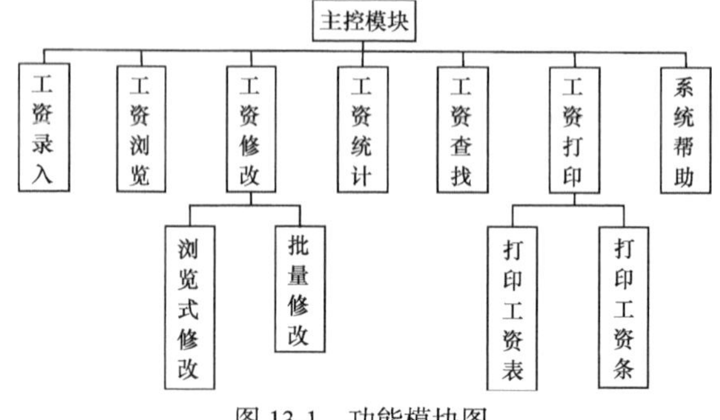

图 13-1 功能模块图

13.2.3　工资管理系统主要文件组成

1. 数据库文件

数据库名称：gz.dbc。

数据表名称：gz.dbf。

数据表的结构如表 13.1 所示。

表 13.1　　数据表的结构

字段名称	字段类型	字段宽度	小数点
职工号	C	8	
姓名	C	8	
出生日期	D	8	
部门	C	10	
基本工资	N	7	2
职务工资	N	7	2
应发工资	N	7	2
住房公积金	N	7	2
医疗保险	N	7	2
水电气费	N	7	2
所得税	N	7	2
实发工资	N	7	2

2. 表单功能文件

工资主控文件（调用表单 gzgl.scx）

工资录入文件（调用表单 lr.scx）

工资浏览文件（调用表单 brow.scx）

工资修改文件（调用表单 browmodi.scx，buckmodi.scx）

工资计算文件（调用表单 count.scx）

工资查询文件（调用表单 find.scx）

工资打印文件（调用表单 print.scx）

工资封面文件（调用表单 cover.scx）

工资帮助文件（调用表单 help.scx）

3. 菜单与报表文件

系统功能菜单（caidan.mnx）

工资表报表（zgb.frx）

工资条报表（zgt.frx）

13.2.4　功能模块菜单

本系统的功能模块菜单如图 13-2 所示，观察本菜单可以对整个系统有一个比较完整的认识，便于理解系统的设计思路。

图 13-2 工资管理系统主菜单

13.3 项目与数据库的建立

一个应用程序即是一个具有完整“应用程序框架”的项目，应用程序的各个模块组件即是项目中的各种文件，项目管理器就是维护项目的工具。

13.3.1 项目的建立

① 在硬盘上建立一个目录，如 D:\gzgl。

② 启动 Visual FoxPro 6.0 系统，在“文件”菜单中选择“新建”，或直接单击工具栏中的“新建”按钮，打开“新建”对话框。选择“项目”，并单击“新建文件”按钮，打开“创建”对话框，修改项目文件名为 gzgl.pjx，单击“保存”按钮，即可进入“项目管理器”窗口中，如图 13-3 所示。

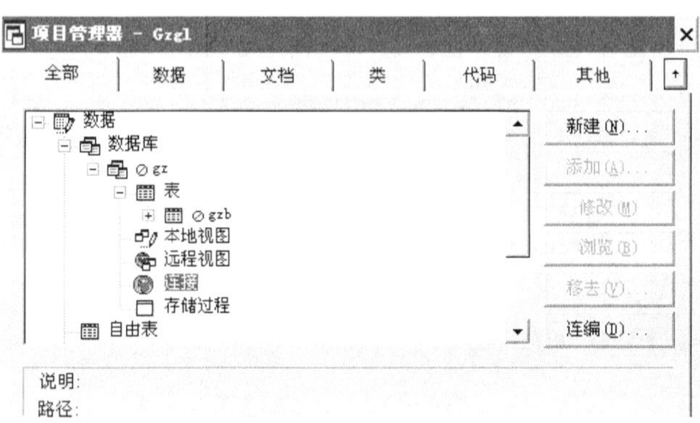

图 13-3 功能模块图

一般情况下，数据库、数据表及系统模块都在项目管理器上创建，最后将它们编译成应用程序.EXE，如果它们不是在项目管理器上创建的，可通过项目管理器中的“添加”按钮将它们添加到项目管理器上。

13.3.2 数据库及数据表的建立

单击“数据”选项卡，选择“数据库”，单击“新建”按钮，建立一个数据库，数据库名称为

gz.dbc。然后在“数据库设计器”窗口中建立数据表，命名为 gzb.dbf，如图 13-4 所示，其内容如图 13-5 所示。

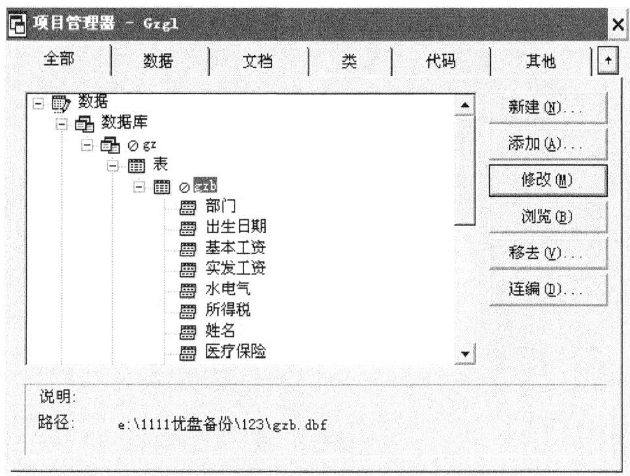

图 13-4 新建的数据库

Gzb

职工号	姓名	出生日期	部门	基本工资	职务工资	应发工资	住房公积金	医疗保险	水电气	所得税	实发工资
20010002	王大同	05/18/77	人事部	2350.00	1000.00	3350.00	256.00	12.00	85.00	123.00	2959.00
20020001	李江林	04/12/87	办公室	2221.00	1152.00	3373.00	250.00	12.00	125.12	251.00	2860.00
20030005	江伟	12/08/89	业务部	3252.00	1222.00	4474.00	240.00	32.00	86.00	282.00	3920.00
20020001	王宇林	11/30/75	生产部	2352.00	1252.00	3604.00	240.00	12.00	96.00	270.00	3082.00
20070015	任向前	01/05/76	业务部	5221.00	1500.00	6721.00	305.00	32.00	84.00	250.00	6134.00
20000032	伍开会	10/20/74	人事部	5212.00	1200.00	6412.00	310.00	52.00	54.00	256.00	5794.00
20080001	杨庆	06/08/80	生产部	4231.40	1100.00	5331.40	285.00	21.00	35.00	330.00	4695.40
20090002	李建中	06/01/84	宣传部	2000.00	1200.00	3200.00	250.00	52.00	84.00	55.00	2843.00
20070008	向明月	07/19/79	营销部	4332.00	2000.00	6332.00	280.00	21.00	60.00	158.00	5873.00
20060005	林小燕	08/11/77	营销部	1221.00	1500.00	2721.00	152.00	32.00	80.00	185.00	2352.00
20050004	王鑫	09/12/76	生产部	1233.00	1500.00	2733.00	132.00	25.00	45.00	200.00	2376.00
20070006	金伟	11/21/79	业务部	4522.00	1200.00	5722.00	250.00	25.00	85.00	250.00	5197.00
20010016	朱云	12/25/77	业务部	3256.30	1000.00	4256.30	220.00	51.00	86.00	230.00	3755.30

图 13-5 数据表的内容

13.4 工资管理系统模块设计

本节主要是用“表单设计器”来设计工资管理系统的各个模块，其设计步骤为四步：第一步是新建一个表单，添加相应的控件；第二步是修改控件的属性，在本节中只给出主要控件的属性，其余控件属性自行设置；第三步是编写相应控件的事件代码；第四步是执行。

13.4.1 系统封面模块表单设计

本模块是系统的封面表单，运行时将通过此表单调用主控模块，进而管理整个工资管理系统。

1. 表单的设计

表单的设计界面如图 13-6 所示。

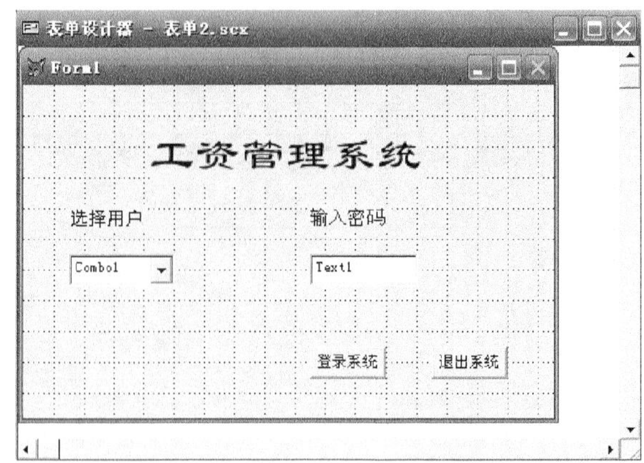

图 13-6　封面表单的界面

2. 控件的属性设计

① 表单 Form1 的属性：

Autocenter 设为：.T.（运行时居中）

Picture 设为："d:\gzgl\20.jip"

ShowTips 设为：.T.（指定表单上的控件等是否显示提示信息）

ShowWindows 设为：2（作为顶层表单）

TitleBar 设为:0（不显示表单上的标题栏）

② Combol 组合框控件的属性：

RowSource 设为：username（表单 load 事件中定义的数组）

RowSourceType 设为：5（定义数据源类型为数组）

TabIndex 设为：1（运行表单后，第一个获得焦点）

③ Label1 控件的属性：

Caption 设为：工资管理系统

FontName 设为：华文隶书

FontSize 设为：36

④ Timer1 控件的属性：

Interval 设为：500（Timer 控件每 5020 毫秒（0.5）秒发生一次 Timer 事件）

⑤ "登录系统"命令按钮 Command1 的属性：

ToolTipText 设为："密码输入正确时，可以登录系统"

⑥ Text1 控件属性：

Passwordchar 设为：*（输入密码时显示"*"号）

3. 控件的事件代码

① 在 Combol 的 RowSource 属性中设计用户名，以方便进行选择。并在 RowSourceType 的属性设为 1-值。

② Combol 组合框控件的 Click 事件代码：

```
ThisForm.Text1. setfoucus
```

③ Timer1 控件的 Timer 事件代码：

```
Thisform.Label3. Caption='日期：'+Alltrim(Str(Year(Date())))+'年'
+Alltrim(Str(Month(Date())))+' 月 '+ Alltrim(Str(Day(Date())))+' 日 '+chr(13)+' 时间'+Time()    **将年月日显示到表单上
```

④ “登录系统”命令按钮 Command1 的 Click 事件代码：

```
Store '' to user,pd1,pd2,pd3
User=thisform.combol.value          **判断用户类型
Pd1=alltrim(thisform.text1. value)     **取得密码值
**设置和使用动态密码
```

⑤ “退出系统”命令按钮 Command2 的 Click 事件代码：

```
Thisform.release
Cancel
```

4. 表单的执行

单击工具栏的执行按钮或在命令窗口用命令 do form cover 执行封面表单，其执行界面如图 13-7 所示。

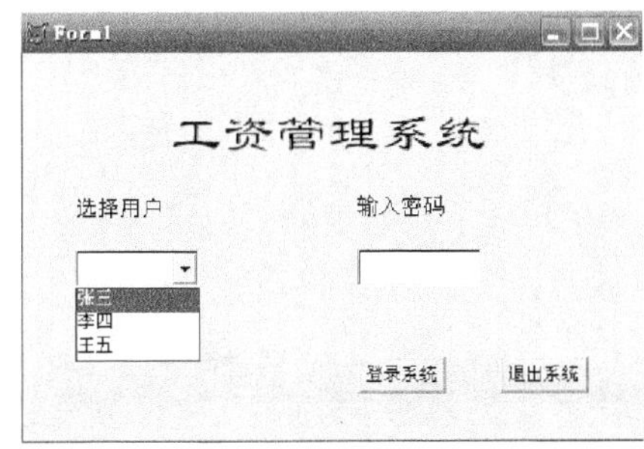

图 13-7　封面表单的执行界面

13.4.2　系统主菜单设计

系统主菜单的创建是在“菜单设计器”中完成的。

1. 菜单栏的设计

① 在“项目管理器”窗口中，选择“其他”选项卡。

② 在“其他”选项卡中，选择“菜单”。

③ 单击“新建”按钮，屏幕出现“新建菜单”对话框。

④ 在“新建菜单”对话框中，单击“菜单”命令，系统进入“菜单设计器”窗口。

⑤ 首先建立主菜单。在“菜单名称”中，分别输入“工资录入”、“工资浏览”、“工资修改”、“工资统计”、“工资查询”、“工资打印”、“帮助”和“退出”，如图 13-8 所示。

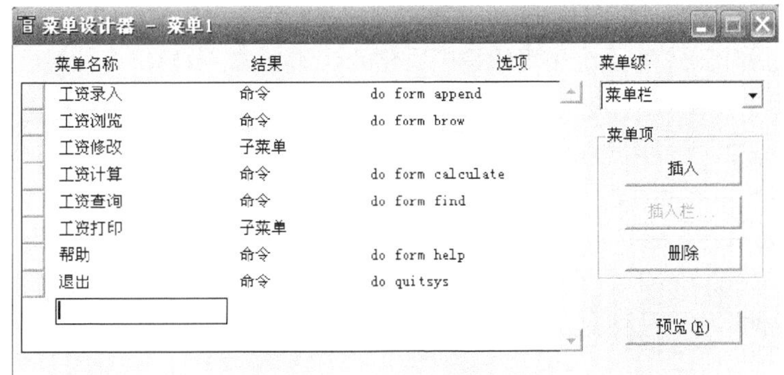

图 13-8　菜单栏的设计

⑥ 设置顶层菜单。选择主菜单上“显示”中的“常规选项”，在该对话框中用鼠标单击“顶

层表单”复选框，并按“确定”返回，如图 13-9 所示。

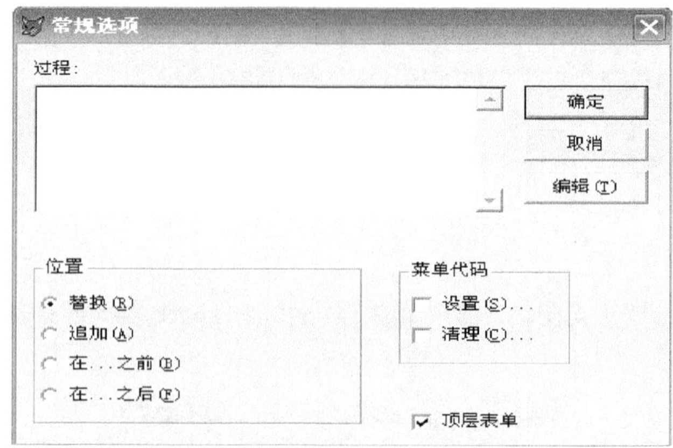

图 13-9　设置菜单位于顶层表单中

⑦ 单击“工资修改”的“子菜单”下拉列表的“创建”按钮，建立“工资修改”子菜单，屏幕显示如图 13-10 所示。

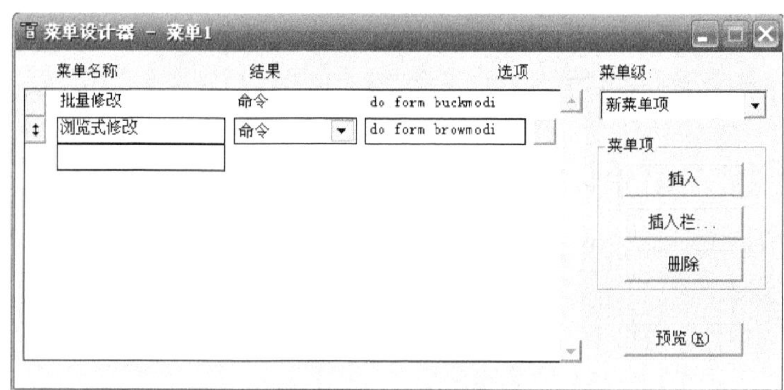

图 13-10　子菜单的设计

⑧在“菜单级”中，选择“菜单栏”，返回主菜单。

⑨重复⑦～⑧步，编制好其他子菜单。

2. 菜单命令的设计

在“菜单设计器”中，用鼠标单击菜单项右边的“创建”中的“编辑”按钮，可以建立或修改相应菜单项的过程代码，本系统采用的是模块化的设计方法，各模块设计好后，在此调用即可，菜单项调用程序如下所示。

工资录入：Do Form append

工资浏览：Do Form brow

工资统计：Do Form count

工资查询：Do Form find

批量修改：Do Form buckmodi

浏览式修改：Do Form browmodi

打印：Do Form print

帮助：Do Form help

退出：Do Form quitsys

3. 菜单文件的生成

以上编写的是菜单结构，并非是菜单程序本身，结构编好后必须调用 VFP 的生成菜单功能才能生成真正的菜单程序。方法是单击菜单栏的“菜单”中的“生成”，打开“生成菜单”对话框，如图 13-11 所示。

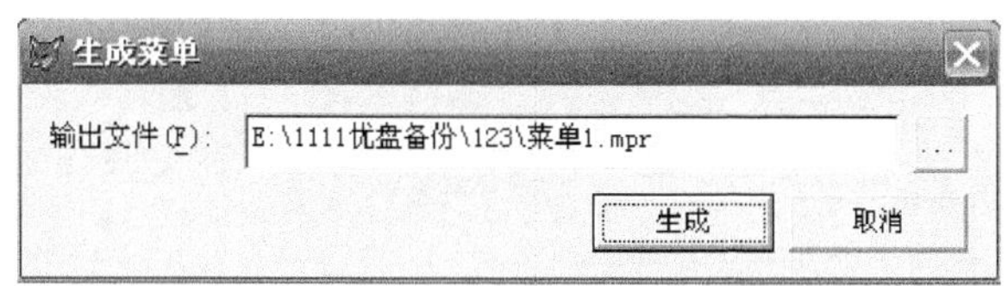

图 13-11　生成菜单对话框

选择输出文件的路径和文件名，或取默认的路径和文件名，单击“生成”按钮，VFP 系统将自动完成菜单程序的生成。菜单程序文件的扩展名为.mpr。退出“菜单设计器”窗口，将会在“项目管理器”窗口中看到菜单文件。

13.4.3　工资录入模块表单设计

1. 工资录入表单的设计

工资录入模块是用来录入工资记录的，在具体操作时有些数据需要自动生成，参见代码。表单的设计屏幕如图 13-12 所示。

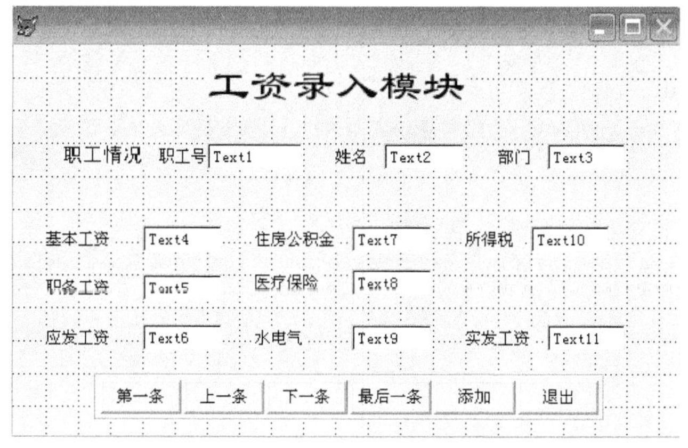

图 13-12　工资录入模块界面

2. 表单与控年的属性设置

① Form1 表单的属性：

AutoCenter 设为：.T.-真

ShoeWindows 设为：1-在项层表单中（使得该表单能在顶层表单中运行）

TitleBar 设为：0-关闭

② Label1 控件的属性：

Caption 设为：“工资录入模块”

FontName 设为：“隶书”

FontSize 设为：“24”

③ Label2 控件的属性：

Caption 设为："职工情况"

FontName 设为："黑体"

FontSize 设为："11"

④ Label3 控件的属性：

Caption 设为："职工号"

FontName 设为："宋体"

FontSize 设为："9"

⑤ 其他各标签设置同上。

⑥ 各文本框设置如图 13-12 所示。

⑦ 设置命令按钮组，ButtonCount 的值设置为：6，且在生成器中的布局设为：水平

⑧ 编辑各按钮的标题如图 13-12 所示。

⑨ 设置表单的数据环境：在表单空白处单击鼠标右键，选择数据环境，添加表 gzb.dbf。

⑩ 在各 text 控件的 ControlSource 属性设置相对应的 zgb 的字段。

3. 事件代码

（1）文本框控件

① "应发工资"控件的 click 的事件代码：

```
thisform.text6. value= thisform.text4. value+ thisform.text5. value
```

② "所得税"控件的 click 事件代码：

```
if this.parent.实发工资.Value>2000
   this.value=(This.Parent.实发工资.Value-2000)-0.05
endif
thisform.refresh
```

如果工资高于 2000 元则有所得税，税率为 5%，该代码是"所得税"控件获得焦点后自动计算。

③ "实发工资"控件的 click 事件代码：

```
thisform.text11.value=thisform.text6.value-thisform.text7.value- thisform.text8.value-
thisform.text9.value.value- thisform.text10.value
```

（2）命令按钮控件

① "第一个"命令按钮组 command1 的 click 事件代码：

```
go top       **记录指针到第 1 条记录
thisform.refresh
```

② "上一条"命令按钮 command 的 click 事件代码：

```
skip -1      **记录指针到上一打记录
if bof()     **如果达到文件首，则指向第一条，并给出提示
  go top
  messagebox("已经是第一条记录了!", 64, "提示信息")
endif
thisform.refresh
```

③ "下一条"命令按钮 Command3 的 Click 事件代码：

```
skip    **记录指针下移一条
if Eof()
   Go Bott
```

```
  MessageBox（"已经到了最后一打记录了！"，64，"提示信息"）
Endif
thisform.refresh
```

④ “最后一条”命令按钮 Command4 的 Click 事件代码：

```
go bott      **记录指针指到最后一条记录
thisform.refresh
```

⑤ “添加”命令按钮 Command5 的 Click 事件代码：

```
append blank      **添加一个空白记录
Go Bottom
Thisform.refresh
```

⑥ “退出”命令按钮 Command6 的 Click 事件代码：

```
Thisform.release    **释放该表单
```

4. 表单的执行

表单的执行屏幕如图 13-13 所示。

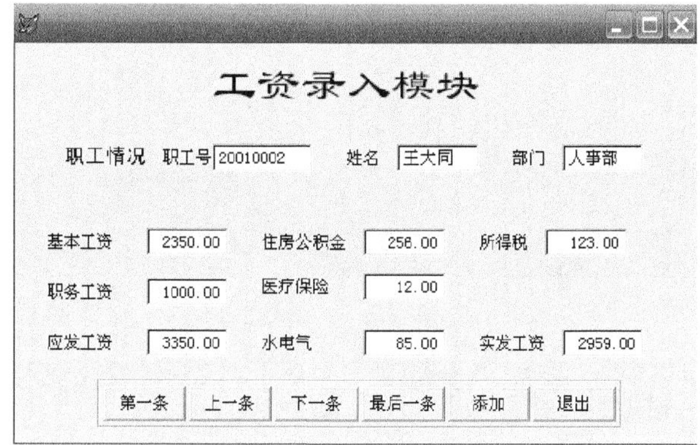

图 13-13　工资录入模块执行界面

13.4.4　工资浏览模块表单设计

1. 表单的设计

本表单用来对多个记录进行浏览，表单的设计屏幕如图 13-14 所示。

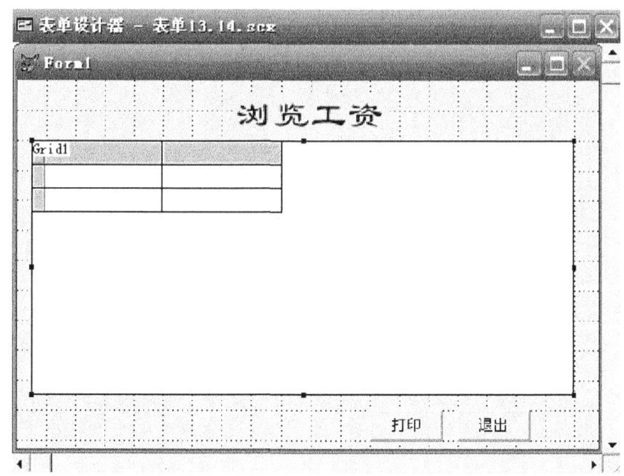

图 13-14　工资浏览模块界面

2. 表单与控件的属性设置

① “浏览工资”标签控件 Label 的属性：

```
BackStyle 设为：0-透明
Caption 设为：“浏览工资”
FontName 设为：“隶书”
FontSize 设为：22
```

② 表格控件 Grid1 的属性：

```
Width 设为：444
Height 设为：204
Left 设为：12
```

③ 设置表单的数据环境：在表单空白处单击鼠标右键，选择数据环境，添加表 gzb.dbf。

3. 事件代码

① “打印”命令控件的 Click 事件代码如下：

```
Do Form Print
```

② “退出”命令控件的 Click 事件代码如下：

```
ThisForm.Release
```

4. 表单的执行

表单的执行界面如图 13-15 所示。

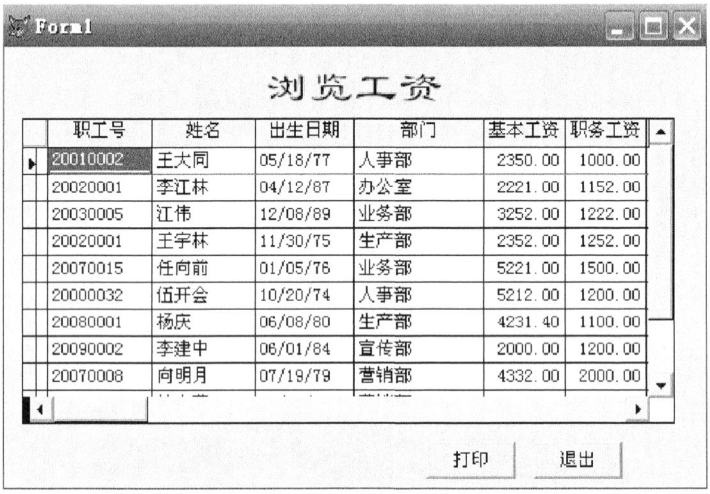

Form1

浏览工资

职工号	姓名	出生日期	部门	基本工资	职务工资
20010002	王大同	05/18/77	人事部	2350.00	1000.00
20020001	李江林	04/12/87	办公室	2221.00	1152.00
20030005	江伟	12/08/89	业务部	3252.00	1222.00
20020001	王宇林	11/30/75	生产部	2352.00	1252.00
20070015	任向前	01/05/76	业务部	5221.00	1500.00
20000032	伍开会	10/20/74	人事部	5212.00	1200.00
20080001	杨庆	06/08/80	生产部	4231.40	1100.00
20090002	李建中	06/01/84	宣传部	2000.00	1200.00
20070008	向明月	07/19/79	营销部	4332.00	2000.00

打印 退出

图 13-15 工资浏览模块执行界面

13.4.5 工资修改模块表单设计

工资修改模块包括两个子模块：批量记录修改模块和浏览式记录修改模块。

1. 批量记录修改模块

（1）表单的设计

本表单可以批量修改满足条件的记录，也可修改某一字段的内容，表单的设计屏幕如图 13-16 所示。

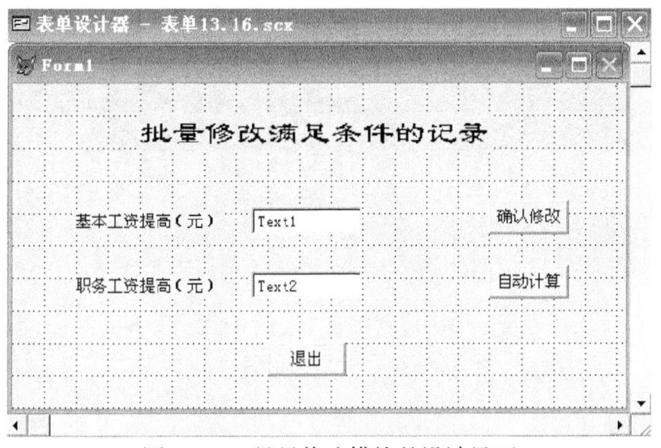

图 13-16　批量修改模块的设计界面

（2）表单与控件的属性设置

① Shale1 控件的属性（“输入查找条件”的方框）。

```
BackStyle 设为：0-透明
Specialeffect 设为：0-三维
```

② 表格控件的属性。

首先用生成器来完成对其数据的选择，然后设置属性。

```
With 设为：600
Height 设为：240
Left 设为：12
```

③“批量修改满足条件的记录”标签控件 Label1 的属性。

```
BackStyle 设为：0-透明
Caption 设为：“批量修改满足条件的记录”
FontName 设为：“隶书”
FontSize 设为：26
```

④ 命令控件的属性。

将每个命令控件的 Caption 属性改为相对应的名字即可。

⑤ 标签控件的属性。

将每个标签控件的 Caption 属性改为相对应的名字即可。

（3）控件的事件代码

① “确认修改”按钮 Command1 的 Click 事件代码：

```
Replace All 基本工资 with 基本工资+this.parent.Text1.Value
Replace All 职务工资 with 职务工资+this.parent.Text2.Value
Thisform.refresh
```

② “自动计算”按钮 Command2 的 Click 事件代码：

```
Replace all 应发工资 With 基本工资+职务工资
Replace all 所得税 With (实发工资-2000)*0.05 for 实发工资>2000
Replace all 实发工资 With 应发工资-住房公积金-医疗保险-水电气-所得税
```

2. 浏览式记录修改模块

（1）表单的设计

浏览式修改记录，在列表框中选择一个记录，在屏幕上显示选定记录的内容，可以修改记录，也可修改某一字段的内容，表单的设计屏幕如图 13-17 所示。

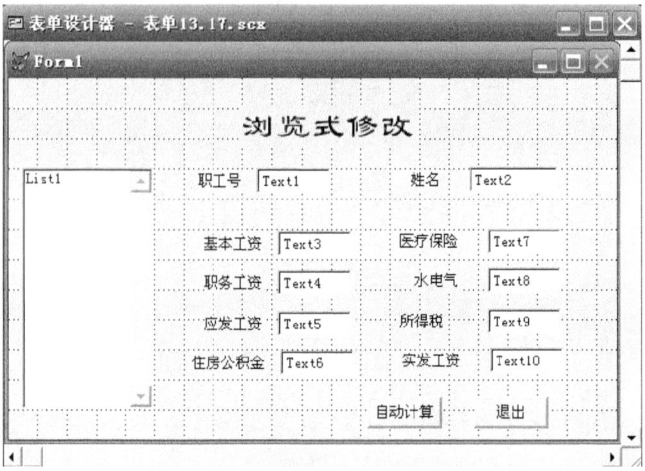

图 13-17 浏览式修改模块的设计界面

（2）表单与控件的属性设置

① List1 控件的属性。

```
Hight 设为：181
RowSource 设为：zgb.职工号，姓名
Width 设为：84
```

② “浏览式修改”标签控件 Label1 的属性。

```
BackStyle 设为：0-透明
Caption 设为："浏览式修改"
FontName 设为："隶书"
FontSize 设为：22
```

③ 设置表单的数据环境：在表单空白处单击鼠标右键，选择数据环境，添加表 gzb.dbf。

④ 将列表框 list1 的属性 RowSource 设为：gzb.姓名，RowSourceType 的值设为 2-别名。

⑤ 命令按钮属性的设置。

将每个命令按钮的 Caption 属性设为对应的按钮上的名字

（3）控件的事件代码

List1 的 Click 事件代码。

```
thisform.text2. Value=this.list(THIS.ListIndex)
thisform.text1. value=职工号
thisform.text3. value=基本工资
thisform.text4. value=职务工资
thisform.text5. value=应发工资
thisform.text6. value=住房公积金
thisform.text7. value=医疗保险
thisform.text8. value=水电气
thisform.text9. value=所得税
thisform.text10.value=实发工资
```

（4）表单的执行

表单的执行界面如图 13-18 所示。

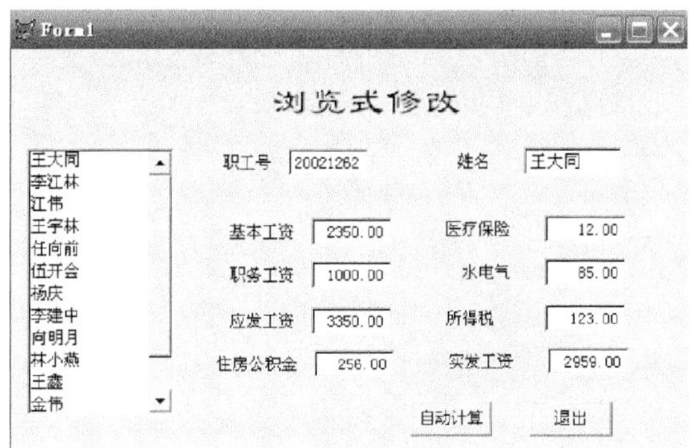

图 13-18　浏览式修改模块的执行界面

13.4.8　工资打印表单设计

1. 表单的设计

表单的设计屏幕如图 13-19 所示。

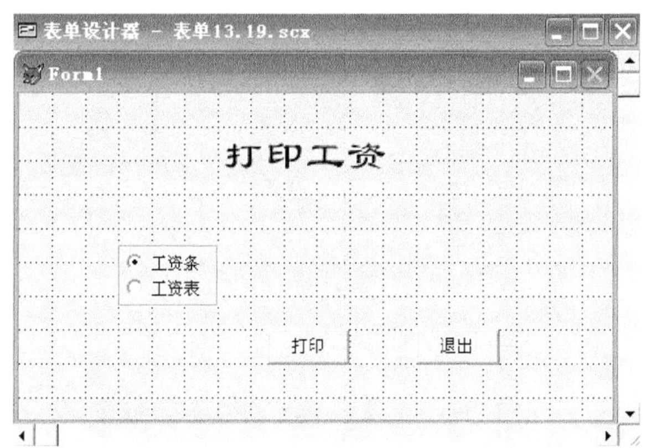

图 13-19　工资打印表单的设计屏幕

2. 表单与控件的属性设置

（1）选项按钮组 Optiongroup1 的属性

BackStyle 设为：0-透明

ButtonCount 设为：2

（2）信息标签 Label1 的属性

Caption 设为："打印工资记录"

WordWrap 设为：.T.-真（使标签的标题内容可以沿纵向发展）

FontName 设为："隶书"

FontSize 设为：26

（3）信息标签 Label2 的属性

Caption 设为：无

WordWrap 设为：.T.-真

3. 控件的事件代码

（1）“打印”按钮的 Click 事件代码

```
If Thisform.Optiongroup1. Value=1     **选择打印工资条还是工资表
**打印工资条，并且不会显示到表单上（用 noconsole 来实现）阶段  **屏幕不显示
   Report From gzt.frx to Print Noconsole
Else
  *打印工资表
   Report From gzb.frx to printer Noconsole
Endif
```

（2）“退出”按钮的 Click 事件代码

```
Release Thisform    **释放表单
Return             **返回调用者
```

4. 表单的执行

表单的执行界面如图 13-20 所示。

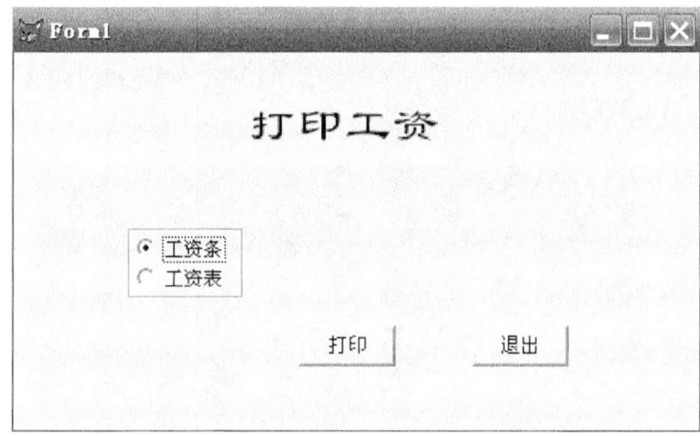

图 13-20　工资打印表单的执行屏幕

13.5　程序的连编

前面已经完成了应用程序的各个模块，下面介绍如何把前面所构造的各个模块用项目管理器组成一个项目，并生成 Windows 下可执行的 EXE 文件。利用项目管理器编译成可执行文件很简单，它将项目管理器中的全部文件编译在一起，形成一个独立的可执行文件。连编必须进行以下四个步骤：

① 所有的应用程序加入到项目管理器中。

② 主程序的建立。

③ 程序的调试。

④ 应用程序的连编。

13.5.1　将全部的应用程序添加到项目管理器中

将全部的应用程序添加到项目管理器中的操作步骤如下：

① 打开已建立的项目

② 选择相应的选项卡，依次把自由表、数据表、表单文件、报表文件、菜单文件添加到项目

中。如果建立应用程序时，上述及相关文件就已经在项目管理器中，上述步骤可以省略。

③ 为了避免在程序编译后会出现一个 VFP 窗口，可以在“项目管理器”窗口的“其他”选项卡的“文本文件”中，添加一个 Config.fpw 文件，文本内容是 Screen=Off 即可。

13.5.2 主程序的设计

为了创建一个可独立运行的 Windows 程序，必须建立一个程序文件(.prg)作为主文件。

① 在“项目管理器”中单击“代码”选项卡，选择“程序”，并单击“新建”按钮，即可创建程序文件。

工资主程序的代码内容如下：

```
Set Safety off
Clear
Set Talk Off
=Setpath()          **设置程序路径
Do Form Cover        **调用封面
Read Events          **启动事件循环
On Shutdown Do OnShutDown()       **设置程序时，关闭事件循环
Function Setpath()       **设置系统路径函数
     Local ls,lp        **定义两个局部变量，存入下面的信息
       Ls=Sys(16)
     Lp=Substr(ls16,at(":",ls)-1)
     Cd left(lp,rat("\",lp))      **进入提取出来的路径
    Set Path to gzgl
Endfunc
Function Onshutdown()
   A=Messagebox("您是否要退出这个程序？", 65, "信息提示")
If a=1
   Quit
Endif
EndFunc
Set Safety On
```

② 单击右上角的“关闭”按钮，在“另存为”对话框中，以“Main”为文件名保存。

③ 用鼠标右键单击文件名“Main.prg”，在弹出的快捷菜单中，选择“设置主文件”，此时可以看到程序 Main 变为黑体。如图 13-21 所示。

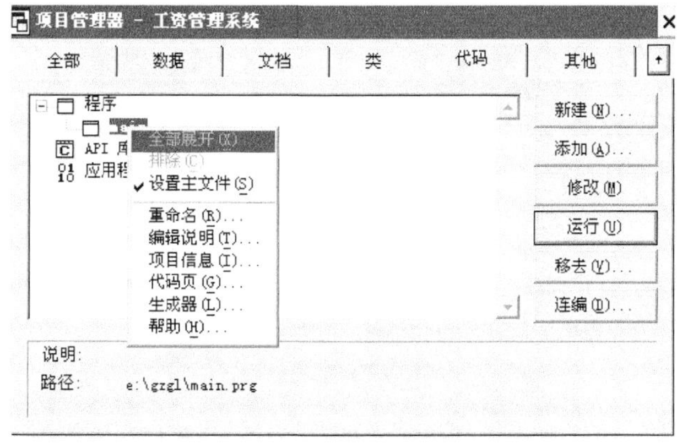

图 13-21　设置主文件

13.5.3 在项目管理器中运行应用程序

若要在项目管理器中运行应用程序，可以在“项目管理器”中选择主文件 Main，然后用鼠标单击“运行”。

如果在程序中有语法性的错误，当程序运行到错误的语句时，系统就会停下来并提出程序有错，通常还会显示是什么错误，如“命令中含有不能识别的短语或关键字”，并给出“取消”、“挂起”、“忽略”、“帮助”四个选择，它们的意思分别是：

“取消”表示中止程序运行，回到命令窗口，相当于执行了 Cancel 命令，在程序中创建的所有变量被释放（除公共变量），但数据库及数据表一般保持当时的状态，可以用 Browse 命令查看数据表的内容，如记录指针所在的位置等。

“挂起”表示暂停程序，相当于执行了 Supend 命令，这时程序中的所有变量都保持原值，可以用忽略。

“忽略”表示忽略所出现的错误，即跳过出错的语句继续执行后面的语句。

“帮助”表示显示有关出错的帮助信息，对于错误作更详细的说明。

如果这时能看出问题出在程序的哪个地方，可以选择“取消”，然后进到程序中找出错误所在的位置，将其改正。在选择了“取消”后，可能这时有表单是打开的，那么用鼠标点一下该窗口，然后选择“关闭”。如果菜单是自定义菜单，用 Set Sysmenu to default 回到系统菜单。改完后，再次运行程序之前，最好将所有的数据库及表关闭，以免在程序打开一个数据表时出现表已打开的错误。比较好的办法是在程序开头先关闭所有的数据库及表。可用 Close All。

如果不知道问题出在程序的哪个地方，选择“挂起”，系统会弹出一个调试器窗口，显示出错的语句，再跟踪窗口的黄色箭头所指的语句就是可能出错的语句。

13.5.4 程序的连编

连编是为一个项目创建应用程序的最后一步。此过程的最终结果是将所有在项目中引用的文件合成为一个应用程序文件，操作步骤如下：

① 单击“项目管理器”窗口中的“连编”按钮，屏幕出现“连编选项”对话框，如图 13-22 所示。

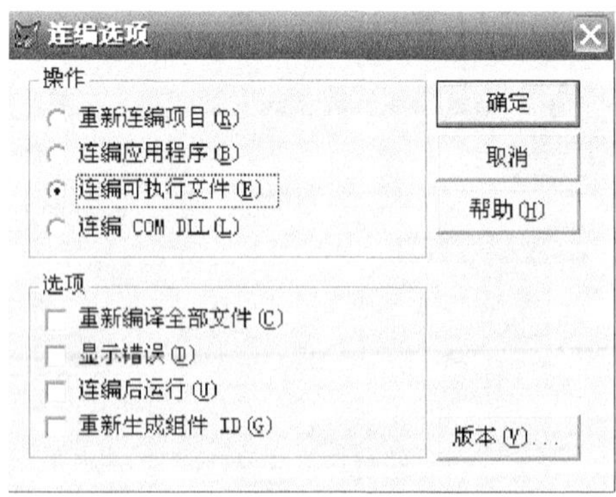

图 13-22 连编窗口

② 在“操作”框中，选择“连编可执行文件”，单击“确定”按钮。

③ 输入编译后的.EXE 文件名，然后保存在已建的应用程序所在的目录中。

④ 接着系统便进入编译过程，这一过程是计算机自动完成的。在这一过程中系统会首先检查程序是否有错误，如有错误时会给出提示，在提示中可以选择“忽略”，“全部忽略”、“取消”。这里的“忽略”就是跳过出现的错误继续编译。当然，一般不应该这样，一旦出现错误提示，应选择“取消”，然后找出相应的错误，改正后再编译。为了查找错误，系统还将错误记录下来，在菜单的“项目”-“错误”中可以看到，其中会指明是什么错误，发生在哪个程序的哪一条语句中。对于有些错误会不给提示而直接忽略，但它仍然会把错误记录下来。如果系统编译时没有记录错误，则是因为在菜单上的“工具”|“选项”|“常规”|“编程”中的“记录编译错误”没有打开。

⑤ 编译完成后，用户就可以将自己的系统复制到其他机器上运行了（即脱离 VFP 环境）。

小　结

通过本章的学习，能够使读者了解开发一个应用系统软件的方法和步骤，各阶段的主要任务，以及它们之间的联系，从而加深读者对数据库应用系统设计全过程的理解，了解了如何用 Visual FoxPro 6.0 作为开发工具来开发一个实际应用系统。

习　题

思考题

（1）设计和开发一个应用程序系统通常包括哪些步骤?

（2）自行设计和完成一个“学生成绩管理系统”，包括功能设计、数据库设计和程序设计，详细写出系统的设计过程。

附录 1 Visual FoxPro 常用文件类型一览表

文件类型	扩展名	说明
生成的应用程序	.app	可在 Visual FoxPro 环境支持下，用 DO 命令运行该文件
复合索引	.cdx	结构复合索引
数据库	.dbc	存储有关该数据库的所有信息（包括和它关联的文件名和对象名）
表	.dbf	存储表结构及记录
数据库备注	.dct	存储相应.dbc 文件的相关信息
Windows 动态链接库	.dll	包含能被 Visual FoxPro 和其他 Windows 应用程序使用的函数
可执行程序	.exe	可脱离 Visual FoxPro 环境而独立运行
Visual FoxPro 动态链接库	.fll	与.dll 类似，包含专为 Visual FoxPro 内部调用建立的函数
报表备注	.frt	存储相应的.frx 文件的有关信息
报表	.frx	存储报表的定义数据
编译后的程序文件	.fxp	对.prg 文件进行编译后产生的文件
索引，压缩索引	.idx	单个索引的标准索引及压缩索引文件
标签备注	.lbt	存储相应的.lbx 文件的有关信息
标签	.lbx	存储标签的定义数据
内存变量	.mem	存储已定义的内存变量，以便在需要时可从中恢复它们
菜单备注	.mnt	存储相应的.mnx 文件的有关信息
菜单	.mnx	存储菜单的格式
生成的菜单程序	.mpr	根据菜单格式文件而自动生成的菜单程序文件
编译后的菜单程序	.mpx	编译后的程序菜单程序
ActiveX(或 OLE)控件	.ocx	将.ocx 并到 Visual FoxPro 后，可像基类一样使用其中的对象
项目备注	.pjt	存储相应的.pjx 文件的相关信息
项目	.pjx	实现对项目中各类型文件的组织
程序	.prg	也称为命令文件，存储用 Visual FoxPro 语言编写的程序
生成的查询程序	.qpr	存储通过查询设计器设置的查询条件和查询输出要求等
编译后的查询程序	.qpx	对.qpr 文件进行编译后产生的文件
表单	.scx	存储表单格式文件
表单备注	.sct	存储相应.scx 文件的有关信息
文本	.txt	用于供 Visual FoxPro 与其他应用程序进行数据交换
可视类库	.vcx	存储一个或多个的类的定义

附录2 Visual FoxPro 6.0 常用命令一览表

Visual FoxPro 的命令子句较多，本附录未列出它们的完整格式，只列出其概要说明，目的是为读者寻求机器帮助提供线索。

命　　令	功　　能
&&	标明命令行尾注释的开始
*	标明程序中注释行的开始
?|??	计算表达式的值，并输出计算结果
???	把结果输出到打印机
@…BOX	使用指定的坐标绘方框，现用 Shape 控件代替
@…CLASS	创建一个能够用 READ 激活的控件或对象
@…CLEAR	清除窗口的部分区域
@…EDIT——编辑框部分	创建一个编辑框，现用 EditBox 控件代替
@…FILL	更改屏幕某区域内已有文本的颜色
@…GET——按钮命令	创建一个命令按钮，现用 CommandButton 控件代替
@…GET——复选框命令	创建一个复选框，现用 CheckBox 控件代替
@…GET——列表框命令	创建一个列表框，现用 ListBox 控件代替
@…GET——透明按钮命令	创建一个透明命令按钮，现用 CommandButton 控件代替
@…GET——微调命令	创建一个微调控件，现用 Spinner 控件代替
@…GET——文本框命令	创建一个文本框，现用 TextBox 控件代替
@…GET——选项按钮命令	创建一组选项按钮，现用 OptionGroup 控件代替
@…GET——组合框命令	创建一个组合框，现用 ComboBox 控件代替
@…MENU	创建一个菜单，现用菜单设计器和 CREATE MENU 命令
@…PROMPT	创建一个菜单栏，现用菜单设计器和 CREATE MENU 命令
@…SAY	在指定的行列显示或打印结果，现用 Label 控件、TextBox 控件
@…SAY-图片&OLE 对象	显示图片和 OLE 对象，现用 Image，OLE Bound，OLE Container 控件代替
@…SCROLL	将窗口中的某区域向上、下、左、右移动
@…TO	画一个方框、圆或椭圆，现用 Shape 控件代替
\\|\\\\	输出文本行
ACCEPT	从显示屏接受字符串，现用 TextBox 控件代替
ACTIVATE MENU	显示并激活一个菜单栏

续表

命　令	功　能
ACTIVATE POPUP	显示并激活一个菜单
ACTIVATE SCREEN	将所有后继结果输出到 Visual FoxPro 的主窗口
ACTIVATE WINDOW	显示并激活一个或多个窗口
ADD CLASS	向一个.VCX 可视类库中添加类定义
ADD TABLE	向当前打开的数据库中添加一个自由表
ALTER 达式 TABLE——SQL	以编程方式修改表结构
APPEND	在表的末尾添加一个或者多个记录
APPEND FROM	将其他文件中的记录添加到当前表的末尾
APPEND FROM ARRAY	将数组的行作为记录添加到当前表中
APPEND GENERAL	从文件导入一个 OLE 对象，并将此对象置于数据库的通用字段中
APPEND MEMO	将文本文件的内容复制到备注字段中
APPEND PROCEDURES	将文本文件中的内部存储过程追加到当前数据库的内部存储过程中
ASSERT	若指定的逻辑表达式为假，则显示一个消息框
AVERAGE	计算数值型表达式或者字段的算术平均值
BEGIN TRANSACTION	开始一个事务
BLANK	清除当前记录所有字段的数据
BROWS	打开浏览窗口
BUILD APP	创建以.APP 为扩展名的应用程序
BUILD DLL	创建一个动态链接库
BUILD EXE	创建一个可执行文件
BUILD PROJECT	创建并且联编一个项目文件
CALCULATE	对表中的字段或字段表达式执行财务和统计操作
CALL	执行由 LOAD 命令放入内存的二进制文件、外部命令或外部函数
CANCEL	终止当前运行的 Visual FoxPro 程序文件
CD|CHDIR	将默认的 Visual FoxPro 目录改为指定的目录
CHANGE	显示要编辑的字段
CLEAR	清除屏幕，或从内存中释放指定项
CLOSE	关闭各种类型的文件
CLOSE MEMO	关闭备注编辑窗口
COMPILE	编辑程序文件，并生成对应的目标文件
COMPILE DATABASE	编译数据库中的内部存储过程
COMPILE FROM	编译表单对象
CONTINUE	继续执行前面的 LOCATE 命令
COPY FILE	复制任意类型的文件
COPY INDEXS	由单索引文件（扩展名为.IDX）创建复合索引文件
COPY MEMO	将当前记录的备注字段的内容复制到一个文本文件中

续表

命　　令	功　　能
COPY PROCEDURES	将当前数据库中的内部存储过程复制到文本文件中
COPY STRUCTURE	创建一个同当前表具有相同数据结构的空表
COPY STRUCTURE EXTENDED	将当前表的结构复制到新表中
COPY TAG	由复合索引文件中的某一索引标识创建一个单索引文件(.IDX)
COPY TO	将当前表中的数据复制到指定新文件中
COPY TO ARRAY	将当前表中的数据复制到数组中
COUNT	计算表记录数目
CREATE	创建一个新的 Visual FoxPro 表
CREATE CLASS	打开类设计器，创建一个新的类定义
CREATE CLASSLIB	以.VCX 为扩展名创建一个新的可视类库文件
CREATE COLOR SET	从当前颜色选项中生成一个新的颜色集
CREATE CONNECTION	创建一个命名联接，并把它存储在当前数据库中
CREATE CURSOR——SQL	创建临时表
CREATE DATABSE	创建并打开数据库
CREATE FORM	打开表单设计器
CREATE FROM	利用 COPY STRUCTURE EXTENDED 命令建立的文件创建一个表
CREATE LABEL	启动标签设计器，创建标签
CREATE MENU	启动菜单设计器，创建菜单
CREATE PROJECT	打开项目管理器，创建项目
CREATE QUERY	打开查询设计器
CREATE REPORT	在报表设计器中打开一个报表
CREATE REPORT···	快速报表命令，以编程方式创建一个报表
CREATE SCREEN	打开表单设计器
CREATE SCREEN···	快速屏幕命令，以编程方式创建屏幕画面
CREATE SQL VIEW	显示视图设计器，创建一个 SQL 视图
CREATE TABLE——SQL	创建具有指定字段的表
CREATE TRIGGER	创建一个表的触发器
CREATE VIEW	从 Visual FoxPro 环境中生成一个视图文件
DEACTIVATE MEMU	使一个用户自定义菜单栏失效，并将它从屏幕上移开
DEACTIVATE POPU{	关闭用 DEFINE POPUP 创建的菜单
DEACTIVATE WINDOW	使窗口失效，并将它们从屏幕上移开
DEBUG	打开 Visual FoxPro 调试器
DEBUGOUT	将表达式的值显示在“调试输出”窗口中
DECLARE	创建一维或二维数组
DEFINE BAR	在 DEFINE POPUP 创建的菜单上创建一个菜单项
DEFINE BOX	在打印文本周围画一个框

续表

命　　令	功　　能
DEFINE CLASS	创建一自定义的类或子类，同时定义这个类或子类的属性、事件和方法程序
DEFINE MEMU	创建一个菜单栏
DEFINE PAD	在菜单栏上创建菜单标题
DEFINE POPUP	创建菜单
DEFINE WINDOW	创建一个窗口，并定义其属性
DELETE	对要删除的记录做标记
DELETE CONNECTION	从当前的数据库中删除一个命名连接
DELETE DATABASE	从磁盘上删除一个数据库
DELETE FILE	从磁盘上删除一个文件
DELETE FROM——SQL	对要删除的记录做标记
DELETE TAG	删除复合索引文件(.CDX)中的索引标识
DELETE TRIGGER	从当前数据库中移去一个表的触发器
DELETE VIEW	从当前数据库中删除一个 DQL 视图
DIMENSION	创建一维或二维的内存变量数组
DIR 或 DIRECTORY	显示目录或文件信息
DISPLAY	在窗口中显示当前表的信息
DISPLAY CONNECTIONS	在窗口中显示当前数据库中的命名连接的信息
DISPLAY DATABASE	显示当前数据库的信息
DISPLAY DLLS	显示 32 位 Windows 动态链接库函数的信息
DISPLAY FILES	显示文件的信息
DISPLAY memory	显示内存或数组的当前内容
DISPLAY OBJECTS	显示一个或一组对象的信息
DISPLAY PROCEDURES	显示当前数据库中内部存储过程的名称
DISPLAY STATUS	显示 Visual FoxPro 环境的状态
DISPLAY STRUCTURE	显示表的结构
DISPLAY TABLES	显示当前数据库中的所有表及其相关信息
DISPLAY VIEWS	显示当前数据库中视图的信息
DO	执行一个 Visual FoxPro 程序或过程
DO CASE…ENDCASE	多项选择命令，执行第一组条件表达式计算为“真”(.T.)的命令
DO FORM	运行已编译的表单或表单集
DO WHILE…ENDDO	DO WHILE 循环语句，在条件循环中运行一组命令
DOEVENTS	执行所有等待的 Windows 事件
DROP TABLE	把表从数据库中移出，并从磁盘中删除
DROP VIEW	从当前数据库中删除视图
EDIT	显示要编辑的字段
EJECT	向打印机发送换页符

续表

命　　令	功　　能
EJECT PAGE	向打印机发出打件走纸的指令
END TRANSACTION	结束当前事务
ERASE	从磁盘上删除文件
ERROR	生成一个 Visual FoxPro 错误信息
EXIT	退出 DO WHILE，FOR 或 SCAN 循环语句
EXPORT	从表中将数据复制到不同格式的文件中
EXTERNAL	对未定义的引用，向应用程序编译器发出警告
FIND	查找命令，现用 SEEK 命令来代替
FLUSH	将对表和索引所做出的改动存入磁盘
FOR EACH…ENDFOR	FOR 循环语句，对数组中或集合中的每一个元素执行一系列命令
FOR…ENDFOR	FOR 循环语句，按指定的次数执行一系列命令
FUNCTION	定义一个用户自定义函数
GATHER	将选定表中当前记录的数据替换为某个数组、内存变量组或对象中的数据
GETEXPR	显示表达式生成器，以便创建一个表达式，并将表达式存储在一个内存变量或数组元素中
GO|GOTO	移动记录指针，使它指向指定记录号的记录
HELP	打开帮助窗口
HIDE MENU	隐藏用户自定义的活动菜单栏
HIDE POPUP	隐藏用 DEFINE POPUP 命令创建的活动菜单
HIDE WINDOW	隐藏一个活动窗口
IF…ENDIF	条件转向语句，根据逻辑表达式，有条件地执行一系列命令
IMPORT	从外部文件格式导入数据，创建一个 Visual FoxPro 新表
INDEX	创建一个索引文件
INPUT	从键盘输入数据，送入　个内存变量或元素
INSERT	在当前表中插入新记录
INSERT INTO——SQL	在表尾追加一个包含指定字段值的记录
JOIN	联接两个表来创建新表
KEYBOARD	将指定的字符表达式放入键盘缓冲区
LABEL	从一个表或标签定义文件中打印标签
LIST	显示表或环境信息
LIST CONNECTIONS	显示当前数据库中命名联接的信息
LIST DATABASE	显示当前数据库的信息
LIST DLLS	显示有关 32 位 Windows DLL 函数的信息
LIST FILES	显示文件信息
LIST MEMORY	显示变量信息
LIST OBJECTS	显示一个或一组对象的信息
LIST STATUS	显示状态信息

续表

命　令	功　能
LIST TABELS	显示存储在当前数据库中的所有表及其信息
LIST VIEWS	显示当前数据库中的 SQL 视图的信息
LOAD	将一个二进制文件、外部命令或者外部函数装入内存
LOCAL	创建一个本地内存变量或内存变量数组
LOCATE	按顺序查找满足指定条件（逻辑表达式）的第一个记录
LPARMETERS	指定本地参数，接收调用程序传递来的数据
MD|MKDIR	在磁盘上创一个新目录
MENU	创建菜单系统
MENU TO	激活菜单栏
MODIFY CLASS	打开类设计器，允许修改已有的类定义或创建新的类定义
MODIFY COMMAND	打开编辑窗口，以便修改或创建一个程序文件
MODIFY CONNECTION	显示联接设计器，允许交互地修改当前数据库中贮存的命名联接
MODIFY DATABASE	打开数据库设计器，允许交互地修改当前数据库
MODIFY FILE	打开编辑窗口，以便修改或创建一个文本文件
MODIFY FORM	打开表单设计器，允许修改或创建表单
MODIFY GENERAL	打开当前记录中通用字段的编辑窗口
MODIFY LABEL	修改或创建标签，并把它们保存到标签定义文件中
MODIFY MEMO	打开一个编辑窗口，以便编辑备注字段
MODIFY MENU	打开菜单设计器，以便修改或创建菜单系统
MODIFY PROCEDURE	打开 Visual FoxPro 文本编辑器，为当前数据库创建或修改内部存储过程
MODIFY PROJECT	打开项目管理器，以便修改或创建项目文件
MODIFY QUERY	打开查询设计器，以便修改或创建查询
MODIFY REPORT	打开报表设计器，以便修改或创建报表
MODIFY SCREEN	打开表单设计器，以便修改或创建表单
MODIFY STRUCTURE	显示“表结构”对话框，允许在对话框中修改表的结构
MODIFY VIEW	显示视图设计器，允许修改已有的 SQL 视图
MODIFY WINDOW	修改窗口
MOUSE	单击、双击、移动或拖动鼠标
MOVE POPUP	把菜单移到新位置
MOVE WINDOW	把窗口移动到新的位置
ON BAR	指定要激活的菜单或菜单栏
ON ERROR	指定发生错误时要执行的命令
ON ESCAPE	程序或命令执行期间，指定按 Esc 键时所执行的命令
ON EXIT BAR	离开指定的菜单项时执行的命令
ON KEY LABEL	当按下指定的键（组合键）或单击鼠标时，执行指定的命令
ON PAD	指定选定菜单标题时，要激活的菜单或菜单栏

续表

命　　令	功　　能
ON PAGE	当打印输出到达报表指定行，或使用 EJECT PAGE 时，指定执行的命令
ON READERROR	指定为响应数据输入错误而执行的命令
ON SELECTION BAR	指定选定菜单项时执行的命令
ON SELECTION MENU	指定选定菜单栏的任何菜单标题时执行的命令
ON SELECTION PAD	指定选定菜单栏上的菜单标题时执行的命令
ON SELECTION POPUP	指定选定弹出式菜单的任一菜单项时执行的命令
ON SHUTDOWN	当试图退出 Visual FoxPro，Microsoft Windows 时，执行指定的命令
OPEN DATABASE	打开数据库
PACK	对当前表中具有删除标记的所有记录作永久删除
PACK DATABASE	从当前数据库中删除已作删除标记的记录
PARAMETERS	把调用程序传递过来的数据赋给私有内存变量或数组
PLAY MACRO	执行一个键盘宏
POP KEY	恢复用 PUSH KEY 命令放入堆栈内的 ON KEY LABEL 指定的键值
POP POPUP	恢复用 PUSH POPUP 放入堆栈内的指定的菜单定义
PRIVATE	在当前程序文件中指定隐藏调用程序中定义的内存变量或数组
PROCEDURE	标识一个过程的开始
PUBLIC	定义全局内存变量或数组
PUSH KEY	把所有当前 ON KEY LABEL 命令设置放入内存堆栈中
PUSH MENU	把菜单栏定义放入内存的菜单栏定义堆栈中
PUSH POPUP	把菜单定义放入内存的菜单定义堆栈中
QUIT	结束当前的 Visual FoxPro，并把控制移交给操作系统
RD RMDIR	从磁盘上删除目录
READ	激活控件，现用表单设计器代替
READ EVENTS	开始事件处理
READ MENU	激活菜单，现用菜单设计器创建菜单
RECALL	在选定表中，去掉指定记录的删除标记
REGIONAL	创建局部内存变量和数组
REINDEX	重建已打开的索引文件
RELEASE	从内存中删除内存变量或数组
RELEASE BAR	从内存中删除指定菜单项或所有菜单项
RELEASE CLASSLIB	关闭包含类定义的.VCX 可视类库
RELEASE LIBRARY	从内存中删除一个单独的外部 API 库
RELEASE MENUS	从内存中删除用户自定义菜单栏
RELEASE PAD	从内存中删除指定的菜单标题或所有菜单标题
RELEASE POPUPS	从内存中删除指定的菜单或所有菜单
RELEASE PROCEDURE	关闭用 SET PROCEDURE 打开的过程

续表

命　令	功　能
RELEASE WINDOWS	从内存中删除窗口
RENAME	把文件名改为新文件名
RENAME CLASS	对包含在.VCX 可视类库的类定义重新命名
RENAME CONNECTION	给当前数据库中已命名的联接重新命名
RENAME TABLE	重新命名当前数据库中的表
RENAME VIEW	重新命名当前数据库中的 SQL 视图
REPLACE	更新表的记录
REPLACE FROM ARRAY	用数组中的值更新字段数据
REPORT FORM	显示或打印报表
RESTORE FROM	检索内存文件或备注字段中的内存变量和数组，并把它们放入内存中
RESTORE MACROS	把保存在键盘宏文件或备注字段中的键盘宏还原到内存中
RESTORE SCREEN	恢复先前保存在屏幕缓冲区、内存变量或数组元素中的窗口
RESTORE WINDOW	把保存在窗口文件或备注字段中的窗口定义或窗口状态恢复到内存
RESUME	继续执行挂起的程序
RETURN	把程序控制返加给调用程序
ROLLBACK	取消当前事务期间所作的任何改变
RUN|!	运行外部操作命令或程序
SAVE SCREEN	把窗口的图像保存到屏幕缓冲区、内存变量或数组元素中
SAVE TO	把当前内存变量或数组保存到内存变量文件或备注字段中
SAVE WINDOWS	把窗口定义保存到窗口文件或备注字段中
SCAN…ENDSCAN	记录指针遍历当前选定的表，并对所有满足指定条件的记录执行一组命令
SCATTER	把当前记录的数据复制到一组变量或数组中
SCROLL	向上、下、左或右滚动窗口的一个区域
SEEK	在当前表中查找首次出现的、索引关键字与通用表达式匹配的记录
SELECT	激活指定的工作区
SELECT-SQL	从表中查询数据
SET	打开数据工作期窗口
SET ALTERNATE	把？，？？，DISPLAY 或 LIST 命令创建的输出定向到一个文本文件
SET ANSI	确定 Visual FoxPro SQL 命令中如何用操作符=对不同长度字符串进行比较
SET ASSERTS	是否执行 ASSERT 命令
SET AUTOSAVE	当退出 READ 或返回到命令窗口时，确定 Visual FoxPro 是否把缓冲区中的数据保存到磁盘上
SET BELL	打开或关闭计算机的铃声，并设置铃声属性
SET BLINK	设置闪烁属性或高密度属性
SET BLOCKSIZE	指定 Visual FoxPro 如何为保存备注字段分配磁盘空间
SET BORDER	为要创建的框、菜单和窗口定义边框，现用 BorderStyle Property 代替
SET BRSTATUS	控制浏览窗口中状态栏的显示

续表

命　　令	功　　能
SET CARRY	确定是否将当前记录的数据送到新记录中
SET CENTURY	确定是否显示日期表达式的世纪部分
SET CLASSLIB	打开一个包含类定义的.VCX 可视类库
SET CLEAR	Iv SET FORMAT 执行时，确定是否清除 Visual FoxPro 主窗口
SET CLOCK	确定是否显示系统时钟
SET COLLATE	指定在后续索引和排序操作中字符字段的排列顺序
SET COLOR OF	指定用户自定义菜单和窗口的颜色
SET COLOR OF SCHEME	指定配色方案中的颜色
SET COLOR SET	加载已定义的颜色
SET COLOR TO	指定用户自定义菜单和窗口的颜色
SET COMPATIBLE	控制与 FoxBase+以及其他 Xbase 语言的兼容性
SET CONFIRM	指定是否可以通过在文本框中键入最后一个字符来退出文本框
SET CONSOLE	启用或废止从程序内向窗口的输出
SET COVERAGE	开或关编辑日志，或指定一文本文件，编辑日志的所有信息将输出到其中
SET CPCOMPILE	指定编译程序的代码页
SET CPDIALOG	打开表时，指定是否显示“代码页”对话框
SET CURRENCY	定义货币符号，并指定货币符号在数值型表达式中的显示位置
SET CURSOR	Visual FoxPro 等待输入时，确定是否显示插入点
SET DATASESSION	激活指定的表单的数据工作期
SET DATE	指定日期表达式（日期时间表达式）的显示格式
SET DATEBASE	指定当前数据库
SET DEBUG	从 Visual FoxPro 的菜单系统中打开调试窗口和跟踪窗口
SET DEBUGOUT	将调试结果输出到文件
SET DECIMALS	显示数值表达式时，指定小数位数
SET DEFAULT	指定缺省驱动器、目录（文件夹）
SET DELETED	指定 Visual FoxPro 是否处理带有删除标记的记录
SET DELIMITED	指定是否分隔文本框
SET DEVELOPMENT	在运行程序时，比较目标文件的编译时间与程序的创建日期时间
SET DEVICE	指定@…SAY 产生的输出定向到屏幕、打印机或文件中
SET DISPLAY	在支持不同显示方式的监视器上允许更改当前显示方式
SET DOHISTORY	把程序中执行过的命令放入命令窗口或文本文件中
SET ECHO	打开程序调试器及跟踪窗口
SET ESCAPE	按下 Esc 键时，中断所执行的程序和命令
SET EVENTLIST	指定调试时跟踪的事件
SET EVENTTRACKING	开启或关闭事件跟踪，或将事件跟踪结果输出到文件
SET EXACT	指定用精确或模糊规则来比较两个不同长度的字符串

续表

命　令	功　能
SET EXCLUSIVE	指定 Visual FoxPro 以独占方式还是以共享方式打开表
SET FDOW	指定一星期的第一天
SET FIELDS	指定可以访问表中的哪些字段
SET FILTER	指定访问当前表中记录时必须满足的条件
SET FIXED	数值数据显示时，指定小数位数是否固定
SET FULLPATH	指定 CDX()、DBF()、IDX()和 NDX()是否返回文件名中的路径
SET FUNCTION	把表达式（键盘宏）赋给功能键或组合键
SET FWEEK	指定一年的第一周要满足的条件
SET HEADINGS	指定显示文件内容时，是否显示字段的列标头
SET HELP	启用或废止 Visual FoxPro 的联机帮助功能，或指定一个帮助文件
SET HELPFILTER	让 Visual FoxPro 在帮助窗口显示.DBF 风格帮助主题的子集
SET HOURS	将系统时钟设置成 12 或 24 小时格式
SET INDEX	打开索引文件
SET KEY	指定基于索引键的访问记录范围
SET KEYCOMP	控制 Visual FoxPro 的击键位置
SET LIBRARY	打开一个外部 API（应用程序接口）库文件
SET LOCK	激活或废止在某些命令中的自动锁定文件
SET LOGERRORS	确定 Visual FoxPro 是否将编译错误信息传送到一个文本文件中
SET MACKEY	指定显示“宏键定义”对话框的单个键或组合键
SET MARGIN	设定打印的左页边距，并对所有定向到打印机的输出结果都起作用
SET MARK OF	为菜单标题或菜单项指定标记字符
SET MARK TO	指定日期表达式显示时的分隔符
SET MEMOWIDTH	指定备注字段和字符表达式的显示宽度
SET MESSAGE	定义在 Visual FoxPro 主窗口或图形状态栏中显示的信息
SET MOUSE	设置鼠标能否使用，并控制鼠标的灵敏度
SET MULTILOCKS	可以用 LOCK()或 RLOCK()锁住多个记录
SET NEAR	FIND 或 DEE 查找命令不成功时，确定记录指针停留的位置
SET NOCPTRANS	防止把已打开表中的选定字段转到另一个代码页
SET NOTIFY	显示某种系统信息
SET NULL	确定 ALTER TABLE、CREATE TABLE、INSERT-SQL 命令是否支持 null 值
SET NULLDISPLAY	指定 NULL 值显示时对应的字符串
SET ODOMETER	为处理记录的命令设置计数器的报告间隔
SET OLEOBJECT	Visual FoxPro 找不到对象时，指定是否在“Wondows Registry”中查找
SET OPTIMIZE	使用 Rushmore 优化
SET ORDER	这表指定一个控制索引文件或索引标识
SET PALETTE	指定 Visual FoxPro 使用默认调色板

续表

命　　令	功　　能
SET PATH	指定文件搜索路径
SET PDSETUP	加载/清除打印机驱动程序
SET POINT	显示数值表达式或货币表达式时，确定小数点字符
SET PRINTER	指定输出到打印机
SET PROCEDURE	打开一个过程文件
SET READBORDER	确定是否在@…GET 创建的文本框周围放上边框
SET REFRESH	当网络上其他用户修改记录时，确定是否更新浏览窗口
SET RELATION	建立两个或多个已打开的表之间的关系
SET RELATION OFF	解除当前选定工作区父表与相关子表之间已建立的关系
SET REPROCESS	指定一次锁定尝试不成功时，现尝试加锁的次数或时间
SET RESOURCE	指定或更新资源文件
SET SAFETY	在改写已有文件之前，确定是否显示对话框
SET SCOREBOARD	指定在何处显示 Num Lock，Caps Lock 和 Insert 等键的状态
SET SECONDS	当显示日期时间值时，指定显示时间部分的秒
SET SEPARATOR	在小数点左边，指定每三位数一组的所用的分隔字符
SET SHADOWS	给窗口、菜单、对话框和警告信息放上阴影
SET SKIP	在表之间建立一对多的关系
SET SKIP OF	启用或废止用户自定义菜单或 Visual FoxPro 系统菜单的菜单栏、菜单标题或菜单项
SET SPACE	设置?或??命令时，确定字段或表达式之间是否要显示一个空格
SET STATUS	显示或删除字符表示的状态栏
SET STATUS BAR	显示或删除图形状态栏
SET STICKY	在选择一个菜单项、按 Esc 键或在菜单区域外单击鼠标之前，指定菜单保持拉下状态
SET SYSFORMATS	指定 Visual FoxPro 系统设置中否随当前工作 Windows 系统设置而更新
SET SYSMENU	在程序运行期间，启用或废止 Visual FoxPro 系统菜单栏，并对其重新配置
SET TALK	确定是否显示命令结果
SET TEXTMERGE	指定是否对文本合并分隔符括起的内容进行计算，允许指定文本合并输出
SET TEXTMERGE DELIMETERS	指定文本合并分隔符
SET TOPIC	激活 Visual FoxPro 帮助系统时，指定打开的帮助主题
SET TOPIC ID	激活 Visual FoxPro 帮助系统时，指定显示的帮助主题
SET TRBETWEEN	在跟踪窗口的断点之间启用或废止跟踪
SET TYPEAHEAD	指定键盘输入缓冲区可以存储最大字符数
SET UDFPARMS	指定参数传递方式（按值传递或引用传递）
SET UNIQUE	指定有重复索引关键字值的记录是否被保留在索引文件中
SET VIEW	打开或关闭数据工作期窗口，或从一个视图文件中恢复 Visual FoxPro 环境

续表

命　令	功　能
SET WINDOW OF MEMO	指定可以编辑备注字段的窗口
SHOW GET	重新显示所指定到内存变量、数组元素或字段的控件
SHOW GETS	重新显示所有控件
SHOW MENU	显示用户自定义菜单栏，但不激活该菜单
SHOW OBJECT	重新显示指定控件
SHOW POPUP	显示用 DEFINE POPUP 定义的菜单，但不激活它们
SHOW WINDOW	显示窗口，但不激活它们
SIZE POPUP	改变用 DEFINE POPUP 创建的菜单大小
SIZE WINDOW	更改窗口的大小
SKIP	使记录指针在表中向前或向后移动
SORT	对当前表排序，并将排序后的记录输出到一个新表中
STORE	把数据贮存到内存变量、数组或数组元素中
SUM	对当前表的指定数值字段或全部数值字段进行求和
SUSPEND	暂停程序的执行，并返回到 Visual FoxPro 交互状态
TEXT…ENDTEXT	输出若干行文本、表达式和函数的结果
TOTAL	计算当前表中数值字段的总和
TYPE	显示文件的内容
UNLOCK	从表中释放记录锁定或文件锁定
UPDATE	用其他表的数据更新当前选定工作区中打开的表
UPDATE-SQL	以新值更新表中的记录
USE	打开表及其相关索引文件，或打开一个 SQL 视图，或关闭所有表
VALIDATE 表达式 DATABASE	保证当前数据库中表和索引位置的正确性
WAIT	显示信息并暂停 Visual FoxPro 的执行，等待一任意键的键入
WITH…ENDWITH	给对象指定多个属性
ZAP	清空打开的表，只留下表的结构
ZOOM 或 WINDOW	改变窗口的大小及位置

附录 3 Visual FoxPro 6.0 常用函数一览表

函　数	功　能
&	宏代称函数
ABS ( )	求数值表达式的绝对值
ACLASS	将对象的类名代入数组
ACOPY ( )	把一个数组的元素复制到另一个数组中
ACOS ( )	返回弧度制余弦值
ADATABASES ( )	将打开的数据库的名字代入数组
ADBOBJECTS ( )	将当前数据库中表等对象的名字代入数组
ADDBS ( )	在路径末尾加反斜杠
ADEL ( )	删除一维数组元素，或二级数组行或列
ADIR ( )	文件信息写入数组并返回文件数
AELEMENT ( )	由数组下标返回数组元素号
AERROR ( )	创建包含最近 Visual FoxPro，OLE，ODBC 错误信息的数组
AFIELDS ( )	当前表的结构存入数组并返回字段数
AFONT ( )	字体名，字体尺寸代入数组
AGETCLASS ( )	在“打开”对话框中显示类库，并创建包含类库名和所选类的数组
AGETFILEVERSION ( )	创建包含 Windows 版本文件信息的数组
AINS ( )	一维数组插入元素，二维数组插入行或列
AINSTANCE ( )	类的实例代入数组，并返回实例数
ALEN ( )	返回数组元素数，行或列数
ALIAS ( )	返回表的别名，或指定工作区的别名
ALINES ( )	字符表达式或备注型字段按行复制到数组
ALLTRIM ( )	删除字符串前后空格
AMEMBERS ( )	对象的属性，过程，对象成员名代入数组
AMOUSEOBJ ( )	创建包含鼠标指针位置信息的数组
ANETRESOURCES ( )	网络共享或打印机名代入数组，返回资源数
APRINTERS ( )	Windows 打印管理器当前打印机名代入数组
ASC ( )	取字符串首字符的 ASCII 码值
ASCAN ( )	数组中找指定表达式

续表

函　数	功　能
ASELOBJ ( )	表单设计器当前控件的对象引用代入数组
ASIN ( )	求反正弦值
ASORT ( )	将数组元素排序
ASUBSCRIPT ( )	从数组元素序号返回该元素行或列的下标
AT ( )	求子字符串起始位置
AT_C ( )	可用于双字节字符表达式，对于单字节同 AT
ATAN ( )	求反正切值
ATC ( )	类似 AT，但不区分大小写
ATCC ( )	类似 AT_C，但不区分大小写
ATCLINE()	子串行号函数
ATLINE ( )	子串行号函数，但不区分大小写
ATN2 ( )	由坐标值求反正切值
AUSED ( )	表的别名和工作区代入数组
AVCXCLASSES ( )	类库中类的信息代入数组
BAR ( )	返回所选弹出式菜单或 Visual FoxPro 菜单命令项号
BETWEEN ( )	表达式值是否在其他两个表达式值之间
BINTOC ( )	整型值转换为二进制字符
BITAND ( )	返回两个数值按二进制与的结果
BITCLEAR ( )	对数值中指定的二进制位置零，并返回结果
BITLSHIFT ( )	返回数值二进制左移结果
BINOT ( )	返回数值按二进制 NOT 操作的结果
BITOR ( )	返回数值按二进制 OR 操作的结果
BITRSHIFT ( )	返回数值二进制右移结果
BITEST ( )	对数值中指定的二进制位置 1，并返回结果
BITTEST ( )	返回数值中指定的二进位置 1 返回.T.
BITXOR()	返回数值按二进制 COR 操作的结果
BOF ( )	记录指针移动到文件头否
CANDIDATE ( )	索引标识是候选索引否
CAPSLOCK ( )	返回 Caps Lock 键状态 on 或 off
CDOW ( )	返回英文星期几
CDX ( )	返回复合索引文件名
CEILING ( )	返回不小于某值的最小整数
CHR ( )	由 ASCII 码转换相应字符
CHRSAW ( )	键盘缓冲区是否有字符
CHRTRAN ( )	替换字符
CHRTRANC ( )	替换双字节字符，对于单字节等同 CHRTRAN

续表

函　　数	功　　能
CMONTH ( )	返回英文月份
CNTBAR ( )	返回菜单项数
CNTPAD ( )	返回菜单标题数
COL ( )	返回光标所在列，现用 CurrentX 属性替代
COMPOBJ ( )	比较两个对象对象属性相同否
COS ( )	返回余弦值
CPCONVERT ( )	备注型字段字符表达式转换为另一代码页
CPCURRENT ( )	返回 Visual FoxPro 配置文件或操作系统代码页
CPDBF ( )	返回打开的表被标记的代码
CREATEBINARY ( )	转换字符型数据为二进制字符串
CREATEOBJECT ( )	从类定义创建对象
CREATEOBJECTEX ( )	创建远程计算机上注册为 COM 对象的实例
CREATEOFFLINE ( )	取消存在的视图
CTOBIN ( )	二进制字符转换为整型值
CTOD ( )	日期字符串转换为字符型
CTOT ( )	从字符表达式返回日期时间
CURDIR ( )	返回 DOS 当前目录
CURSORGETPROP ( )	返回为表或临时设置的当前属性
CURSORSETPROP ( )	为表或临时表设置属性
CURVAL ( )	直接从磁盘返回字段值
DATE ( )	返回当前系统日期
DATETIME ( )	返回当前日期时间
DAY ( )	返回日期数
DBC ( )	返回当前数据库名
DBF ( )	指定工作区中的表名
DBGETPROP ( )	返回当前数据库，字段，表或视图的属性
DBSETPROP ( )	为当前数据库，字段，表或视图设置属性
DBUSED ( )	数据库是否打开
DDEAbortTrans ( )	中断 DDE 处理
DDEAdvise ( )	创建或关闭一个温式或热式连接
DDEEnabled ( )	允许或禁止 DDE 处理，或返回 DDE 状态
DDEEcecute ( )	利用 DDE，执行服务器的命令
DDEInitiate ( )	建立 DDE 通道，初始化 DDE 对话
DDELastError ( )	返回最后一次 DDE 函数的错误
DDEPoke ( )	在客户和服务器之间传送数据
DDERequest ( )	向服务器程序获取数据

续表

函　　数	功　　能
DDESetOption ( )	改变或返回 DDE 的设置
DDESetService ( )	创建、释放或修改 DDE 服务名和设置
DDETerminate ( )	关闭 DDE 通道
DELETED ( )	测试指定工作区当前记录是否有删除标记
DIFFERENCE ( )	目录在磁盘上找到返回.T.
DISKSPACE ( )	返回磁盘可用空间字节数
DMY ( )	以 day-month-year 格式返回日期
DOW ( )	返回星期几
DRIVETYPE ( )	返回驱支器类型
DTOC ( )	日期型转字符型
DTOR ( )	度转换为弧度
DTOS ( )	以 yyyymmdd 格式返回字符串日期
DTOT ( )	从日期表达式返回日期时间
EMPTY ( )	表达式是否为空
EOF ( )	记录指针是否在表尾后
ERROR ( )	返回错误号
EVALUATE ( )	返回表达式的值
EXP ( )	返回指数值
FCHSIZE ( )	改变文件的大小
FCLOSE ( )	关闭文件或通信口
FCOUNT ( )	返回字段数
FCREATE ( )	创建并打开低级文件
FDATE ( )	返回最后修改日期或日期时间
FEOF ( )	指针是否指向文件尾部
FERROR ( )	返回执行文件的出错信息号
FFLUSH ( )	存盘
FGETS ( )	取主件内容
FIELD ( )	返回字段名
FILE ( )	测试指定文件名是否存在
FILETOSTR ( )	以字符串返回文件内容
FILTER ( )	SET 提要 FILTER 中设置的过滤器
FKLABEL ( )	返回功能键名
FKMAX ( )	可编程功能键个数
FLOCK ( )	企图对当前表或指定表加锁
FLOOR ( )	返回不大于指定数的最大整数
FONTMETRIC ( )	从当前安装的操作系统字体返回字体属性

续表

函　　数	功　　能
FOPEN（）	打开文件
FOR（）	返回索引表达式
FOUND（）	最近一次搜索数据是否成功
FPUTS（）	向文件中写内容
FREAD（）	读文件内容
FSEEK（）	移动文件指针
FSIZE（）	指定字段字节数
FTIME（）	返回文件最后修改时间
FULLPATH（）	路径函数
FV（）	未来值函数
FWRITE（）	向文件写内容
GETBAR（）	返回菜单项数
GETCOLOR（）	显示窗口颜色对话框，返回所选颜色数
GETCP（）	显示代码页对话框
GETDIR（）	显示选择目录对话框
GETENV（）	返回指定的 MS-DOS 环境变量内容
GETFILE（）	显示打开对话框，返回所选文件名
GETFLDSTATE（）	表或临时表的字段被编辑返回数值
GETFONT（）	显示字体对话框，返回选取的字体名
GETHOST（）	返回对象引用
GETOBJECT（）	激活自动对象，创建对象引用
GETPAD（）	返回菜单标题
GETPEM（）	返回属性值或事件方法程序的代码
GETPICT（）	显示打开图象对话框，返回所选图象文件名
GETPRINTER（）	显示打印对话框，返回所选打印机名
GOMONTH（）	返回指定月的日期
HEADER（）	返回当前表或指定表头部字节数
HOME（）	返回 Visual FoxPro 和 Visual Studio 目录名
HOUR（）	返回小时
IIF（）	IIF 函数，类似于 IF…ENDIF
INDBC（）	指定的数据库是当前数据库返回.T.
INDEXSEEK()	不移动记录指针搜索索引表
INKEY（）	返回所按键的 ASCII（）码
INLIST（）	表达式是否在表达式清单中
INSMODE（）	返回或设置 INSERT 方式
INT（）	取整

续表

函　　数	功　　能
ISALPHA（ ）	字符串是否以数字开头
ISBLANK（ ）	表达式是否为空格
ISCOLOR（ ）	是否在彩色方式下运行
ISDIGIT（ ）	字符串是否以数字开头
ISEXCLUSIVE（ ）	表或数据库独占打开返回.T.
ISFLOCKED（ ）	返回表锁定状态
ISLOWER（ ）	字符串是否以小写字母开头
ISMOUSE（ ）	有鼠标硬件返回.T.
ISNULL（ ）	表达式是 NULL 值返回.T.
ISREADONLY（ ）	决定表是否只读打开
ISRLOCKED（ ）	返回记录锁定状态
ISUPPER（ ）	字符串是否以大写字母开头
JUSTDRIVE（ ）	从全路径返回驱动器字符
JUSTEXT（ ）	从全路径返回 3 个字符扩展名
JUSTFNAME（ ）	从全路径返回文件名
JUSTPATH（ ）	返回路径
JUSTSTEM（ ）	返回文件主名
KEY（ ）	返回索引关键表达式
KEYMATCH（ ）	搜索索引标识或索引文件
LASTKEY（ ）	取最后按键值
LEFT（ ）	取字符串左子串函数
LEFTC（ ）	字符串左子串函数，用于双字节字符
LEN（ ）	字符串长度函数
LENC（ ）	字符串长度函数，用于双字节字符
LIKE（ ）	字符串包含函数
LIKEC（ ）	字符串包含函数，用于双字节字符
LINENO（ ）	返回从主程序开始的程序执行行数
LOADPICTURE（ ）	创建图形对象引用
LOCFILE（ ）	查找文件函数
LOCK（ ）	对当前记录加锁
LOG（ ）	求自然对数函数
LOG10（ ）	求常用对数函数
LOOKUP（ ）	搜索表中匹配的第一个记录
LOWER（ ）	大写转换小写函数
LTRIM（ ）	除去字符串前导空格
LUPDATE（ ）	返回表的最后修改日期

续表

函　　数	功　　能
MAX（ ）	对几个表达式求值，并返回具有最大值的表达式的值
MCOL（ ）	返回鼠标指针在窗口中列的位置
MDX（ ）	由序号返回.CDX 索引文件名
MDY（ ）	返回 month-day-year 格式日期或日期时间
MEMLINES（ ）	返回备注型字段行数
MEMORY（ ）	返回内存可用空间
MENU（ ）	返回活动菜单项名
MESSAGE（ ）	由 ON ERROR 所得的出错信息字符串
MESSAGEBOX（ ）	显示信息对话框
MIN（ ）	对几个表达式求值，并返回具有最小值的表达式的值
MINUTE（ ）	从日期时间表达式返回分钟
MLINE（ ）	从备注型字段返回指定行
MOD（ ）	相除返回余数
MONTH（ ）	求月份函数
MRKBAR（ ）	菜单项是否作标识
MRKPAD（ ）	菜单标题是否作标识
MROW（ ）	返回鼠标指针在窗口中行的位置
MTON（ ）	从货币表达式返回数值
MWINDOW（ ）	鼠标指针是否指定在窗口内
NDX（ ）	返回索引文件名
NEWOBJECT（ ）	从.VCX 类库或程序创建新类或对象
NYOM（ ）	数值转换为货币
NUMLOCK（ ）	返回或设置 Num Lock 键状态
OBJTOCLIENT（ ）	返回控件或与表单有关对象的位置或大小
OCCURS（ ）	返回字符表达式出现次数
OEMTOANSI（ ）	将 OEM 字符转换成 ANSI 字符集中相应字符
OLDVAL（ ）	返回源字段值
ON（ ）	返回发生指定情况时执行的命令
ORDER（ ）	返回控制索引文件或标识名
OS（ ）	返回操作系统名和版本号
PAD（ ）	返回菜单标题
PADL（ ）	返回串，并在左边、右边、两头加字符
PARAMETERS（ ）	返回调用程序时传递参数个数
PAYMENT（ ）	分期付款函数
PCOL（ ）	返回打印头当前列坐标
PCOUNT（ ）	返回经过当前程序的参数个数

续表

函　　数	功　　能
PEMSTATUS ( )	返回属性
PI ( )	返回 π 常数
POPUP ( )	返回活动菜单名
PRIMARY ( )	主索引标识返回.T.
PRINTSTATUS ( )	打印机在线返回.T.
PRMBAR ( )	返回菜单项文本
PRMPAD ( )	返回菜单标题文本
PROGRAM ( )	返回当前执行程序的程序名
PROMPT ( )	返回所选的菜单标题的文本
PROPER ( )	首字母大写，其余字母小写形式
PROW ( )	返回打印机头当前行从标
PRTINFO ( )	返回当前指定的打印机设置
PUTFILE ( )	引用 Save As 对话框，返回指定的文件名
RAND ( )	生成 0～1 之间一个随机数
RAT	返回最后一个子串位置
RATLINE ( )	返回最后行号
RECCOUNT ( )	返回记录个数
RECNO ( )	返回当前记录号
RECSIZE ( )	返回记录长度
REFRESH ( )	更新数据
RELATION ( )	返回关联表达式
REPLICATE ( )	返回重复字符串
REQUERY ( )	搜索数据
RGB ( )	返回颜色值
RGBSCHEME ( )	返回 RGB 色彩对
RIGHT ( )	返回字符串的右子串
RLOCK ( )	记录加锁
ROUND ( )	四舍五入
ROW ( )	光标行坐标
RTOD ( )	弧度转换为角度
RTRIM ( )	去掉字符串尾部空格
SAVEPICTURE ( )	创建位图文件
SCHEME ( )	返回一个颜色对
SCOLS ( )	屏幕列数函数
SEC	返回秒
SECONDS ( )	返回经过秒数

续表

函　　数	功　　能
SEEK（ ）	索引查找函数
SELECT（ ）	返回当前工作区号
SET（ ）	返回指定 SET 命令的状态
SIGN（ ）	符号函数，返回数值 1，-1 或 0
SIN（ ）	求正弦值
SKPBAR（ ）	决定菜单项是否可用
SKPPAD（ ）	决定菜单标题是否可用
SOUNDEX（ ）	字符串语音描述
SPACE（ ）	产生空格字符串
SQLCANCEL（ ）	取消执行 SQL 语句查询
SQRT（ ）	求平方根
SROWS（ ）	返回 Visual FoxPro 主屏幕可用行数
STR（ ）	数字型转换成字符型
STRCONV（ ）	字符表达式转换为单精度或双精度描述的串
STRTOFILE（ ）	字符串写入文件
STRTRAN（ ）	子串替换
STUFF（ ）	修改字符串
SUBSTR（ ）	求子串
SYS（ ）	返回 Visual FoxPro 的系统信息
SYS（0）	返回网络机器信息
SYS（1）	旧历函数
SYS（2）	返回当天秒数
SYS（3）	取文件名函数
SYS（5）	默认驱动器函数
SYS（6）	打印机设置函数
SYS（7）	格式文件名函数
SYS（9）	Visual FoxPro 序列号函数
SYS（10）	新历函数
SYS（11）	旧历函数
SYS（12）	内存变量函数
SYS（13）	打印机状态函数
SYS（14）	索引表达式函数
SYS（15）	转换字符函数
SYS（16）	执行程序名函数
SYS（17）	中央处理器类型函数
SYS（21）	控制索引号函数

续表

函　　数	功　　能
SYS（22）	控制标识或索引名函数
SYS（23）	EMS 存储空间函数
SYS（24）	EMS 限制函数
SYS（100）	SET CONSILE 状态函数
SYS（101）	SET DEVICE 状态函数
SYS（102）	SET PRINTER 状态函数
SYS（103）	SET TALK 状态函数
SYS（1001）	内存总空间函数
SYS（1016）	用户占用内存函数
SYS（1037）	打印设置对话框函数
SYS（1270）	对象位置函数
SYS（1271）	对象的.SCX 函数
SYS（2000）	输出文件名函数
SYS（2001）	指定 SET 命令当前值函数
SYS（2002）	光标状态函数
SYS（2003）	当前目录函数
SYS（2004）	系统路径函数
SYS（2005）	当前源文件名函数
SYS（2006）	图形卡和显示器函数
SYS（2010）	返回 CINFUG.SYS 中文件设置
SYS（2011）	加锁状态函数
SYS（2012）	备注型字段数据块尺寸函数
SYS（2013）	系统菜单内部名函数
SYS（2014）	文件最短路径函数
SYS（2015）	唯一过程名函数
SYS（2018）	错误参数函数
SYS（2019）	Visual FoxPro 配置文件名和位置函数
SYS（2020）	返回默认盘空间
SYS（2021）	索引条件函数
SYS（2022）	以字节为单位返回指定磁盘簇（块）的大小
SYS（2023）	返回临时文件路径
SYS（2029）	表类型函数
SYSMETRIC（）	返回窗口类型显示元素的大小
TAG（）	返回一个.CDX 的标识名或.IDX 索引文件名
TAGCOUNT（）	返回.CDX 标识或.IDX 索引数
TAGNO（）	返回.CDX 标识或.IDX 索引位置

续表

函　　数	功　　能
TAN ( )	正切函数
TARGET ( )	被关联表的别名
TIME ( )	返回系统时间
TRANSFORM ( )	按格式返回字符串
TRIM ( )	去掉字符串尾部空格
TTOC ( )	去日期时间转换为字符串
TTOD ( )	从日期时间返回日期
TXNLEVEL ( )	返回当前处理的级数
TXTWIDTH ( )	返回字符串表达式的长度
TYPE ( )	返回表达式类型
UPDATED ( )	现用 InteractiveChange 或 Programmatic-Change 事件来代替
UPPER ( )	小写变大写
USED ( )	决定别名是否已用或表被打开
VAL ( )	字符串转换为数字型
VARTYPE ( )	返回表达式数据类型
VERSION ( )	FoxPro 版本函数
WBORDER ( )	窗口边框函数
WCHILD ( )	子窗函数
WCOSL ( )	窗口列函数
WEEK ( )	返回一年的星期数
WEXIST ( )	窗口存在函数
WFONT ( )	返回当前窗口的字体的名称、类型和大小
WLAST ( )	前一窗口函数
WLCOL ( )	窗口列坐标函数
WMAXIMUM ( )	窗口是否最大函数
WMINIMUM ( )	窗口是否最小函数
WONTOP ( )	最前窗口函数
WOUTPUT ( )	输出窗口函数
WPARENT ( )	父窗函数
WROWS ( )	返回窗口行数
WTITLE ( )	返回窗口标题
WVISIBLE ( )	窗口是否被激活且未隐藏
YEAR ( )	返回日期型数据的年份

参考文献

[1] 刘卫国．Visual Foxpro 程序设计教程．北京：北京邮电出版社，2005.

[2] 计算机等级考试命题研究组．全国计算机等级考试考点考题解析与实践--二级 Visual FoxPro．北京：机械工业出版社，2006.

[3] 梁庆龙，张艳珍．Visual FoxPro 程序设计习题实验应用案例．北京：清华大学出版社，2007.

[4] 李雁翎，李允俊，王洪革．Visual FoxPro 使用与开发技术（第 2 版）．北京：清华大学出版社，2005.

[5] 刘丽．Visual Foxpro 程序设计．北京：中国铁道出版社，2009.

[6] 龚静，侯宝华，张东辉．Visual Foxpro 程序设计教程．北京：中国传媒大学出版社，2008.

[7] 刘丽．新编．Visual Foxpro 应用教程．北京：中国铁道出版社，2009.

[8] 彭小宁，黄同成．Visual Foxpro 程序设计（第二版）．北京：中国铁道出版社，2009.